国家安全学

学科建设工程系列丛书

科技安全概论

陈建国 / 申世飞 / 潘　阳 / 苏　楠 / 范维澄 · 编 著

时 事 出 版 社

北 京

图书在版编目（CIP）数据

科技安全概论／陈建国等编著．--北京：时事出版社，2025．3．--（国家安全学学科建设工程系列丛书）．
ISBN 978-7-5195-0625-4

Ⅰ．G322

中国国家版本馆CIP数据核字第2024T16R11号

出版发行：时事出版社
地　　址：北京市海淀区彰化路138号西荣阁B座G2层
邮　　编：100097
发行热线：（010）88869831　88869832
传　　真：（010）88869875
电子邮箱：shishichubanshe@sina.com
印　　刷：北京良义印刷科技有限公司

开本：787×1092　1/16　印张：16.25　字数：268千字
2025年3月第1版　2025年3月第1次印刷
定价：128.00元
（如有印装质量问题，请与本社发行部联系调换）

国家安全学学科建设工程系列丛书

《科技安全概论》

主　编

陈建国　申世飞　潘　阳　苏　楠　范维澄

出版说明

国家安全是安邦定国的重要基石，是实现“两个一百年”奋斗目标和中华民族伟大复兴中国梦的重要保障。

进入新时代，我国国家安全内涵和外延比历史上任何时候都要丰富，时空领域比历史上任何时候都要宽广，内外因素比历史上任何时候都要复杂。内部安全和外部安全相互叠加，传统安全和非传统安全相互交织，“黑天鹅”“灰犀牛”事件时有发生，维护国家安全的任务更加艰巨。正是在对时代发展大势的科学准确把握中，在对中国特色国家安全道路的不懈探索中，总体国家安全观应运而生，为从党和国家工作全局上认识国家安全、定位国家安全、把握国家安全提供了强大思想武器。

总体国家安全观是系统完整、逻辑严密、相互贯通的科学理论体系，其顺应时代之变、满足理论之需、切合实践之要，科学回答了维护和塑造国家安全所面临的一系列重大问题，是马克思主义国家安全理论中国化的最新成果，是中国共产党和中国人民捍卫国家主权、安全、发展利益百年奋斗实践经验和集体智慧的结晶。总体国家安全观是习近平新时代中国特色社会主义思想的“国家安全篇”，是我们党深刻总结中外历史经验教训，在新时代创立并不断推动完善的中国特色国家安全理论，是新时代国家安全工作的根本遵循和行动指南。

在此背景下，2020 年 12 月国务院学位委员会决定设立交叉学科门类并下设国家安全学一级学科。国家安全学作为服务总体国家安全观的综合性、交叉性核心支撑学科，以统筹国家安全与发展的根本性、全局性重大风险安全问题及应对为研究对象，致力于培养具有宏观、全局和全球战略思维以及具备观大势、察风险、谋远略、控全局能力的国家安全复合型专门人才。国家安全学下设四个二级学科：国家安全思想与理论、国家安全战略、国家安全治理和国家安全技术。

为加强做好推动国家安全学学科建设，国家安全学学科评议组根据国务院学位办相关要求，认真学习贯彻总体国家安全观，为创建具有鲜明中国特色的国家安全学，切实加强和支撑国家安全学学科体系及教材建设，提高人才培养特色、质量和水平的力度，组织首批国家安全学博士和硕士学位授权点单位资深专家学者，集中精力，勠力同心，共同撰写国家安全学学科建设工程系列丛书。

该丛书的编写坚持以总体国家安全观为统领，以“四个二级学科”和国家安全“二十个重大领域”分别为研究撰写对象，从构建学科知识图谱入手，明确学科核心知识点及其演化与逻辑，兼具古今中外时空维度，学理性与实用性并重，理论阐释与实证分析并举，是国家安全学学科体系建设的一项基础性关键性工作，有助于构建好跨门类交叉的国家安全学知识体系和课程体系，探索闯出中国特色国家安全学学科建设新路径，为推进国家安全体系和能力现代化提供学理支撑及人才支持。

本套系列丛书可用于教材及科研、实务工作学习参考。

由于水平有限，书中难免有不当之处，欢迎读者批评指正。

国家安全学学科评议组

前　言

习近平总书记指出："国家安全是安邦定国的重要基石，维护国家安全是全国各族人民根本利益所在。"坚持总体国家安全观，推进国家安全体系和能力现代化，是做好国家安全工作、为全面建设社会主义现代化国家提供安全保障的必然要求，也是推进国家治理体系和治理能力现代化、满足人民群众日益增长的安全需要的必然要求。为推动国家安全学学科更好发展，为国家安全工作述学立论，出版国家安全学学科建设工程系列丛书，构建国家安全领域独特的知识体系。

科技安全是国家安全的重点领域之一，是国家安全的重要保障。党的十八大以来，党中央高度重视科技安全工作，科技安全在国家安全中的地位不断提升，内涵不断丰富，为明确科技安全内涵和科技安全独有的研究对象，本书从科技安全定义入手，揭示科技安全内涵，系统分析科技安全风险，以及科技安全与总体国家安全观其他十九个领域之间的关系，之后系统阐述科技安全的体制、机制、法制、保障以及相关技术。

本书旨在使读者感悟国家安全、科技安全的重要性和科技安全涉及多学科交叉融合的特点，使读者具备一定安全领域的全球视野、全局观念、战略思维、政治意识、能力担当。本书通过结合古今中外丰富的案例讲解理论知识，加深读者对科技安全的理解，激发读者学习探索的兴趣。

清华大学安全科学学院党委书记申世飞教授对全书的内容进行了指导，陈建国教授对全书进行了统稿。陈建国教授和潘阳博士后对绪论、第一章、第三章至第七章内容进行了编写。中国科学技术发展战略研究院苏楠研究员对第二章内容进行了编写。

目　　录

绪　论

第一节　科技发展与安全

2014年4月15日，习近平总书记创造性地提出总体国家安全观，明确坚持以人民安全为宗旨，以政治安全为根本，以经济安全为基础，以军事、科技、文化、社会安全为保障，健全国家安全体系，增强国家安全能力①。2020年4月15日，在习近平总书记提出总体国家安全观六周年之际，科学技术部原部长王志刚在《人民日报》撰文《加强自主创新　强化科技安全　为维护和塑造国家安全提供强大科技支撑》。文中强调科技安全是支撑和保障其他领域安全的力量源泉和逻辑起点，是塑造中国特色国家安全的物质技术基础②。科技发展深刻影响国家兴衰。因错过第一次和第二次科技革命，我国在近代时期科技落后于人、国力衰弱，处于被动挨打的局面。自改革开放之后，尤其是党的十八大以来，我国科技实力不断提升，科技发展进入快速跃进期，从载人航天到探月探火，从超级计算机到量子信息，一批重大科技成果达到世界先进水平。我国科技已从20世纪末跟踪为主，发展为跟跑、并跑以及领跑，科技安全状况不断改善，科技安全态势总体平稳，为保障国家安全铸就坚实基础③。

当今世界，科技已经成为影响国家发展和大国竞争的重中之重，启航

---

① 王志刚：《强化科技领域安全保密工作　加快推进科技自立自强》，《保密工作》2022年第5期，第69页。

② 王志刚：《加强自主创新　强化科技安全　为维护和塑造国家安全提供强大科技支撑》，《人民日报》2020年4月15日。

③ 吴克明：《夯实国家安全发展的粮食基础》，《湖南日报》2018年8月4日。

新征程，迫切需要追求科技的高质量发展，并且要注重维护我国科技安全，为顺利实施创新驱动发展战略提供有力保障和支撑。当前，随着人工智能、基因编辑、区块链、大数据、云计算等新兴技术的快速发展和广泛应用，新兴技术本身的不确定性以及技术滥用等会带来潜在风险；此外，颠覆性技术伴随其快速发展也在深刻改变人们的生产生活，重新构建新的经济发展格局，对科技安全和国家安全提出新挑战。

第二节　世界科技发展与格局演变

科技发展一直伴随着世界政治、经济、军事格局的演变。近代以来，世界一共经历了三次科学革命、三次技术革命和三次产业革命。

三次科学革命分别为：以近代天文学与牛顿力学为主导的第一次科学革命；以化学、生物学和电磁物理为主导的第二次科学革命；以相对论与量子力学为主导的第三次科学革命。科学革命改变了人类的认知方式，为人们对世界的理解提供了新的视角和方法，促进了自然科学、数学和物理学等基础科学的发展。

三次技术革命分别为：以蒸汽技术为标志的第一次技术革命；以电力、内燃机技术为标志的第二次技术革命；以电子计算、电子通信、核技术、基因技术等为标志的第三次技术革命。技术革命是在科学革命的基础上，使人类社会生产力实现巨大提升，技术手段发生深刻变革，推动人类社会发展与进步，并带来巨大的经济效益和社会福利。

三次产业革命分别为：蒸汽革命，以纺织、煤炭、冶金为代表的第一次产业革命；电气革命，以电力、铁路、钢铁、化工、汽车为代表的第二次产业革命；信息革命，以微电子、计算机、自动控制、航空航天、核能、生物医药为代表的第三次产业革命。产业革命是指在科学革命和技术革命的推动下，工业生产从手工制作到机械化生产、再到智能化生产等的革命性变革，加速社会经济发展、促进城市化，带动大规模生产和交易，提供新的商业机会与市场，提升国家综合实力。

科学革命、技术革命和产业革命三者密不可分，科学革命奠定了技术革命和产业革命的基础，技术革命和产业革命是科学革命的应用与发展，科学革命和技术革命是产业革命的先导，产业革命也会进一步推动科学革命和技术革命的发展，三者相互促进、互相依存，共同推动了人类社会的发展与进步。科技革命是科学革命和技术革命的统称，指不同于渐进的、常规进步的科技发展，是具有革命性的、突变的科技变迁。我们对三次科技革命进行详细阐述，特别是从政治、经济和军事角度分析科技革命如何改变国际竞争和世界发展格局。

表 0－1　三次科学、技术、产业革命的发生时间及主要内容

类别	科学革命	技术革命	产业革命
第一次	16—17 世纪 近代天文学 牛顿力学	18 世纪 蒸汽技术 1. 纺织技术 2. 煤炭采掘技术	18 世纪末—19 世纪初 蒸汽革命 从手工业向机械化转型 1. 纺织机提升生产效率 2. 蒸汽机提升生产力 3. 水力钻机、蒸汽泵高效开采煤炭
第二次	19 世纪 化学 生物学 电磁学	19 世纪末—20 世纪初 电力、内燃机技术 1. 电力与电气化 2. 内燃机技术 3. 钢铁冶炼技术 4. 化工技术 5. 铁路运输技术	19 世纪末—20 世纪初 电气革命 1. 发电机、电动机、电灯、电话应用 2. 汽车、飞机、农用内燃机应用 3. 钢铁生产成本降低 4. 染料、塑料、化肥合成 5. 铁路促进商品运输
第三次	20 世纪初 相对论 量子力学	20 世纪 40 年代 信息技术、生物技术、新材料技术、能源技术 1. 电子计算、电子通信、量子计算机、量子通信 2. 基因技术 3. 碳纤维、纳米材料技术 4. 核技术	20 世纪后半期至今 信息革命 1. 计算机、网络、自动控制等带动智能化发展；互联网金融、移动支付等对传统产业产生冲击和挑战 2. 基于基因组学研发新药 3. 航空航天产业发展 4. 核能产业发展

一、第一次科技革命与世界格局演变

第一次科技革命是18世纪以蒸汽机的发明和应用为标志的工业大革命，使人类社会由手工时代跃入机械工业化时代。第一次科技革命发源于英国，从16世纪开始，英国的艾萨克·牛顿、亨利·卡文迪许、查尔斯·罗伯特·达尔文等科学家和发明家在经典力学体系、微积分、进化论等方面取得杰出成就，建立了在观察和实验的基础上，结合数学逻辑推理的知识体系和实验科学，标志着近代科学的诞生，为近代科学技术的繁荣奠定了理论基础。

18世纪60年代，纺织工詹姆斯·哈格里夫斯发明了手摇纺纱机珍妮机，它比旧式纺车的纺纱能力提高了8倍，被视为第一次工业革命的开端。1776年，詹姆斯·瓦特改良出第一台有实用价值的新式蒸汽机，新式蒸汽机中的蒸汽主要是由煤炭烧制得来，煤炭等矿业因此蓬勃发展起来，新式蒸汽机也为采煤提供了新动力，不仅提升了采矿效率，还降低了采矿成本。18世纪后期，理查德·雷诺兹率先研发了铁轨运输技术，数百公里铁轨在英格兰铺设，进而在煤矿中出现了有轨车。蒸汽机的发展，也带动了交通工具的进步与发展，1810年英国出现了最早的蒸汽火车，到1850年，英国已经形成交通便利的铁路网。此外，英国卡特莱特通过对蒸汽机改良，发明了以蒸汽为动力的织布机，到19世纪末，英国基本实现了机械化纺织。

英国借助科技革命，在国际舞台上强势崛起。我们从政治、经济和军事三个层面，分析第一次科技革命对国际竞争和世界发展格局演变产生的深远影响。

政治层面，第一次科技革命使英国成为当时世界上最强大的国家之一，这也使英国在国际竞争中可以占据优势并采取一系列措施，包括贸易政策、外交关系和殖民侵略等，以巩固其领导地位，改变世界发展格局。在贸易政策方面，英国推行了自由贸易政策，取消了贸易壁垒，降低了关税，并签署了一系列自由贸易协定，以便更多地出口商品，吸引更多外来投资，这种政策在很大程度上促进了英国的工业化和国际贸易，增强了英国的实力。在外交关系方面，英国采取了积极的扩张政策，通过殖民化、占领和控制海外领土，建立了广泛的殖民地，以保障其对海外市场的垄断。

经济层面，第一次科技革命的发生加速了工业化进程，改变了世界贸易格局。在此之前，世界贸易主要依赖于农产品和手工艺品，随着蒸汽机和纺织机等被发明，工业化规模和速度加快，工业品产量大幅增加。英国成为世界上第一个工业化国家，并成为全球最大的贸易国。维多利亚女王时代（1837—1901 年），英国的国内生产总值（GDP）增长迅速，从约 150 亿英镑增长到了 300 亿英镑左右，位列世界第一，法国 GDP 位列世界第二，但远远落后于英国，大约为英国的 1/3—1/2。之后德国、美国、日本等国家也加入了这场工业化浪潮，逐渐形成了新的贸易关系和产业分工格局。此外，第一次科技革命对国际资本流动产生了影响。英国通过金融创新，发展了现代银行体系和证券市场，吸引了大量资本流入，为工业化提供了充足的资金支持。资本流动也成为国际竞争的重要因素，各国争相引进外资和技术，以提高工业化的水平和速度。

军事层面，随着工业技术发展，新型武器如铁甲舰、火炮、机枪等开始出现，并在战争中得到广泛应用。这些新型武器的出现，提高了战争的杀伤力和破坏力。英国、法国等许多国家开始进行军备竞赛，以保证自己在国际上的地位和利益。工业革命的军事影响还体现在战争策略和战术的变化上。由于新型武器的出现，战争策略和战术发生了变化，战争开始采取现代化的方式进行，如远程火力打击、防空防护等，战争变得更加复杂和技术化。工业革命使英国等国家军事力量迅速增强，对外进行殖民侵略和领土扩张①。

二、第二次科技革命与世界格局演变

第二次工业革命以电力技术的推广和应用为标志。1831 年，英国物理学家迈克尔·法拉第提出电磁感应学说；1865 年，英国物理学家詹姆斯·克拉克·麦克斯韦提出电磁方程；1876 年，美国发明家亚历山大·贝尔发明电话；1879 年，美国托马斯·阿尔瓦·爱迪生发明白炽灯，这些科学技术催生了由机械化转向电气化的第二次工业革命。

第二次科技革命首先发生于美国、日本以及德国等国家。第二次科技革命期间，美国在汽车制造、电力和通信技术、航空技术等领域发展迅速。20 世纪初，美国亨利·福特的流水线生产技术大大降低了汽车制造成

---

① 郑德洛：《近现代科技革命对国际格局演变的影响》，南京航空航天大学硕士论文 2019 年，第 14—23 页。

本，汽车单价从1896年约1000美元降低到1920年的150—260美元，汽车普及化程度也因此得到提高，美国成为全球最大的汽车制造国之一。美国电力和电气技术的发展使美国工业和家庭得到了电力供应，并催生了许多新兴产业，如电力和照明产业（电力公司、发电厂、输电和配电网络等）、通信产业（电信公司、广播公司、电视公司和卫星通信公司等）。20世纪初，美国开始发展航空工业，在第一次世界大战期间，生产了轰炸机、侦察机、战斗机等军用飞机。为满足飞机生产的需求，美国发动机制造商如波音公司等不断推出新的发动机技术，美国航空器材制造商和电子设备制造商不断推出新的飞机座椅、仪表盘、雷达等产品。到20世纪中叶，美国已经成为全球领先的航空制造国。

日本于第二次科技革命期间，在电子技术、汽车制造、机器人技术和高速列车技术等方面取得许多重要进展。松下、索尼、NEC、富士通等公司通过出口彩色电视机、音响设备、摄像机、照相机、智能手机等电子设备，使日本成为了电子产品出口大国。日本汽车公司如丰田、本田等成为了全球汽车行业的重要参与者，这些公司采用了美国亨利·福特的生产线制造技术，实现了大规模生产并降低了成本。日本开发了世界上第一条商业运营的新干线高速列车。该列车最高时速可达300千米以上，大幅缩短了城市间的旅行时间，使得日本城市间交通变得更加便捷和高效。

德国于第二次科技革命期间，在化学工业、医学技术、航空技术等领域取得了显著进展。德国化学家弗里茨·哈伯等发明了工业合成氨的方法，大幅度提高了农业、化工行业的生产效率和经济效益。德国病理学家鲁道夫·魏尔肖发明了现代病理学和细胞学的方法，为医学研究提供了重要的技术支持。在第二次世界大战前夕，德国发明了世界上第一架喷气式飞机，同时还开发了多型号高速战斗机和战斗轰炸机。

第二次科技革命与第一次工业革命的显著不同之处，在于新技术和新发明不再集中于英国，其领域更加广泛，发展也更加迅速。19世纪末，英国从先前追求科技革新，逐渐转变为因循守旧，在化工、钢铁等领域开始明显落后。如这一时期的新兴技术托马斯碱性转炉炼钢法很难在英国应用，导致英国钢铁产量落后于美国。英国在世界上竞争力逐渐落后的原因主要是英国企业家之前已积累了大量利润并且购置了大量设备而缺乏动力再积极地进行技术革新。美国、日本和德国等国家钢铁工业、汽车工业、航空业和铁路交通等行业的迅速发展，促使国际关系趋向全球化、整体化的发展。美国、日本、德国等几个经济、军事、科技较发达的国家成为世界强国，主导国际局势。我们从政治、经济和军事三个层面，分析第二次科技革命对国际竞争和世界发展格局演变产生的深远影响。

政治层面，美国能源的崛起使得其在地缘政治竞争中更具影响力。因电气革命的发展对能源需求显著增加，美国石油和天然气产业成为国际政治和经济竞争中的重要因素。作为全球最大的石油和天然气生产国之一，美国通过能源外交来扩大其在国际上的影响力，通过签署石油供应协议、促进石油生产国的联盟等方式扩大其在国际石油市场中的话语权。电气革命背景下，欧洲一体化进程也得到了推动。欧洲国家逐渐意识到通过合作和整合资源可以增加整个欧洲地区竞争力，在全球化浪潮中占据更有利地位，通过政治合作和经济融合可以减少国家间冲突，提高欧洲的安全稳定性。

经济层面，电气革命推动了全球经济的发展和一体化进程。全球贸易和通信方式发生了巨大变化，国际贸易和资本流动也变得更加频繁和紧密。美国在电气革命中处于领先地位，电力和电信网络的建设提高了生产效率，使美国商品的价格更有竞争力，促进了美国国内贸易的发展和对世界市场的占领。1894 年美国 GDP 超过英国，成为世界第一；1914 年美国 GDP 超过英国、法国、德国和日本的总和，强化了美国在国际贸易中的地位。电气革命也推动了日本工业化进程，对日本外向型经济模式产生了深刻影响。20 世纪初期，日本开始积极引进西方科技并自主创新，迅速掌握了电气技术并将其应用于工业生产中，日本汽车制造业、造船业等成为世界上最有竞争力的制造业之一。20 世纪后期，在电子技术领域（如照相机、摄像机、电视）和汽车领域，日本成为全球最具竞争力的高科技产品制造国之一，日本丰田汽车和索尼公司成为世界领先的汽车和电子产品制造商之一。这些产业的迅猛发展，增强了日本的国际地位和影响力，促进了日本经济增长和对全球贸易的参与。电气革命也促进了德国工业的现代化和转型，德国的电气产品变得更加具有竞争力，如西门子电气设备、菲尔普斯家电等。德国的机械、汽车和化工等工业产品在国际市场上得到了广泛的认可，推动了德国的出口贸易，为德国创造了大量的就业机会和财富。电气革命期间，欧洲国家在机械、汽车、化工等领域的产业结构较为齐全、技术水平较高，通过经济一体化实现资源、技术和市场的共享。

军事层面，电气革命推动了雷达、通信设备、导弹等一系列武器装备的发展，从人力主导的接触战到跨越战略深度的技术化战争，战争形态发生了根本性改变。美国加速了电子战和信息战的发展，无线电通信技术的出现和应用提升了美国情报的收集和处理能力。日本的飞机发动机制造技术处于世界领先地位，如日本“彗星”等战斗机和轰炸机具有更高的速度和爬升能力，日本轻量化的飞机制造和设计技术使日本战机具有更好的机动性，这些技术和产品使日本成为了世界上最重要的航空大国之一。德国在战车技术上取得了重大进展，德国研发的磁力悬浮技术可使坦克具有更高的速度和机动性，如德国研发了配备 88 毫米口径主炮和重型装甲的“虎式”重型坦克和具有更高速度和机动性能的“豹式”轻型坦克，这些战车技术的发展使德国在第二次世界大战初期成为具备强大军事实力的国家。电气革命催动了各国军事力量的迅速提升，是第一次世界大战和第二次世界大战的重要背景和推动力量。在第一次世界大战期间，无线电通信、飞机、潜艇等新兴武器装备投入战场，特别是飞机的出现，极大地拓展了战争的维度，使战争不再局限于陆地和海洋，而是延伸到了空中，使战争的范围和规模都大幅度扩大。在第二次世界大战期间，雷达、导弹、计算机、通信技术等新兴技术的应用，使战争更加技术化和信息化，使各国军事力量之间差距更加明显，也加速了各国军事力量的现代化进程。日本、德国等军事强国借机进行殖民侵略和领土扩张，打破了国际的秩序和平衡。①

三、第三次科技革命与世界格局演变

第三次科技革命以原子能、计算机技术、生物技术、信息技术和空天技术为标志，在20 世纪40 年代兴起。美国于1942 年启动“曼哈顿计划”，成功研制原子弹；为解决与核弹、弹道相关的大量计算问题，美国于 1945 年成功研制出世界上第一台计算机，这也成为了第三次科技革命的起点②。

与前两次科技革命不同，第三次科技革命面向信息技术、新能源技术、新材料技术、生物技术等更深更大的领域，更加依赖国家巨大资源的

---

① 郑德洛：《近现代科技革命对国际格局演变的影响》，南京航空航天大学硕士论文 2019 年，第 25—35 页。

② 颜声毅：《浅论新技术革命对国际关系的影响》，《复旦学报》（社会科学版）1996 年第 2 期，第 89—93 页。

投入。在计算机技术方面，1950—1970 年，美国计算机技术主要由美国国防部领导用于政府和军事领域，主要用于数据处理和科学计算。艾伦·图灵提出了通用计算机的概念，并参与了早期计算机的设计和研发工作。约翰·冯·诺伊曼提出了基于存储程序的计算机结构，并为计算机科学的发展奠定了基础。20 世纪 80—90 年代，个人计算机和互联网兴起，计算机逐渐普及到民用市场，个人计算机开始流行。苹果公司创始人乔布斯和沃兹尼亚克开发了第一台苹果电脑，微软公司开发了 Windows 操作系统，IBM 公司推出了 PC 机。同时，互联网也开始发展，美国国家科学基金会提出了国家超级计算机网络计划，该计划后来发展为现在的互联网。2000 年至今，移动设备和云计算技术开始普及。苹果公司推出了第一款 iPhone 智能手机，并开创了移动设备新时代，谷歌公司推出了 Android 操作系统，成为智能手机市场的主要竞争者。云计算技术的发展也为计算机行业带来了新的变革，亚马逊和 Microsoft Azure 等云计算平台成为云计算市场的主要竞争者。互联网技术的创新对于美国经济的增长和国际竞争力的提升有着重要作用，据美国商务部统计，2019 年，美国数字经济的总产值达到 7.2 万亿美元，占 GDP 的 36.7%。而其中，互联网产业的规模占到了 2.2 万亿美元，占数字经济总产值的 30.5%。计算机和互联网技术创新也带动了许多新兴产业的兴起，如电子商务、移动支付、社交网络等，这些产业成为了美国经济增长的重要动力之一。例如，电子商务巨头亚马逊在全球电子商务市场上的市场份额高达 38%，脸书和谷歌等互联网巨头在全球社交网络和搜索引擎市场上也占据着绝对的领导地位。计算机和互联网技术的创新对于美国经济增长和国际竞争力的提升产生了深远影响，也使得美国在全球科技产业中占据了领先地位。在生物技术方面，20 世纪 40—50 年代，美国生物学家詹姆斯·沃森与弗朗西斯·克里克在 1953 年发现了 DNA 的双螺旋结构，这一发现奠定了现代分子生物学的基础；20 世纪 60—70 年代，保罗·伯格提出了重组 DNA 的概念，并开创了利用 DNA 技术来合成蛋白质的方法，斯坦利·科恩等在 1973 年发明了基因克隆技术；20 世纪 80—90 年代，是美国生物技术商业化的关键时期，赫伯特·博耶与斯坦福大学罗伯特·斯旺森共同创立了美国基因泰克公司，将基因工程技术应用于药物开发和商业化生产，开创了生物技术公司的商业模式，雷罗伊·胡德发明了基因自动测序仪，对基因组学和基因诊断作出了重要贡献。2000 年至今，美国生物技术产业发展迅猛，生物技术公司因美纳的高通量测序技术为基因组学研究提供了重要工具，珍妮弗·道德纳发明了“基因剪刀”（CRISPR－Cas9）技术，可准确地编辑基因组，为基因治疗和基因工程研究提供了新的工具。美国生物技术产业的发展为美国经济增长和国力增强作出了巨大贡献。

在这一时期，苏联取得了核技术、航空航天技术和军事技术等多个领域的创新性成果。在核技术领域，苏联于1954年首次成功启动了原子能反应堆；1961年苏联建成第一个商业用途的核电站；同年苏联研制成功世界上第一颗氢弹。在航空航天技术领域，苏联在1957年成功发射了第一颗人造卫星；在1959年成功发射世界上第一颗月球探测器“月球1号”，开始探月研究；在1961年发射了世界上第一颗载人航天器“东方一号”宇宙飞船，并将尤里·加加林送入太空，尤里·加加林成为世界上第一个进入宇宙空间的人。在军事技术领域，苏联开发了先进的飞机，如米格－29和苏－27，提高苏军作战能力；1983年，苏联研制成功了SS－20洲际导弹，对美国本土构成威慑。

德国作为欧洲工业强国，在高速列车、太阳能电池和机器人技术等多个领域取得了领先地位。德国赫尔曼·肯佩尔等通过创新技术提高了高速列车的速度和运行效率，自1968年德国第一列磁悬浮列车问世以来，德国一直保持着在磁悬浮列车技术方面的领先地位，目前商用磁悬浮列车已经使德国铁路交通更加便捷、快速和高效。德国于1955年发明了第一块太阳能电池，在之后几十年中，德国一直致力于太阳能电池技术的研发，太阳能电池也成为德国能源转型的重要组成部分之一。德国机器人学家艾萨克·阿西莫夫在20世纪40年代提出了“机器人三定律”，这一理论促进了机器人技术的发展。德国机器人厂商库卡是全球机器人市场的重要参与者之一，其机器人产品广泛应用于汽车、电子、制造等多个行业。基尔胡特公司和克卢格公司的机器人产品也闻名世界，生产的机器人主要应用于汽车制造、工业生产线和医疗器械制造等领域。

法国作为欧洲重要的技术创新中心，在航空、高速列车、核能等多个领域积极推动技术创新和发展并取得了重大成就。1967年，法国发明了喷气式飞机发动机技术，并应用于喷气式客机和军用战斗机。法国空客公司是全球最大的民用飞机制造商之一，其产品广泛应用于航空公司和空军，其研制生产的A380客机和A350客机在国际市场上拥有很高的知名度，2022年数据显示法国空客飞机在中国市场份额占比已超过50%。1949年，法国发明了高速列车技术，这一技术让法国高速列车在速度和舒适性方面达到了全球领先水平，法国高速列车已经在全球范围内运营，提升了法国交通运输的效率和质量。法国在核能技术方面也取得了重大突破。法国科学家弗朗索瓦·皮埃尔发明了基于铀的压水堆反应堆技术，这一技术的广泛应用使核能成为法国能源的重要来源之一，法国目前拥有 58 座核反应堆，是世界上核能利用最广泛的国家之一。

20 世纪 40—50 年代，日本处于战后重建阶段，科技产业基础薄弱，20 世纪 60 年代后，日本半导体、汽车和高科技材料等科技产业开始快速崛起。在半导体领域，日本科学家中村修二和赤崎勇等提出了高亮度蓝色发光二极管理论，使发光二极管技术发展实现了从量变到质变的突破，日本开始成为世界上最大的半导体和电子产品制造商之一，索尼、松下、东芝、NEC 等知名电子企业也在这一时期崛起。日本于 20 世纪 60 年代发明了高效率、低浪费的丰田生产方式，该生产方式对于后来的精益生产和供应链管理产生了深远的影响。20 世纪 70 年代，日本汽车产业开始崛起，并在 20 世纪 80 年代成为全球最大的汽车生产国。日本的汽车制造商，如丰田、本田、日产等企业，以其高品质和高效率的生产方式，在全球市场上取得了极大的影响。在高科技材料领域，日本的碳纤维技术在航空、汽车等领域得到了广泛应用。

与第二次科技革命相比，第三次科技革命的新技术和发明更具颠覆性和革命性，涉及领域更加广泛，如计算机技术、核技术、生物技术、信息技术等。第三次科技革命也不再局限于少数发达国家，全球范围内的科技创新愈发活跃，引发了新产业和商业模式的兴起，推动了全球产业结构和价值链的变革，促进了全球化和数字化发展。美国、苏联和欧盟等大国竞争日益激烈，我们从政治、经济和军事三个层面，分析第三次科技革命对国际竞争和世界发展格局演变产生的深远影响。

政治层面，第三次科技革命首先在几个工业强国如美国、德国兴起，科技转化为生产力的速度越来越快，国际关系力量对比发生重大变化。第二次世界大战后在美国的推动下，联合国、国际货币基金组织等国际组织纷纷建立，其在国际社会中的政治掌控力逐渐提高；而此时，苏联凭借其在航空航天技术领域和军事科技领域的雄厚实力，成为唯一能对抗美国的大国，为在国际领域中处于优势地位，美国和苏联在核能领域和航空航天技术领域展开科技竞赛。20 世纪 90 年代初，随着信息革命的兴起，在信息革命中落伍的苏联综合国力逐渐衰弱，最终解体。世界政治格局开始向一超多强的多极化格局演变。

经济层面，在第三次科技革命中，电子技术、计算机技术、通信技术等新兴技术的快速发展，彻底改变了人们的生产方式和生活方式，美国以其强大的科技实力为基础，逐渐成为全球经济的领头羊。美国在世界贸易组织、国际货币基金组织等国际经济组织中占据了主导地位。而苏联则在经济层面上遭遇了困境，虽然苏联在核技术、航空航天技术和军事技术等领域取得了重大成就，但在信息技术等领域却明显落后于美国，军民融合不佳，经济发展缓慢，贫困落后。随着苏联解体，世界经济格局也开始呈现出多极化的趋势。在第三次科技革命与工业革命的影响下，其他欧洲国家的经济实力也得到了相应的提升，尤其是战后的德国和法国等，德国在战后迅速恢复和发展了汽车、机械、电子、化工等高科技产业，成为了欧洲经济强国之一；法国则致力于发展核能、航空航天等高新技术领域，在欧洲航空、国防、通信等方面取得了重要的成果。

军事层面，计算机、通信技术等新兴技术的发展，改变了现代战争的方式和规模，美国在世界范围内部署了先进的导弹防御系统和太空军事计划，进一步增强了美国在世界的影响力和军事地位。苏联在冷战早期发展了核武器，与美国在军事上形成了战略平衡。在冷战时期，欧洲也是美苏对抗的主要战场之一，西欧国家一直与北约联盟紧密合作，而东欧国家则成为华约的成员国。苏联解体后，美国成为了世界上唯一的超级大国，其在军事上的实力远超其他国家。波兰、捷克、匈牙利、斯洛伐克、斯洛文尼亚、立陶宛、拉脱维亚、爱沙尼亚、保加利亚和罗马尼亚这些东欧国家在苏联解体后加入了北约，北约的影响力进一步扩大。2021 年 2 月，英国国际战略研究所《2021 年军事平衡》报告中提到，美国至今仍然是全球最大的军事大国，2020 年其国防预算为 7380 亿美元，比排名第二的中国多出 3 倍。这使得美国在信息技术领域投入的资金和资源更加丰富，从而使其在高科技武器方面处于领先地位，例如隐形战斗机、无人机、高超声速导弹等。根据《空天防御评论》发布的数据，美国无人机的数量远远超过其他国家，超过了 8000 架①。此外，美国还拥有世界上最大的卫星网络，

① 刘凤芹：《三次科技革命与国际政治格局的演变》，《山东省农业管理干部学院学报》2007 年第 2 期，第 130—131 页。

这使美国在情报收集和作战指挥方面具有极大的优势。

第三节　我国科技发展概要

中国是一个具有5000多年文化历史的文明古国，科技发展由来已久。在中国古代（夏商至元朝）时期，数学、农学、医学和天文学是我国四大自然科学。在数学领域，最迟在商代就已经确立了十进位制；西汉时期《九章算术》确定了中国古代的数学体系。在农学领域，农民通过轮作制提升粮食产量，北魏贾思勰的《齐民要术》标志着农学的成熟。在医学领域，东汉时期有《神农本草经》和《伤寒杂病论》等重要文献资料，西晋王叔和的《脉经》、西晋皇甫谧的《针灸甲乙经》、南朝陶弘景的《本草经集注》丰富了中医学体系。在天文学领域，春秋战国时期出现了世界上最早的星表之一，汉朝测定了比较精确的回归年长度。此外，夏商周时期制作的青铜器不但用作祭祀，也用于战争中战车的金属部件。战国时期，中国广泛使用铁器，出现了炼钢技术和铸铁柔化技术，这一时期已有都江堰、郑国渠等诸多大规模水利工程兴建。秦长城的建造体现了中国当时建筑技术的发达。东汉时期蔡伦改良了造纸术，张衡发明了世界上最早的地震仪。晋代裴秀提出的制图六体，创造了中国古代地图学的基础理论。两宋时期是中国古代科学技术发展的高峰时期，出现了用竹子等原料制浆造纸的新技术，推动了纸质书籍的发展；开始将火药用于新兵器制造；发明和研制了指南针。元朝时期，天文学和数学居于当时世界先进地位。如南宋数学家秦九韶的《数书九章》集中阐述了整式的运算和求根方法，为后来的代数学发展奠定了基础；元朝天文学家郭守敬发明了世界上第一台具有高精度的天文仪器——浑天仪。

明清时期，自1368年明朝建立后，开始了闭关锁国政策，这在很大程度上导致中国科技水平远落后于西方。在欧洲大兴大学教育，发明印刷机、望远镜、显微镜等先进科技设备，将火药应用于军事，一大批科学家挣脱哲学将科学作为独立的研究领域的时候，中国的科技发展依然缓慢，中国科技成就多属于农业、手工业、医药等传统应用科学领域，采用传统的典籍整理和经验总结的方法，如《农政全书》《本草纲目》等，虽有进步但无本质突破。科学研究的理论思想、模式和体系并没有在我国成形。

明朝末年开始，随着利玛窦、汤若望等西洋人士来华，以及徐光启等国内学者对西洋文献的翻译，开启了西学东渐的浪潮，中国终于接触到了西方的先进科技和科学知识，但此时我国依然没能将西方的科技成果在全国大规模推广。由于明清时期采取了八股取士的科举制度来选拔官吏和人才，民间很少重视也很难接触到科学知识和理论，并且这一人才选拔制度一直持续到清朝末年。这些情况使我国错过了数百年与西方一同在科技上进步的时机，也导致我国错过了第一次和第二次科技革命。这一时期，中国因军事技术、工业技术等关键科技落后，逐渐被列强侵略，签订了《南京条约》《望厦条约》《天津条约》《瑷珲条约》《中俄伊犁条约》《马关条约》《辛丑条约》等多个不平等条约，赔款总数超过 12 亿两白银，导致国力衰退，国际地位急剧下降。

民国时期，我国自然科学水平依然远落后于西方先进国家。由于战乱不断，国家对科技投入不足，虽有多名海外留学归来的科学家助力国内科技发展与世界接轨，如“中国雷达之父”束星北，被授予“两弹一星功勋奖章”王淦昌，化学家侯德榜，物理学家叶企孙、吴有训、严济慈，核物理学家钱三强、何泽慧，地质学家章鸿钊、李四光等，但这一时期中国科技发展受限，无法与世界先进水平相比。日本、美国、苏联趁机通过与国民政府签订不平等条约，侵犯中国主权，攫取中国资源和利益。日本与国民政府签订了《淞沪停战协定》《塘沽协定》《何梅协定》《秦土协定》等丧权辱国的条约，承认“满洲国”，攫取东三省，日本对中国的侵略更加得寸进尺。美国与国民政府签订的不平等条约包括：《美国在华空中摄影协议》规定美机享有在中国领空做军事调查的充分权利；《国际货币基金协定》使美国对中国货币拥有独占权；《中美友好通商航海条约》赋予美国船只可在中国全部开放口岸航行的权利，紧急时美国军舰及其他船只可驶入中国全部地区；《中美航空协定》使中国领空主权全部归美国掌握；《中美救济协定》使美国取得在中国进行奴化教育的领导权；《中美海军协定》指出美国帮助中国建立海军机构、训练将士，且中国需要向美国提供海军情报，美国享有监督权利①。国民政府和苏联签订：《中苏友好同盟条约》以承认蒙古独立为代价，换取苏联支持中国内战，长春铁路中苏共

① 史春林：《中国共产党与中国海权问题研究》，东北师范大学博士论文 2006 年，第 69—71 页。

有、苏联货物免关税；《中苏关于大连之协定》和《中苏关于旅顺口之协定》使苏联控制大连和旅顺 30 年。这些条约的签订，使中国主权遭到严重损害，对中国的经济和资源造成重大打击，中国在国际上声誉受损①。

中华人民共和国成立初期，我国科技事业在艰难中起步，以毛泽东同志为核心的党的第一代中央领导集体，发出向科学进军的伟大号召，我国科技体制机制逐渐形成，并且取得了“两弹一星”重大科技成果，成为继苏联、美国之后第三个拥有自主发射卫星能力的国家。20 世纪 50 年代，武汉长江大桥落成，第一座实验性原子反应堆正式运转；20 世纪 60 年代，万吨水压机制造成功，第一颗原子弹爆炸成功，人工合成牛胰岛素结晶成功，第一颗氢弹爆炸成功；20 世纪 70 年代，我国第一颗人造卫星“东方红一号”发射成功。

改革开放时期，以邓小平同志为核心的党的第二代中央领导集体，提出“科学技术是第一生产力”的重要论断。这一时期，我国部署并实施了国家高技术研究发展计划（简称“863 计划”）、依靠科技促进农村经济发展计划（简称“星火计划”），以及促进高新技术成果转化的火炬计划等科技攻关项目，并且设立了国家自然科学基金全方位资助科研项目。这一时期取得了一系列丰硕的科研成果，如实现一枚火箭可发射三颗卫星、潜水艇在水下成功发射火箭、“银河 - I”巨型计算机系统研发成功、北京正负电子对撞机首次对撞成功、建成大型水利设施葛洲坝等。

20 世纪 90 年代，以江泽民同志为核心的党的第三代中央领导集体，强调创新在科技发展中的重要作用，提出实施科教兴国战略和可持续发展战略②。国家开始部署并实施了国家重点基础研究发展计划（简称“973 计划”）。1995 年，中共中央首次提出科教兴国战略。整个 20 世纪 90 年代，我国的科技发展继续突飞猛进，实现了“银河 - II”巨型计算机研制成功，大亚湾核电站 1 号机组启动运转。电气革命带来的制造技术和生产线大幅减少了人工成本和缩短了生产周期，并且提供了更加高效的城市基础设施，中国经济进入了高速增长期，1999 年中国 GDP 为 89677.1 亿元，

---

① 张晓言：《美蒋联手，将青岛变为美国海军基地》，《春秋》2020 年第 4 期，第 39—42 页。

② 中共科学技术部党组：《辉煌的历程　伟大的实践——新中国 60 年科学技术发展的成就与启示》，《求是》2009 年第 19 期，第 40—42 页。

是1978年中国GDP（3645.2亿元）的近25倍。[①]

21世纪初期，以胡锦涛同志为总书记的党中央作出增强自主创新能力、建设创新型国家的重大战略决策，制定并实施了《国家中长期科学和技术发展规划纲要（2006—2020年）》[②]。这一时期，中国经济经历了从计划经济到中国特色社会主义市场经济的转型。随着电子、通信、计算机等技术不断发展，中国开始向高科技领域进军，如核能、航空航天、电子计算机、生命科学等领域。制造业、出口和科技领域的发展，使中国的国际竞争力得到了显著提升。在这个时期，中国参与到更多国际组织和国际事务中，如中国于2001年加入世界贸易组织，对世界事务的影响力不断增强。第三次科技革命使互联网在中国得到广泛普及，极大改变了中国人民生活方式和社会运行模式，信息革命也催生了电子商务（如网上购物）的兴起，成为中国经济的重要组成部分，使消费者可以购买全球各地产品，改变了传统的购物方式，促进了中国的国际贸易。中国拥有众多互联网巨头，如阿里巴巴、腾讯、百度等，这些企业带动中国数字经济发展，催生中国经济新的重要增长点。

中国特色社会主义新时代，以习近平同志为核心的党中央提出创新是第一动力，全面实施创新驱动发展战略，建设世界科技强国[③]。党的十八大以来，党中央牢牢把握建设世界科技强国的战略目标，充分发挥科技创新的引领带动作用，努力在原始创新上取得新突破，在重要科技领域实现跨越发展，推动关键核心技术自主可控，加强创新链产业链融合，全面部署科技创新体制改革，提升国家创新体系整体效能，着力实施人才强国战略，扩大科技领域开放合作，主动融入全球科技创新网络，积极参与解决人类面临的重大挑战，努力推动科技创新成果惠及更多国家和人民[④]。党的二十大报告着重指出，加快实现高水平科技自立自强，以国家战略需求

---

① 国家统计局国民经济综合统计司编：《新中国六十年统计资料汇编》，中国统计出版社2010年版，第9页。

② 中共科学技术部党组：《辉煌的历程　伟大的实践——新中国60年科学技术发展的成就与启示》，《求是》2009年第19期，第40—42页。

③ 吴群刚：《奋力推进科技自立自强》，《人民日报》2021年9月23日。

④ 《习近平：在中国科学院第二十次院士大会、中国工程院第十五次院士大会、中国科协第十次全国代表大会上的讲话》，中国政府网，2021年5月28日，https：//www.gov.cn/xinwen/2021-05/28/content_5613746.htm。

为导向，集聚力量进行原创性引领性科技攻关，坚决打赢关键核心技术攻坚战①。这一时期我国在量子信息、生物技术、脑科学等诸多前沿领域开始从跟跑进入并跑、领跑阶段，我国北斗导航成功全球化运营，首架C919国产大飞机试飞成功，新型核电及特高压输电技术国际领先，光伏、风电装机容量、储能规模位于全球首位，5G技术率先在全球实现了规模化应用等②。近10年来我国全球创新指数排名从2014年的第29位跃升为2024年第11位。③

中华人民共和国成立以来，我国科技事业为国家安全与发展提供了有力支撑。过往的科技成就和发展经验加深了我们对科技安全的认知：在关系国家生存与发展的核心领域，必须注重原始创新、掌握核心技术，同时也要吸收各国科技发展经验，实现更高水平的科技创新，发挥科技对国家发展的支撑与引领。④ 我国科技发展既要立足现实需求，实现重点领域科技攻关，又要部署前沿技术，提升科技创新能力，引领未来发展，促进科技成就惠及广大人民。

---

① 《习近平：高举中国特色社会主义伟大旗帜　为全面建设社会主义现代化国家而团结奋斗——在中国共产党第二十次全国代表大会上的报告》，求是网，2022年10月25日，http：www.qstheory.cn/yaowen/2022－10/25/c_1129079926.htm。

② 刘垠、操秀英：《十年砥砺奋进　中国科技彰显高质量底色》，《科技日报》2023年1月3日。

③ 郑德洛：《近现代科技革命对国际格局演变的影响》，南京航空航天大学硕士论文2019年，第49—54页；《WIPO报告显示：中国创新综合表现排名提升》，中国政府网，2014年7月25日，http：//www.gov.cn/xinwen/2014－07/25/content_2724520.htm；《世界知识产权组织〈2024年全球创新指数报告〉显示——中国创新能力稳步提升》，中国政府网，2024年10月10日，http：//www.gov.cn/yaowen/liebiao/202410/content_6978963.htm。

④ 中共科学技术部党组：《辉煌的历程　伟大的实践——新中国60年科学技术发展的成就与启示》，《求是》2009年第19期，第40—42页。

第一章　科技安全风险

第一节　科技安全定义

一、科技安全的提出和发展过程

2014 年 4 月 15 日，习近平总书记创造性提出总体国家安全观，将科技安全列为十一个重点领域之一①。

2015 年，我国通过了新的《中华人民共和国国家安全法》，其中第二十四条和第七十三条讲到了科技安全。第二十四条内容为“国家加强自主创新能力建设，加快发展自主可控的战略高新技术和重要领域核心关键技术，加强知识产权的运用、保护和科技保密能力建设，保障重大技术和工程的安全”；第七十三条内容为“鼓励国家安全领域科技创新，发挥科技在维护国家安全中的作用”。② 从法律层面对维护科技安全的任务、科技保障作出了规定③。

2019 年，党的十九届四中全会进一步明确，总体国家安全观“以人民安全为宗旨，以政治安全为根本，以经济安全为基础，以军事、科技、文化、社会安全为保障，健全国家安全体系，增强国家安全能力”，④ 强调了

---

① 《中央国家安全委员会第一次会议召开　习近平发表重要讲话》，中国政府网，2014 年 4 月 16 日，https：//www. audit. gov. cn/n4/n18/c4363/content. html。

② 法律出版社法规中心编：《中华人民共和国国家安全法》，法律出版社 2015 年版，第 6、14 页。

③ 全国人大常委会法制工作委员会国家法室编著：《中华人民共和国国家安全法解读》，中国法制出版社 2016 年版，第 128、328 页。

④ 《中共中央关于坚持和完善中国特色社会主义制度　推进国家治理体系和治理能力现代化若干重大问题的决定》，中国政府网，2019 年 11 月 5 日，https：//www. gov. cn/zhengce/2019 – 11/05/content_5449023. htm。

科技安全在维护国家安全中的保障作用。

2022 年，习近平总书记在湖北武汉考察时强调，科技自立自强是国家强盛之基、安全之要。必须完整、准确、全面贯彻新发展理念，深入实施创新驱动发展战略，把科技的命脉牢牢掌握在自己手中，在科技自立自强上取得更大进展，不断提升我国发展独立性、自主性、安全性，催生更多新技术新产业，开辟经济发展的新领域新赛道，形成国际竞争新优势。① 这也进一步阐释了科技对于国家安全的基础性、战略性关键作用。

2023 年 5 月 30 日，二十届中央国家安全委员会第一次会议强调，要加快推进国家安全体系和能力现代化，突出实战实用鲜明导向，更加注重协同高效、法治思维、科技赋能、基层基础，推动各方面建设有机衔接、联动集成。要推进维护和塑造国家安全手段方式变革，创新理论引领，完善力量布局，推进科技赋能。② 这明确了科技对于国家安全体系和能力现代化的重要意义。

2024 年 1 月 31 日，习近平总书记主持中共中央政治局第十一次集体学习，深入阐释了新质生产力的概念和意义。两会期间，新质生产力再次成为重要热点。习近平总书记指出，新质生产力特点在于创新，是创新起主导作用的先进生产力质态。发展新质生产力是推动高质量发展的内在要求和重要着力点，对科技创新和科技安全提出了新的更高要求，必须加快实现高水平科技自立自强，打好关键核心技术攻坚战，为培育发展新质生产力提供高质量科技供给和高水平科技安全保障。③

---

① 《习近平在湖北武汉考察时强调：把科技的命脉牢牢掌握在自己手中　不断提升我国发展独立性自主性安全性》，中国政府网，2022 年 6 月 29 日，https：//www.gov.cn/xinwen/2022－06/29/content_5698391.htm。

② 《习近平主持召开二十届中央国家安全委员会第一次会议强调　加快推进国家安全体系和能力现代化　以新安全格局保障新发展格局》，求是网，2023 年 5 月 30 日，http：//www.qstheory.cn/yaowen/2023－05/30/c_1129657412.htm。

③ 《习近平在中共中央政治局第十一次集体学习时强调：加快发展新质生产力　扎实推进高质量发展》，中国政府网，2024 年 2 月 1 日，https：//www.gov.cn/yaowen/liebiao/202402/content_6929446.htm；《新质生产力的内涵特征和发展重点（深入学习贯彻习近平新时代中国特色社会主义思想）》，人民网，2024 年 3 月 1 日，http：//opinion.people.com.cn/n1/2024/0301/c1003－40186428.html。

二、我国科技安全定义

（一）我国科技安全定义表述

《总体国家安全观干部读本》对科技安全进行明确定义：科技安全是指科技体系完整有效，国家重点领域核心技术安全可控，国家核心利益和安全不受外部科技优势危害，以及保障持续安全状态的能力。① 该定义综合考虑了科技安全的国内国际维度和时间维度，在国内国际维度上，既关注我国自身科技体系的完整有效以及我国体系化的创新能力，还关注外部科技优势对我国科技发展可能存在的负面影响；在时间维度上，强调了持续安全状态的能力，这意味着国家需要不断推动科技安全治理现代化，既要促进科技发展，还要管控新兴科技发展伴随的风险。

本节综合领导人对科技安全的重要论述、学界对科技安全的研究和现实中科技安全风险案例，从科技安全定义中的科技体系完整有效、国家重点领域核心技术安全可控、国家核心利益和安全不受外部科技优势影响、保障持续安全状态的能力这四个层面，解读科技安全定义内涵（见图1－1）。

（二）我国科技安全定义内涵

1. 科技体系完整有效

科技体系是一个复杂的系统，包含科技战略体系、科技法治体系、科技政策体系、国家创新体系、科技安全风险监测预警体系、科技危机决策体系等子系统②。科技体系完整意味着在科技发展过程中不断完善科技体系及其子系统的组成和结构，进而充分整合政、产、学、研资源，贯通创新链、产业链和供应链，确保科技创新能力和科技产业竞争力持续发展；科技体系有效意味着确保科技及时适应我国社会主要矛盾的变化，为支撑和引领我国发展发挥出最大的作用。

2. 国家重点领域核心技术安全可控

国家重点领域核心技术安全可控旨在提升国家急迫需要和长远需求领

---

① 《总体国家安全观干部读本》编委会编著：《总体国家安全观干部读本》，人民出版社2016年版，第137页。

② 傅晋华：《以系统观念为指导　加快构建我国科技安全体系》，《科技日报》2023年7月4日。

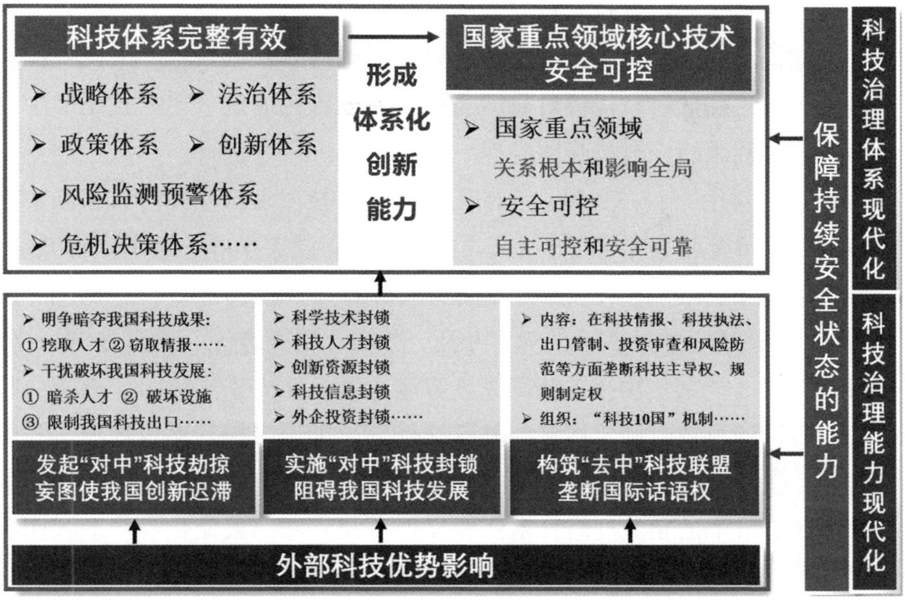

图 1－1　我国科技安全定义内涵

域中关键核心技术的体系化创新能力，改变关键核心技术受制于人的局面。核心技术科技创新既要自主可控，又要安全可靠，不仅需要拥有自主知识产权、具备将知识和技术升级迭代的能力，还要具有成果转化和市场竞争的能力，确保整个产业链良性发展，确保供应链国产化背景，如过去我国发挥集中力量办大事的制度优势，取得了"两弹一星"、载人航天、载人深潜等一系列重大突破。未来，我们也需要对关系根本和影响全局的关键核心技术，发挥新型举国体制优势，集中全国优势科技资源，解决战略性科技问题。

3. 国家核心利益和安全不受外部科技优势影响

科技优势对发展科技创新、引领产业发展和维护国家安全至关重要。美国等西方国家为维持其在国际社会的政治、经济、科技霸权地位，其技术民族主义思想甚嚣尘上，为维持自身科技优势，不断发起"对中"科技劫掠、实施"对中"科技封锁、构筑"去中"科技联盟，威胁我国生存和发展。

发起"对中"科技劫掠，妄图致使我国创新迟滞。具体方式包括：对我国科技成果明争暗夺，如提供优越科研条件和高薪待遇挖取我国顶尖科技人才，通过新兴信息技术窃取我国科技情报；干扰、破坏我国科技发展进程，如伤害或暗杀顶尖科技人才、破坏关键科技基础设施、限制我国高新技术出口。外部科技优势对我国的科技掠夺旨在通过上述方式延缓中国创新速度和我国建设科技强国进程。

实施“对中”科技封锁，企图阻碍我国科技发展。具体方式包括：科学技术封锁（实体清单）；科技人才封锁（阻碍赴美学习、制造寒蝉效应、限制资助聘用、限制学术交流）；创新资源封锁（仪器、设备、试剂、软件封锁）；科技信息封锁（文献、专利、数据、研究方法、研究方向）；外企投资封锁（严禁美国投资我国人工智能、量子科技等领域①）。外部科技优势对我国的科技封锁旨在保护其科技优势，进而维护其霸权地位。我国在芯片、发动机、先进材料、数控机床、工业软件等领域一旦遭受制裁，我国国民经济中的相关高新技术产业发展可能停滞，致使相关产业被困在低附加值、微利化的价值链低端，限制我国经济发展。

构筑“去中”科技联盟，垄断国际话语权。蓄意遏制中国在国际组织的科技主导权、规则制定权。美国欲借助科技联盟在科技情报、科技执法、出口管制、投资审查和风险防范等方面实施遏制中国一致化，垄断科技主导权、规则制定权，达到“小院相通、高墙相联”目标。如美国国务院前官员、阿斯彭安全论坛主席安佳·曼努埃尔等人提出构建“科技 10 国”“科技 12 国”等机制，“科技 10 国”“科技 12 国”的主要成员包括英国、法国、德国、荷兰、意大利、日本、韩国和加拿大，同时美国以模块化方式，与芬兰、瑞典和以色列等国合作，在网络信息、量子计算、机器人等不同领域维护美国等西方国家对华技术优势，此外，还计划逐步吸收印度等新兴经济体作为新兴技术消费国，谋求限制中国对先进科技产品的进口。

4. 保障持续安全状态的能力

保障持续安全状态的能力，是科技治理现代化的主要内容，是科技治理体系现代化和科技治理能力现代化的有机统一。科技治理体系现代化是指通过多元参与和协调合作，促进科技发展并管控新兴科技发展伴随的风险。科技治理体系现代化区别于传统科技管理之处，在治理理念层面，在

① 王宏广、张俊祥等：《中国科技安全：战略与对策》，中信出版集团 2023 年版，第 65—67 页。

于从以政府为中心自上而下管控创新资源分配和创新主体活动，转向建立政府、市场和社会等多主体间协调对话的制度体系；在治理措施层面，不再仅靠强制管制型措施，而是综合运用信息公开、补贴激励等方式，通过对科技创新主体行为的引导，实现治理目标①。科技创新治理体系涉及科研组织模式、科技创新投入、科技资源配置、科技人才激励、创新型经济发展、区域创新网络发展等多领域，旨在激发创新活力动力，推动经济高质量发展②。

科技治理能力现代化包括科技决策科学化、制度化，科技安全风险预测及管控精准化，以及科技治理组织协调高效化。科技决策科学化、制度化是指在科技决策思维、组织结构和工作流程上依据数据分析等科学方法决策，降低以往仅靠经验治理的主观性，并形成科技决策制度。科技安全风险预测及管控精准化是指通过明晰引发科技安全问题的根本原因和科技安全风险演变机理，避免过去因问题偶发性或模糊性而无法精准预测或发现问题，减少科技安全治理空转现象。科技治理组织协调高效化是指科学配置科技治理组织机构权力，并明确职责，解决机构重叠、职责交叉、权责脱节等突出问题，形成符合科技创新大势规律的科技治理新格局③。

三、美国科技安全观

（一）美国科技安全内涵

美国作为世界科技强国，格外重视科技安全。美国不同机构对科技安全的阐述角度有所不同，目前尚未形成统一的科技安全概念。如美国国防部认为科技安全需要确保美国的关键技术和研究成果不被盗取或窃取，防止技术泄露给对美国构成威胁的国家或组织，确保美国供应链不受外国国家或组织的控制等；美国国家安全局认为科技安全主要是保障美国政府、军队和其他国家安全利益的信息安全，及确保国家的科技优势不受恶意威

---

① 温珂、游玎怡：《新科技发展亟待完善国家科技治理体系》，《瞭望》2021 年第 33 期。

② 任晓刚、刘越山、李冠楠：《健全科技创新治理体系提升整体效能》，《经济日报》2021 年 6 月 23 日。

③ 李胜会、李丹华：《科技创新赋能社会治理智能化》，《中国社会科学报》2022 年 5 月 26 日；陈凯华：《运用大数据加快推进科技治理能力现代化》，《光明日报》2019 年 3 月 20 日。

胁和竞争对手的侵犯；美国商务部出口管理局制定了科技出口管制政策，认为科技安全是防止敏感技术、产品和服务被非法出口，其设置的出口管制清单包括核技术、生物技术、信息技术、航空航天技术等，这些技术在出口时，需要被检查是否已经获得出口许可证；美国联邦通信委员会认为科技安全包括美国的通信网络不受外国国家、组织或个人的攻击和渗透，确保通信系统的完整性和机密性，加强对通信网络的管理和控制，限制敏感信息的访问和使用等；美国能源部对科技安全主要关注的方面是核能安全（核能设施的物理保护、核材料安全存储和运输等），防范外部恶意攻击、网络入侵关键能源设施等。综合来看，美国科技安全观念涵盖了科技安全战略、科技安全政策和科技安全法制，与国家政治稳定、经济发展、军备保障、社会稳定等其他重点领域密切相关，旨在维护美国科技领先优势、巩固美国科技霸权。

（二）美国科技安全保障措施

为维护美国科技领先优势，美国政府和美国企业均出台了科技安全保障措施。其中，美国政府保障科技安全措施主要包括：一是通过科技安全法制保护本国知识产权，如美国的“301 条款”、《瓦森纳协定》等；二是采取科技安全审查机制，审查科学技术贸易与学术交流中是否涉及科技泄密；三是收集科技安全情报，如通过创办各类学术期刊、数据平台等科技公共平台把握全球科技动向；四是吸引科技人才，如通过访问学者、合作研究等方式，吸引全球顶尖科学家为美国创造知识产权；五是实行科技保密制度，科学家进入美国敏感研究机构后，发表研究成果需要经过严格的法律审查（目前其他国家未有此类政策）；六是实施科技防御战略，美国政府阻止留学人员学习敏感专业和知识、参加相关学术会议；七是实施“长臂管辖”打压别国科技企业政策，如对中国华为、中芯国际等企业实施打压和遏制措施，进行技术封锁；八是发动科技人才战，除强力掠夺他国顶尖人才外，对于得不到的人才，通过伤害等方式干扰他国科技发展；九是通过限制人才交流封锁遏制其他国家科技发展，如限制顶尖科学家回国开展合作研究。

美国企业保障科技安全措施主要包括：一是实施严格的企业科技保密制度，美国每一个企业都有内部科技保密制度，企业科技人员要发表学术成果或参加学术交流，必须经过企业内部法务人员同意；二是密切监控竞争对手科技发展动态，通过情报、文献检索及学术交流了解竞争对手的科技进展，甚至通过猎头公司挖掘竞争对手人才；三是通过企业重组获取知识产权，如收购处于成长阶段的中小企业，该项措施导致日本及欧洲国家少有信息领域顶尖企业；四是背靠背开展核心技术研发，美国一些大型科技企业很少出现只有一组人员研发一个核心技术的情况，经常是多组人员在不同地方研究，这样可以降低因某些关键科研人员离职对企业创新造成影响，增加创新链韧性；五是收购他国先进科技并采取封存措施，美国企业发现他国先进科学技术后，会收购并搁置该先进技术，其目的是保持美国企业现有技术利益；六是美国企业的核心技术研发不向海外转移，以保证与核心技术相关的科研成果保密①。

四、中美科技安全观对比与启示

（一）中美科技安全观对比

虽然美国未提出系统宏观的科技安全概念，但美国的主要国家部门如国防部、国家安全局、商务部出口管理局、.联邦通信委员会和能源部等都结合自身领域阐述了科技安全的内涵。我们可以从科技安全体系内容、科技安全保障措施的实施主体、避免科技安全遭受外部侵害三个层面，对比分析中美科技安全观。

1. 中美科技安全体系对比

中国、美国都重视自身科技体系的完善。我国在科技安全定义中明确提出了科技体系完整有效，涉及科技安全的战略体系、政策体系、法治体系、创新体系、风险监测预警体系和危机决策体系。近年来，美国也在科技战略体系、政策体系、决策体系、法制体系等层面完善体系建设，如2021 年 4 月 20 日，美国智库新美国安全中心发布《信任流程：国家技术战略的制定、实施、监测和评估》报告，提出改革政府机构以形成有利于制定和实施美国科技战略的组织体系、完善科技政策体系和领导人面对科技危机的决策体系；在科技法制体系层面，美国政府通过在知识产权、科技保密、科技转让、技术贸易、技术制裁等方面不断立法维护美国科技优势。

但《信任流程：国家技术战略的制定、实施、监测和评估》报告也指

---

① 王宏广、张俊祥等：《中国科技安全：战略与对策》，中信出版集团 2023 年版，第 65—67 页。

出，美国现行制度中负责主导经济、科技发展的机构与国家安全机构割裂分散，不利于美国领导人就科技创新和发展中需要优先处理的事项进行决策。如美国科技政策办公室，负责就科技问题提供建议，但其更注重研发而非日常政策协调，无法发挥科技战略领导作用；美国国家安全委员会，是负责美国国家安全的决策机构，但其过于强调军事与外交领域，忽略科技发展元素。美国科技战略体系缺乏协同部署国家安全、经济发展、科技创新等各要素。

而在《信任流程：国家技术战略的制定、实施、监测和评估》报告发表的 7 年之前，习近平总书记就创造性地提出总体国家安全观。总体国家安全观明确指出，要以人民安全为宗旨、以政治安全为根本，以经济安全为基础，以军事、科技、文化、社会安全为保障，以促进国际安全为依托，走出一条中国特色国家安全道路。科技安全是支撑和保障其他领域安全的力量源泉和逻辑起点，是塑造中国特色国家安全的物质技术基础①。发挥我国新型举国体制优势，强化国家战略科技力量，是完善我国科技体系的重要制度基础。

2. 中美科技安全保障措施的实施主体对比

在科技安全保障措施的实施主体层面，美国除在政府层面主导科技安全相关政策实施和法律制定外，美国企业也积极维护科技安全，如美国科技企业从创新源头注重知识产权的保护、防止科技失密泄密、对科技人才主动挖掘；中国在科技安全保障层面，目前以政府为主导制定相关战略、科技安全体制机制，并不断完善制度建设，但在高新科技企业层面，尚缺少系统完善的科技安全保障体制机制和法制。

3. 中美在避免科技安全遭受外部侵害内容对比

在避免科技安全遭受外部侵害层面，美国科技安全主要表现为对美国科技优势的维护，如除了前文中提到的美国商务部和国防部等通过出口管制和限制科技交流等技术封锁机制外，作为创新主体的美国科技企业还通过企业内部保密机制防止失密窃密，同时积极获取科技情报、不断争夺科技尖端人才和先进科技知识产权。中国科技安全概念注重避免遭受外部科技优势对我国科技的劫掠、封锁和遏制我国在国际组织中的科技主导权和

---

① 《国家科技安全知识百问》编写组编：《国家科技安全知识百问》，人民出版社 2021 年版，第 4 页。

规则制定权。

（二）对我国科技安全治理的启示

我国科技安全概念为我国科技安全治理体系构建提供了系统全面的理论框架，我国应结合科技发展新态势、我国社会发展主要矛盾的变化，基于科技安全概念，不断完善我国科技安全战略、体制机制，并加快对相关内容立法，尤其是重视作为科技创新主体的高新技术企业内部科技安全体制机制和法制的构建和完善，从科技情报获取、科技人才吸引、先进知识产权收购、科技保密等方面完善科技创新生态，为科技创新提供制度保障。

为应对外部科技优势侵害，我国应不断完善知识产权保护、科技保密、科技人才保护、科技出口管制等机制保护我国科技成果；加快建设科技强国，实现高水平科技自立自强；倡导国际科技合作，构建人类科技命运共同体，避免丧失科技发展主动权。

第二节　科技安全主要风险

一、科技安全风险产生的主要原因

基于科技安全定义，本书从国内和国际两个方面阐述科技安全风险产生的原因。从国内看科技安全风险产生的主要原因：一是战略层面，科技战略误判导致错失新一轮科技革命，我国科技发展不能及时适应社会主要矛盾的变化，难以发挥支撑和引领国家经济社会发展的作用；二是从科技管理角度，科技制度设计不完善、体制机制不顺畅、法律机制不完备，科技体系整体效能较低制约科技战略发展，科技投入效能不足无法支撑和保障科技战略发展；三是科技研发、应用过程中，因对新兴科技发展规律、风险认知和控制不足，带来未知和不确定风险，以及新兴科技滥用引发的科技伦理问题；四是科技创新能力不足，缺乏重大原始性创新和关键核心技术，导致科技产业和重大基础设施受制于人。

从国际看科技安全风险产生的主要原因：一是阻断科技合作，以美国为代表的技术民族主义甚嚣尘上，“逆全球化”趋势明显，打压、围堵中国科技成长的政策不断得到强化和沿用；二是加剧科技竞争，包括对我国尖端科技人才、领先关键技术和关键战略资源的争夺；三是释放科技迷雾进而误导科技决策，如诱使放弃本该研发的技术或诱使研发本该放弃的技术；四是在国际组织中，西方发达国家构筑“去中”联盟垄断科技主导权和科技规则制定权，导致我国丧失在国际组织中的科技话语权，在技术标准和价格制定中失去优势。

本节基于科技安全问题产生的原因，从内部风险和外部风险两个角度，系统梳理科技创新链、产业链和供应链中具体的科技风险。

二、科技安全内部风险

（一）创新链中科技安全内部风险

创新链中科技安全内部风险可分为科技创新生态环境风险和科技创新主体风险。其中，科技创新生态环境风险包括科技安全治理软环境风险及特定科研软件、仪器设备、试剂耗材、实验动物、科学信息等硬设施风险。科技安全治理软环境风险包括战略层面的风险监测预警、研判决策的体系能力不足，科技创新规划部署不符合科技创新规律；在基础研究、应用基础研究阶段，国家重点领域体系化创新能力不足，科技创新链条韧性不足，科技保密机制不完善，尤其是科研机构、企业保密机制不足；在成果转化、技术商品化和产业化阶段，政、产、学、研融合不足，军民融合不足，科研成果难以产业化，出口管制法制不健全，关键技术和战略资源出口失控。科研基础设施、设备软件、原材料和试剂等硬设施风险包括：在战略层面，高端设施设备、软件试剂研发迟滞、进口储备不足；在基础研究、应用基础研究阶段，因供给不足或分布不合理，科技创新无法开展，以及因供给、维护受制于人，科技创新意外中断；在成果转化、技术商品化和产业化阶段，国产率低，供给、维护受制于人，导致成果转化和产业化进程中断。科技创新主体风险包括在战略层面，尖端人才引进不畅、关键人员安全与流失造成科技攻关中断；在基础研究和应用基础研究阶段，创新能力不足、学术不端；在成果转化、技术商品化和产业化阶段，科学技术滥用、科学技术泄密等。

1. 科技创新生态环境风险

（1）科技安全治理软环境风险。本书分别从战略，基础研究、应用基础研究，成果转化、技术商品化和产业化三个层面展开讨论。

战略层面的科技创新生态环境风险包括创新战略误判，科技创新规划部署不当，科技安全风险监测、研判和决策的体系和能力不足。

创新战略误判是指如果对世界科技发展态势把握不足，可能会导致在关键领域落后于竞争对手，错失发展机遇；也会导致国家在科技投资方面作出错误决策，造成资源浪费和巨大损失；甚至还会因此带来安全风险，如在网络安全、人工智能、生物技术等领域落后于人，难以及时预测和应对新技术带来的风险，严重威胁国家安全和社会稳定。如在5G通信技术的国际竞争中，美国因对华为等中国企业的崛起把握不足，导致其在5G领域中竞争落后，而华为在5G技术研发和基础设施建设方面处于领先地位，拥有众多关键专利，全球范围内的市场份额不断扩大，美国企业在5G领域的竞争力相对较弱，错失了发展机遇，美国5G通信基础设施建设受到影响，部分地区5G网络覆盖不足。再如英国在航天产业领域的战略布局相对滞后，尽管英国在卫星制造和其他航天技术领域具有一定优势，但在火箭发射和太空探索等关键领域的投入不足，而此时，美国、中国、印度等国家已经在火箭发射和太空探索领域取得了显著进展，形成了强烈的竞争态势。

科技创新规划部署不当是指科技创新规划部署不符合科技创新规律，如科研经费投入不足或科技资源配置不合理，导致科技竞争力下降。在科研经费投入层面，不仅需要关注科研经费总量是否持续增长，为实现我国科技创新驱动发展战略，实现到2030年跻身创新型国家前列、到2050年建成世界科技创新强国的战略目标提供支撑，还要关注我国与世界上其他科技强国科研经费投入增速的比值，关注我国人工智能、新能源等重点领域风险投资、利用国外研发资金的增长情况等。在科技资源配置合理性层面，如果对科技人才、项目等科技资源配置不合理，也难以发挥科技对国家发展的支撑作用。以巴西为例，巴西科技创新研究往往局限于高校、科研机构和小规模的企业团队，且巴西未能对科研人才资源充分协调整合，对国家重大需求的项目部署不足，因此巴西科技难以支撑其经济社会的发展[①]。

科技安全风险监测、研判和决策的体系和能力不足是指对国际科技发展跟踪不足，科技安全监测预警指标不系统、不全面，导致与国外科技差距拉大，甚至会错失新一轮科技革命；缺乏供应链的全链条风险监测预警

① 郭栋、高昌林：《巴西国家科技创新体制机制概况、特点和趋势》，《全球科技经济瞭望》2021第6期，第1—6、12页。

机制和对关键技术依赖度等指标的监测，则无法及时管控科技安全风险。以华为为例，2019 年被美国商务部列入实体名单断供芯片后，自 2020 年下半年开始，华为手机销量大幅下滑，2021 年华为公司年报数据显示，2021 年全年华为智能手机收入较 2020 年下降近 50%，手机出货量下降超过 80%[①]。如果华为事先监测预警到存在被断供芯片的风险，并且采取相关应对措施，如寻找替代供应商，采取多元化供应，或提前增加芯片库存，并且提早布局自主知识产权的芯片研发，就可以减少对美国芯片的依赖，确保业务的连续性。

基础研究、应用基础研究层面的科技创新生态环境风险包括国家体系化创新能力不足和科技保密机制不完善。

国家体系化创新能力不足。国家体系化创新能力不足，缺乏系统性、协同性的创新能力推动科技创新和产业升级，会导致国家在特定产业或技术领域中陷入低附加值、低技术水平的生产模式，难以向高端市场和高附加值产品转型，形成低端锁定。低端锁定又进一步削弱国家创新能力，限制其在关键领域的竞争力和发展动力。近年来，我国芯片、计算机系统、航空发动机、高端精密仪器制造技术仍然受制于人。2018 年美国供应商芯片断供，迫使中兴通讯公司全面停摆。新兴技术产业核心技术受制于人会导致我国等发展中国家企业被困在低附加值、微利化的价值链低端。此外，如计算机系统、科研基础设施操作软件等基础性信息技术、全球互联网基础设施等仍掌握在美国等少数国家手中，使我国等其他国家信息技术发展面临不可控风险。

科技保密机制不完善。科研机构、科技企业保密机制不足，可能导致关键技术、数据和研究成果的泄露，损害国家安全和利益。1999 年，在成都电子科技大学的校内网上出现了歼 – 10 战斗机的绝密资料，国家安全部门迅速介入调查，很快逮捕了发布该信息的大学生，经调查发现，这些绝密资料是这名大学生从深圳邮电网转载而来。深圳邮电网负责人透露这些资料是从一个名为“威震四方”的军迷论坛上转载来的。国家安全部门通过调查确认，该论坛就是这些绝密资料的发布源头。发布歼 – 10 战斗机绝密资料的人是曾经在成都飞机制造公司工作的一名航空工程师郭某。他从

① 《中美技术摩擦给我国高技术产业和企业带来的风险分析》，中国网，2023 年 5 月 11 日，http：//cn. china gate. cn/news/2023 – 05/11/content_85267811. shtml。

成都飞机制造公司离职后去了一家网络公司，为通过高点击率获得更多收益，不顾保密协议在论坛上发布各种军工类的内容。尽管当时中国互联网刚刚兴起，但许多军迷已经开始上网了解国内外的武器装备信息。当中国军迷们看到歼－10战斗机相关资料时，认为这可能是官方公开的资料进而大量转载。这次泄密事件对中国空军发展造成了威胁。该资料被境外势力获取后，境外势力可基于其分析中国的空军技术，从而研发出更加先进的战斗机，形成军事威胁。这次泄密事件给我国军事保密工作敲响了警钟，此后，国家安全部门采取一系列措施加强保密工作，确保只有授权人员能够接触相关信息。

成果转化、技术商品化和产业化层面的科技保密机制不完善包括政、产、学、研融合不足，军民融合不足，科研成果难以产业化和出口管制法制不健全。

政、产、学、研融合不足会导致科研成果难以快速转化为实际生产力，产业发展缺乏持续的创新动力，影响产业结构优化升级，进而影响科技、经济的可持续发展。以苏联为例，苏联曾在航天领域取得许多重大成就，如首次发射人造地球卫星和实现载人航天等，但其航空航天技术在政府、企业、学界和研究机构的深度融合上存在明显的不足，未形成健全的协同创新生态。而马斯克的SpaceX则是商业航天领域的代表，通过引入市场机制和商业模式，SpaceX成功推动了航天技术的商业化进程，如SpaceX开发并商业化了“猎鹰1”“猎鹰9”等火箭，以及“星链”、星际飞船等产品，这种政、产、学、研融合不仅带来了经济效益，同时也推动了航天技术的创新和发展。

军民融合不足不仅会影响军事科技的发展和军事装备的更新换代，进而降低国家的军事实力，也会影响军事和民用资源的共享和优化配置，导致军事和民用资源的重复投入和浪费，影响国家经济发展的速度和质量。在冷战对抗中，美国和苏联的军事工业都获得了前所未有的发展，美国的军事工业与民用工业融合发展，如美国波音公司既生产军用战斗机，也生产民用飞机；而苏联的军事工业却成了民用工业的“吸血鬼”。戈尔巴乔夫在回忆录里写道：“250亿的科研总经费中，将近200亿都用于军事设备的研制。”并且苏联的军事技术严格保密，很难被轻工业部门获得，先进技术无法用于民用商品生产，导致苏联可以造出战舰、潜艇、核武器等世界上最先进的武器，却造不出先进的电视机、冰箱、洗衣机、计算机等民用产品以促进国民经济，除少量军火交易能获取一些收入外，很难获取其他利润。苏联军事工业体系与民用生产体系的分离最终使国民经济走向崩溃①。

科研成果难以产业化会影响国家产业升级和科学技术升级迭代能力，进而影响国家经济的发展。科研成果难以产业化的原因有很多，如缺乏资金支持、市场需求不确定、存在技术难题以及资本谋求榨取现有技术带来的利润而延误技术升级等。以英国为例，在第二次工业革命中，尽管英国在钢铁、电力、有机化学、电话、无线电和内燃机等新兴技术方面拥有一定的优势，但是没有将这些技术有效地转化为产业，并在全球市场中推广。如英国物理学家麦克斯韦提出了电磁波理论，这是无线电通信的基础，但英国并没有将其产业化；英国物理学家弗莱明发明了世界上第一个电子管，这是现代电视和计算机显示器的基础，但这一技术也没有及时在英国得到广泛成果转化。这主要是因为在 19 世纪末—20 世纪初，英国对美国等国家输出大量资本，国内缺乏更新技术的资金支撑，使英国在这场科技革命中滞后，错过了一次重要的科技发展机遇。

出口管制法制不健全是指关键技术和战略资源出口失控，会造成关键技术和战略资源流失，降低国家科技的竞争力。苏联解体后，其军事科技出口管理体系出现混乱，由于缺乏有效监管，一些重要的军事技术和装备被非法出口，或被低价转让给 60 余个国家和地区，如俄罗斯将苏－27 战斗机生产线转让给印度，舰船制造业和海军装备出口给印度、孟加拉国、缅甸、委内瑞拉等国。这类尖端战斗机、军舰的生产技术包含了众多专利和知识产权，造成了技术流失。

（2）特定科研软件、仪器设备、试剂耗材、实验动物、科学信息等硬设施风险。本书分别从基础研究、应用基础研究，以及成果转化、技术商品化和产业化两个层面展开讨论。

基础研究、应用基础研究层面，特定科研软件、仪器设备、试剂耗材、实验动物、科学信息等硬设施存在断供、禁用风险。一旦这些科研软件、仪器设备、试剂耗材、实验动物断供，科学信息被禁止使用，那就可能导致整个创新链条崩溃，创新研究陷入停滞。

---

① 左凤荣：《苏联在军民融合问题上的教训》，《探索与争鸣》2020 年第 8 期，第 133—141、160 页。

以科研软件为例，2020 年 6 月，哈尔滨工业大学和哈尔滨工程大学等院校突然发现他们无法再使用 MATLAB 软件，因为美国商务部将这些学校列入了受限制的实体名单，所以美国 MathWorks 公司中止了对这些学校的使用授权。被禁用 MATLAB 软件后，最直接的影响是这些学校的师生在未来要发表的论文中，都不能再使用通过 MATLAB 软件得到的数据、图表，师生不得不在紧张的科研进程中额外花费时间与精力寻找、学习和使用替代软件。

以高端科研仪器设备、试剂耗材和实验动物为例，透射电镜、DUV 光刻机、高质量抗体和免疫试剂、部分转基因实验小鼠等 100% 依赖进口，一旦这些仪器设备、试剂耗材和实验动物断供，我国在新材料、半导体、人工智能和生物等前沿领域的科学研究将面临停滞风险。材料科学领域需用高端仪器和试剂来研究材料的结构和性质，以便开发出新型的材料，如自旋极化电子能量损失谱仪可对材料表面的自旋极化进行表征，是研究磁性材料的重要工具之一；主要由德国、法国、意大利、英国和瑞士等厂家生产，主要生产厂家为瑞典 Scienta Omicron、德国 SPECS GmbH、英国 VG Scienta 等；脉冲激光沉积设备可通过激光脉冲将材料从靶材上剥离，沉积到基板上形成薄膜，是制备高品质薄膜材料的重要手段，主要由美国和日本等厂家生产，主要生产厂家为英国 Oxford Lasers、美国 PVD Products, Inc. 、立陶宛 Ekspla 等；原子力显微镜可对材料表面进行高分辨率的成像和力学测量，可以研究材料的力学性质、表面形貌等，是材料表面性质研究的重要工具之一，主要由德国、瑞士、法国和荷兰等厂家生产，主要生产厂家为美国 Bruker Nano Surfaces、美国 Park Systems、美国 Asylum Research 等。这些主要由发达国家的生物技术公司和研究机构生产，包括美国、欧洲国家和日本等，通过全球化的供应链网络分销到其他国家。而缺乏这些高端仪器或试剂可能会导致材料研究的能力受到限制，从而影响相关产业的发展和国家的科技水平；高端人工智能芯片的短缺，会影响人工智能算法性能的提升，约束人工智能应用大规模部署。近年来，美国英伟达公司占据了我国 80% 以上的人工智能算力芯片市场份额，随着美国对高端芯片出口限制不断增强，截至 2023 年 9 月，英伟达最先进的 A100、H100 芯片无法在我国销售，定制版 A800 和 H800 芯片缺货严重，这阻碍了我国人工智能技术的研发和创新。

以科学信息为例，中国科协生命科学学会联合体秘书长王小宁认为，我国缺乏有影响力的科学信息数据库，这会导致我国生命科学科研工作高度依赖海外数据，全球每年高达 1.1PB 的国际生物数据下载量中 55% 都来自我国，国家级的基因数据库、细胞病毒株及涉及的遗传信息也依赖国外。一旦这些科学信息被禁止使用，就会导致相关科研工作停滞[①]。

成果转化、技术商品化和产业化层面的科研创新仪器、设备、软件和试剂等硬设施风险，主要指关键材料和设备供应受制于人。在科技成果转化过程中，材料和设备的供应是一个重要的环节，如果这些关键元素受制于人，那么科技成果的转化就可能会受到阻碍。以太阳能板制造为例，21 世纪初，太阳能板制造技术在全球范围内得到了广泛关注与发展，然而，制造太阳能板的硅片供应成为制约太阳能板产业化的关键问题。在当时，全球 90% 以上的硅片生产都集中在美国、德国和日本等少数几个国家，这些国家通过控制硅片的供应影响全球太阳能板市场的发展。非洲国家虽然拥有丰富的日照资源，但即使掌握了太阳能板的设计和技术，因无法获得足够的硅片制造太阳能板，也无法将其转化为实际产能，这导致太阳能板在全球范围内的推广和应用受到了严重的限制。

2. 科技创新主体风险

对于科技创新主体风险，本书仍将分别从战略，基础研究、应用基础研究，成果转化、技术商品化和产业化三个层面展开讨论。

（1）战略层面的科技创新主体风险，包括尖端人才引进不畅和关键人才流失。

尖端人才引进不畅。以芯片领域为例，能负责产品规划和顶层架构制定的领军人才，如 CPU、DSP 系统架构师以及高端核心芯片的设计总师，需要精深的专业知识和长期研发、技术迭代的经验累积，这类尖端人才的成长历程至少需要 10 余年，而我国芯片产业发展相对于发达国家较晚，如果尖端人才引进不畅，导致整体行业尖端人才严重缺乏，将会拉大我国与发达国家的技术差距。

关键人才流失。以芯片领域为例，2021 年 7 月，中芯国际集成电路制造有限公司发布的《关于核心技术人员离职的公告》显示，其核心技术人员（副总裁）吴金刚因个人原因离职。虽然中芯国际对外声明吴金刚博士

---

① 《科学信息依赖国外实验动物基础不牢：生命科学研究亟待补短板》，澎湃新闻，2021 年 5 月 20 日，https://www.thepaper.cn/newsDetail_forward_12763127。

的离职未对公司整体研发实力产生重大不利影响，不影响公司专利权的完整性，但这一案例反映了我国芯片行业在留住关键人才方面的挑战。《中国集成电路产业人才白皮书（2018—2019 年版）》数据表明，2018 年芯片行业主动离职率为 14.3%，其中芯片制造业的主动离职率最高，达 17.1%。中芯国际是国内最先进的芯片代工大厂之一，根据中芯国际《2018 年企业社会责任报告》披露的数据，当年公司的员工流失率在 22%，大约是行业平均水平的 1.3 倍，从中芯国际离职的人，大都选择去了三星、英特尔和台积电等公司。国内芯片制造业员工主动离职率是台积电的 3 倍多，中芯国际的离职率数据则是台积电的 5 倍多。而根据台积电《2019 年企业社会责任报告书》披露的数据，2015—2019 年的 5 年时间内，员工主动离职率最高不超过 5%，最低仅有 4.1%，2019 年则为 4.8%。中国芯片领域高端人才流失，会导致中国芯片技术落后和竞争力下降，如面临技术壁垒问题，将无法顺利地推进后续芯片的研发和制造，这将影响中国与国际上领先的芯片制造企业竞争。此外，高端人才流失还会对中国的芯片科技安全带来潜在的威胁，芯片技术是国家安全和军事安全的重要组成部分，如果中国芯片核心人才流失到其他国家，他们可能将中国芯片制造的关键技术和机密信息泄露，从而影响中国的芯片科技安全。

（2）基础研究、应用基础研究层面的科技创新主体风险，包括科技人才创新能力不足和科技人才学术不端。

科技人才创新能力不足。科技人才创新能力不足会导致关键技术设备不得不受制于人，导致国家科技产品处于产业价值链的中低端环节，在科技竞争中处于不利地位。以泰国为例，因科技人才创新能力不足，根据《2023 年全球创新指数》报告，泰国在全球 132 个经济体中创新能力排名第 43 位，远落后于新加坡（排名第 5 位）和马来西亚（排名第 36 位）。

科技人才学术不端。科技人才学术不端不仅对科研资源和资金构成浪费，还会对国家科技声誉造成损害。如 2003 年，上海交通大学微电子学院院长陈进教授声称发明了“汉芯一号”，采用国际先进的 0.18 微米半导体工艺设计的芯片，具有 32 位运算处理内核，每秒钟可以进行 2 亿次运算，但后来经过调查发现，“汉芯一号”实际上是摩托罗拉公司于 1995 年生产的 dsp56000 系列芯片的一款仿制品。陈进在获得这款芯片后，将其表面摩托罗拉等标志字样及图案全部磨掉，再在其表面打上“汉芯一号”标识。

借助“汉芯一号”，陈进申请了数十个科研项目，并骗取了高达上亿元科研基金，导致国家自主芯片研发规划遭受严重影响，“汉芯”事件也被认为是中国芯片产业错失黄金发展十年的重要原因。

（3）成果转化、技术商品化和产业化层面的科技创新主体风险，包括科技人才对新兴科技产业化中风险识别不足、科学技术滥用和科学技术泄密。

科技人才对新兴科技产业化中风险识别不足。科技人才未能主动识别新兴科技应用过程中的未知和不确定风险，不仅会影响新兴技术产业发展，还会危及人民群众的生命安全。近年来无人驾驶多次出现交通事故，造成人员伤亡，如2018年，在美国亚利桑那州，一辆优步无人驾驶汽车在测试过程中撞死一名行人。事故调查显示，虽然无人驾驶汽车上的传感器已经检测到了行人，但软件系统未能正确识别行人并采取避让措施。这一事故暴露了无人驾驶汽车在复杂环境下的安全性问题，安全性问题存在的原因主要是科技人才在研发过程中对未知和不确定风险未能主动识别。再如，2023年3月，三星电子引入OpenAI公司产品ChatGPT不到20天，便被曝出机密资料外泄，半导体设备测量资料、产品良率等内容或已被存入ChatGPT学习资料库中，这也暴露了相关科技人才科技安全意识不足，无法及时识别和应对新兴技术安全威胁。

科学技术滥用。科学技术滥用是指将科学技术用于不道德、非法或有害的目的，可能导致伦理、法律和社会问题。如基因编辑技术，尤其是CRISPR－Cas9技术，近年来在生物医学领域取得了重大突破，为治疗遗传性疾病和改善农作物品质提供了新的可能，然而，2018年，中国科学家贺建奎宣布成功实施了世界首例“基因编辑婴儿”实验，他利用CRISPR－Cas9技术修改了两名女婴基因，使她们免疫艾滋病。这一事件引发全球范围内的伦理争议，因为基因编辑技术可能导致未知的长期健康风险，且这种实验未经充分评估和批准。此外，这种做法还可能加剧社会不平等，让富人能够通过基因编辑为后代提供优势。

科学技术泄密。在20世纪90年代，我国核心军事工程东风－31洲际弹道导弹进入了工程研发关键时期，参与该项目研发工作的导弹技术专家郭某因接受境外间谍机构的利诱，先后向境外情报组织提供了多份关于东风－31洲际弹道导弹的核心技术机密，包含弹体材料、射程技术指标等，造成我国导弹核心技术的流失，对我国国家安全造成严重威胁。

（二）产业链、供应链中科技安全内部风险

产业链、供应链中科技安全内部风险主要是产业链不能良性发展风险，包括自主创新能力不足，缺乏将知识产权和技术升级迭代的能力，生产装备、零部件、材料、软件等国产率偏低。

1. 自主创新能力不足

自主创新能力不足会增加企业关键技术和核心零部件的对外依赖，一旦在关键时刻遭受外部供应商限制或外国政府制裁，产业发展将面临停滞。此外，缺乏自主知识产权还会因无法提供与竞争对手相同或更具竞争力的产品或服务，导致在全球市场中的竞争力下降。以华为5G手机为例，美国在2021年4月对华为展开制裁，要求所有涉及美方技术的供应链企业不给华为的5G通信设备提供零部件，包括5G射频芯片组合和5G基带。因缺少自主知识产权，华为无法自行生产相关配件，导致华为手机无法使用5G网络，华为手机业务受到很大影响，2020年华为在中国手机市场的份额相较于2019年下降了13%左右。

2. 缺乏将知识产权和技术升级迭代的能力

缺乏将知识产权和技术升级迭代的能力，会影响产业升级。以日本为例，由于未能及时升级新能源汽车技术，日本新能源汽车行业遭遇严重挑战。20世纪90年代，日本汽车公司就已开始研发电动汽车技术，1996年日本本田公司推出了第一辆纯电动车型EV Plus，本田也成为世界上最早推出纯电动车型的车企之一。而后，日本丰田也推出了纯电动车型RAV4 EV，并在市场上取得了一定的销售成绩。之后，日产汽车公司在2010年推出了首款搭载快速充电系统的电动汽车LEAF，该车型的续航里程可以达到160千米，而且日产汽车公司还开发了一种独特的电池包系统，使得电动汽车在低温环境下的表现更加优秀。尽管日本在电动汽车技术方面取得了一定的成就，但在快速充电技术等领域还存在一些问题，这些问题会影响电动汽车的性能和可靠性。由于后续研发需要巨大的资金和时间，而当时因缺少良好的充电设施和运营模式，电动汽车价格较高，日本电动汽车的销售受到影响，进而削弱了对日本电动汽车技术升级迭代的支撑，延误了日本电动汽车技术的升级与创新。

3. 生产装备、零部件、材料、软件等国产率偏低

国产率偏低，供给、维护受制于人，导致成果转化和产业化进程中断。以中兴通讯公司为例，中兴通讯公司主营业务有基站、通信及手机设

备，这些主营业务中芯片的自给率不足，依赖美国进口。2018 年 4 月 16 日，美国商务部发布对中兴通讯公司的制裁禁令，中兴通讯公司将被禁止以任何形式从美国进口商品，对中兴通讯公司的商品生产和交货能力带来直接影响。中兴通讯公司公告称，受制裁影响，其主要经营活动已无法进行，在缴纳 10 亿美元罚款后，中兴通讯公司 2018 年全年营收 855.1 亿元，同比下降 21.4%。

三、科技安全外部风险

（一）创新链中科技安全外部风险

1. 科学技术突袭与散布科技迷雾

科学技术突袭，制造科技意外，是指以独有的技术改变产品性能和产业模式，创造新产品、新业态、新需求，催生新经济增长点。以 ChatGPT 类人工智能技术为例，它是一种基于深度学习的自然语言处理技术，它能够理解和生成人类语言，使人机交互更加智能化，并且可以通过大量数据训练模型，实现更高的准确率和更广泛的应用。如在产品形态方面，ChatGPT 类人工智能技术的应用涉及智能客服、智能助手、智能翻译等，这些产品不仅能够提供更加智能化的服务，还能够节省人力成本和提高工作效率。对于其他国家来说，无论模型还是算力，都难以快速追赶 ChatGPT 的技术突袭，大模型研究与开发需要巨大资金投入，而并非所有国家都有这样的经济实力，尤其是发展中国家。除了经济因素外，技术研发本身也存在很大的难度，ChatGPT 这种复杂的模型需要大量的计算资源和数据来进行训练，同时也需要顶尖人工智能人才进行模型设计和优化，对于技术落后的国家，由于缺乏足够的技术积累和资源投入，可能会被拉大技术差距，在新一轮技术革命中陷入被动局面。

散布科技迷雾，误导盲目竞争，造成国家资源浪费，影响国家发展。如 20 世纪 80 年代，时任美国总统罗纳德·里根提出一项军事战略计划“星球大战计划”，该计划的核心是利用定向能等超前性的新概念武器，如激光、粒子束和电磁炮等，结合地面与空中的防卫武器，组成多层次的纵深防御体系，对苏联发射的弹道导弹进行层层拦截，在导弹飞抵美国之前，将其全部或绝大部分摧毁。这个计划的目的是通过高科技竞争拖垮苏联经济。美国通过所谓的“星球大战计划”成功地引导苏联进行了一场无益的科技竞赛，最终导致苏联崩溃和解体。而在苏联解体后，“星球大战计划”很快在美国终止，美国就此彻底赢得了冷战。

2. 科技窃取与攻击风险

（1）窃取科技成果、敏感科学数据。窃取科技成果和敏感科学数据可能会导致技术优势丧失，导致科技的核心竞争力下降。我国北斗二代定位导航系统编码曾被在国内从事相关研究的高某破解并交给美国人。高某在清华大学电子工程系攻读硕士期间跟随导师从事北斗卫星项目研究，随后，高某到美国斯坦福大学电子工程系读博士。为获得美国绿卡，高某破解了我国北斗二代定位导航卫星的信道编码规则，并将破解后的数据交给美国人，以此证明自己在破译卫星机密方面的才能。为此，斯坦福大学颁给她博士学位，美国移民局破例发给她绿卡，高某也从美国军方那里获得了大量的奖金。国际媒体也开始大肆渲染北斗系统容易破解、不安全，这使我国北斗系统的商业推广遭遇了严重挫折。

中国近年来频繁遭受网络攻击，尤其是2020年之后，我国信息、航空领域内网和系统多次被违法登录、数据外传。以西北工业大学为例，2022年西北工业大学校园网突遭网络攻击，我国相关部门研判结果显示，该攻击活动由美国国家安全局的特定入侵行动办公室操纵实施，该办公室已经对我国实施过万次网络攻击，曾窃取逾140GB的敏感数据。此外，根据美国国家安全局前雇员爱德华·斯诺登披露的文件显示，美国、英国、加拿大、澳大利亚和新西兰（简称“五眼联盟”）长期以来一直监视全球范围内的网络通信，包括中国的互联网和电信领域，通过网络渗透、监听和其他技术手段获取中国企业和科研机构的敏感数据。

（2）伤害关键科学家、损毁关键科技基础设施。关键科学家是研究领域的核心人物，对该领域的技术研发和创新有着至关重要的作用，其被暗杀或突然离世可能会导致该领域技术研发停滞或减缓，进而影响国家的科技发展和国际竞争力；关键科技基础设施的损毁可能导致科技研发缓慢、甚至停滞，给国家的经济、国防等方面带来严重威胁。此外，关键科技基础设施损毁也可能导致人员伤亡、放射性物质泄漏、生物危害和网络攻击等问题，对公众安全和环境安全产生不良影响。

2009—2013年，印度核能部共有11名核能专家离奇死亡，如淹死于海中、吊死于其家中、工作时被烧死等。该国警方将科学家离奇死亡事件列为刑事案件，并向社会舆论宣传不排除其中自杀系他杀的可能。俄罗斯全球军火贸易分析中心主任伊戈尔·科罗特琴科就这一现象评论说，这非常像一个在战争情况下，将印度视为对手的大国对印度的蓄意破坏活动，似乎该大国情报部门想尽一切办法阻止印度发展核潜力。

英国《星期日泰晤士报》于2007年曾报道，伊朗顶尖核物理学家阿尔德希尔·哈桑普尔意外死亡。阿尔德希尔·哈桑普尔生前在伊朗一处核设施工作，曾于2006年获得伊朗哈拉兹米国际科学节大奖。该意外发生之后，某情报人员推测，该科学家可能被以色列情报和特勤局暗杀①。

2020年11月，伊朗著名核物理学家法赫里扎德被暗杀，据英国《卫报》报道，伊朗最高国家安全委员会秘书沙姆哈尼说，敌人用电子设备暗杀了法赫里扎德，参与此事的有伊朗反政府组织“人民圣战者组织”，以及以色列和摩萨德（以色列情报组织）支持的犯罪分子。伊朗国家电视台称，从袭击现场找回的武器带有以色列军工的标志，此次袭击所使用的武器是由卫星控制的。伊朗法尔斯通讯社称，这次暗杀行动只持续3分钟，事发当天，法赫里扎德乘坐的车辆被子弹击中，子弹击中车辆的声音让法赫里扎德误以为车辆出现故障，他从防弹车上下来查看情况，此时一挺远程操控的机枪射击并击中法赫里扎德，随后这辆汽车发生爆炸，整个行动全部由远程遥控完成。法赫里扎德是伊朗核武器的核心专家，他的离世可能会导致伊朗在核裂变、核聚变、放射性同位素等方面的研究和发展受到一定影响。为了弥补法赫里扎德的离世所带来的影响，伊朗可能需要投入更多的人力和物力资源来发展核技术，这也会影响伊朗在核技术领域的研究和发展②。

除了核心科学家被谋杀以外，关键科技设施损毁也会给国家科技安全、乃至国家安全带来严重威胁。2010年11月，伊朗总统艾哈迈迪-内贾德公开承认，一种计算机病毒对伊朗核技术设施中为数不多的几台离心机制造了一些问题。该计算机病毒名为“震网”，它被认为是伊朗的敌对国家出于军事目的设计的，“震网”利用Microsoft Windows等软件中的多个“零日漏洞”，通过感染USB驱动器等可移动介质传播，它感染计算机之后，通过改变离心机的速度以对离心机造成物理损害。“震网”病毒摧

① 王丰丰：《伊朗顶尖核专家死亡 疑遭以色列特工暗杀》，《中国青年报》2007年2月5日。

② 程祥：《伊朗媒体披露科学家被杀细节：武器由卫星控制，暗杀仅用3分钟》，《环球时报》2020年12月1日。

毁了伊朗的离心机设施，使得伊朗在铀浓缩方面受到了很大的影响。离心机是铀浓缩的关键设备，因其制造和运行难度较大，故一旦失去离心机设施，伊朗在核技术方面的发展将面临巨大的挑战。

1981 年，以色列发动空袭，摧毁了伊拉克的核设施。伊拉克政府在 20 世纪 70 年代秘密启动了核武器计划，并于 20 世纪 80 年代初期在奥萨克建造了一座核反应堆，这个核反应堆被认为是伊拉克核武器计划的核心设施，造价 4 亿美元，由法国援建。以色列政府担心伊拉克会使用核武器攻击以色列，因此决定对伊拉克的核设施发动空袭。以色列空军对奥萨克核反应堆进行了轰炸，行动持续了 90 秒，摧毁了核反应堆和周围的设施。这次空袭对伊拉克核技术的发展产生了重大影响，伊拉克核反应堆和周围的设施被完全摧毁，伊拉克核武器计划陷入停滞状态。与此相类似，2018 年 3 月，以色列正式承认了 2007 年 9 月多架以军战机深入叙利亚腹地，炸毁了一个即将投入运营的叙利亚核设施，这次军事行动持续了数小时，发射了多枚炸弹，核反应堆及其周围设施被损毁。这一事件严重影响叙利亚核武器技术的发展。

3. 科技封锁风险

（1）技术封锁。外部技术封锁会导致被封锁国家无法获得关键技术、知识和资源，从而影响科技创新和发展的速度和水平。以美国为例，2018 年后，美国政府将科技竞争视为中美战略博弈的焦点，中美科技竞争也被看作是中美经济贸易摩擦背后的深层原因，中美关系开始发生转折，从合作大于竞争逐渐转变为竞争大于合作①。美国政府制造的中美经贸摩擦意在打压中国科技崛起，有预谋造成我国相关机构和企业与美国创新链、供应链的“脱钩”，尤其在 5G 通信、人工智能、量子技术等领域，这一现象越加明显。中美核心科技领域“脱钩断链”，会对我国科技产业造成严重冲击。

具体来说，美国及其盟友在多个领域对中国实施技术封锁，例如半导体、人工智能和通信。如 2020 年，美国政府限制了中国最大的半导体代工厂商中芯国际从美国供应商获得先进半导体制造设备和技术的能力，这极

---

① 李峥：《美国推动中美科技“脱钩”的深层动因及长期趋势》，《现代国际关系》2020 年第 1 期，第 33—40 页；武汉大学中美科技竞争研究课题组：《中美科技竞争的分析与对策思考》，《中国软科学》2020 年第 1 期，第 1—10 页。

大限制了中国开发尖端半导体产品的能力；美国还对人工智能相关技术实施出口管制，将包括商汤科技、旷视科技和依图科技在内的多家中国人工智能公司列入实体清单，限制它们获取美国技术和零部件，这削弱了这些公司的技术发展，阻碍了中国整体人工智能创新能力的提升；在通信领域，美国一直以国家安全问题为由，限制华为在全球范围内的发展，将华为列入美国实体清单，切断了华为从美国供应商获取关键零部件和软件的途径，这严重影响了华为在全球电信市场的技术优势。在美国的压力下，一些发达国家如英国、法国和德国等对华为的5G设备采取限制性措施。例如，英国政府在2020年决定，到2027年底，英国将从其5G网络中移除所有华为设备，这一决策对华为在全球5G市场的扩张产生了重大影响；澳大利亚政府以国家安全为由，在2018年禁止华为和中兴通讯参与该国5G网络建设，并在具有潜在军事应用的技术领域，如人工智能和量子计算领域限制与中国的学术合作；日本政府在2018年起逐步限制华为和中兴通讯在国内市场的份额，尤其是在5G基础设施方面。日本政府还鼓励日本企业将供应链从中国转移到其他国家，以减少对中国的依赖。日本政府对敏感技术出口实施了严格管制，如2019年底，日本对韩国限制出口一些半导体材料和显示面板设备，原因是这些技术和设备可能通过间接渠道流向中国[①]。

（2）阻断合作。近年来，美国已开始在人工智能、芯片、量子技术和先进材料等领域针对我国出台限制相关技术和产品出口的政策。如美国在2018年制定《出口管制改革法案》《国家量子倡议法案》，2019年，时任美国总统特朗普签署了“维护美国人工智能领导力”的行政令（也被称为“美国人工智能倡议”）[②]。

美国等国家在某些敏感领域限制中国学生或学者赴美国等国家留学。2020年5月29日，美国白宫政府官网发布了关于暂停中国某些非移民学生和研究人员入境的公告，该公告于2020年6月1日生效，美国国务院列举了限制令范围内关键性和新型技术：如量子计算、大数据、半导体、

---

① 叶振宇、崔志新、武海波：《我国科技创新面临美方的“八面埋伏”与应对之策》，《发展研究》2021年第6期，第39—45页。

② 张建刚：《中国经济发展奇迹的密码解析与未来展望》，《东北财经大学学报》2021年第6期，第3—12页。

5G、先进核技术、航空航天技术和人工智能等先进技术，这些措施对中国科技人才培养和科研合作造成负面影响。美国还加强了对中国留学生和科研人员的签证限制，特别是在科学、技术、工程和数学领域，这限制了中美研究人员之间的学术交流和合作，阻碍了尖端技术的发展。

特朗普政府时期还在学界启动了“中国行动计划”，意图防止中国“从美国窃取科技信息”，要求美国 94 个地区的司法部门至少每年针对中国提出一至两起与科技失密窃密相关的诉讼①。美国联邦调查局亦以该计划为由捏造“中国学术间谍”，大兴冤案。虽然拜登政府执政后宣布该计划终止，但寒蝉效应仍在。据香港《南华早报》2023 年 7 月 6 日报道，著名国际科学期刊《美国国家科学院院刊》调查数据显示，“中国行动计划”展开 3 年多后，美国华裔科学家中有 72% 的人觉得自己作为学术研究人员不安全，加速了华裔科学家的回流②。

4. 垄断国际科技话语权

在国际层面上，一些国家垄断新兴科技相关的定价权，标志着垄断产业链上游的主导权，通过增加其他国家科技创新发展成本，降低其他国家科技创新竞争力。2010 年 5 月 16 日，商务部新闻发言人姚坚在第二届国际商务发展论坛上表示，中国在国际贸易体系中定价权几乎全面崩溃，中国买什么，什么就涨价，中国卖什么，什么就降价。垄断新兴科技相关的标准制定权，可以主导全球技术的发展方向，进而塑造其他国家的科技进步路径，通过规定技术实施和应用的规则体系，阻止不满足其标准的竞争性产品或服务进入市场，从而保护自己的市场份额，这将直接影响其他国家技术的发展和应用。因此，垄断了新兴科技的标准制定权和定价权就等于垄断了这一领域技术的发展主导权，使其他国家创新成本、产业链升级难度显著增加。

5. 科技舆论风险

对科技企业抹黑打压，会导致科技企业所占市场份额下降，也可能导致其失去与国际先进企业和研究机构的合作机会，影响外国企业和投资者

---

① 杨云霞、庄季乔：《霸权国家经济安全法律与政治捆绑及对中国的启示》，《西安财经大学学报》2022 年第 6 期，第 71—80 页。

② 《最新调查：“中国行动计划”引发的寒蝉效应仍在持续，超 70% 华裔科学家担惊受怕》，观察者网，2023 年 7 月 6 日，https：//www.guancha.cn/internation/2023_07_06_699774_s.shtml。

对其投资，从而影响资金链和研发投入，对其技术进步和创新构成挑战。以美国抹黑我国华为5G设备为例。华为5G设备在全球范围内广泛应用，并得到了众多国家和地区的认可。然而，美国出于政治因素，对华为5G设备的安全问题进行了抹黑和质疑，美国国会众议院议长佩洛西曾刻意炒作华为5G技术问题，美国一些政客也不断散布关于华为5G数据安全的抹黑言论。至今为止，没有任何可靠的证据表明华为的设备存在安全问题。相反，德国等许多第三方检测机构的报告均证明华为的设备安全且可靠。这些无端的抹黑行为不仅损害了华为的商业利益，也破坏了全球供应链的稳定，影响了全球消费者的利益。

（二）产业链、供应链中科技安全外部风险

1. 供应链中断风险

外部国家或地区针对科技企业的供应链制定制裁、禁令等针对性政策，会导致科技企业供应链中断，影响科技产业平稳发展。2019年7月4日，日本宣布氟化聚酰亚胺、光刻胶和高纯度氟化氢三种产品对韩国进行出口限制。这三种产品是韩国三星、LG公司电子产品所必需的重要材料，氟化聚酰亚胺是制造OLED面板的核心材料，日企生产的氟化聚酰亚胺在全球市场占比约为90%；光刻胶是生产芯片的关键材料，日企生产的光刻胶在全球市场占比约为80%；高纯度氟化氢是生产半导体所需的气体，日企生产的高纯度氟化氢在全球市场占比约为70%。韩国进口所需的氟化聚酰亚胺和光刻胶，对日依赖度高达90%以上。由于此次日本出口限制，韩国三星、LG等企业面临产量下降和生产成本升高的困境。韩国经济研究院曾对这一事件进行试算，结果显示，若日本此次出口管制导致韩国生产所需的半导体原材料出现三成缺口，韩国GDP将会下降2.2%；若韩国采取反制措施，韩国与日本的GDP会分别降低3.1%和1.8%；若韩国企业所需的半导体原材料缺口扩大至45%，将导致韩国GDP降低4.2%①。虽然同年7月21日，日本政府将韩国重新纳入其出口白名单，恢复了对其的出口，但是这一事件对日韩经贸关系产生深远影响，甚至冲击了全球产业链和东亚地区的经济合作。

2. 对华新兴技术投资限制

对我国新兴技术投资进行限制，我国会在短期内出现外资撤资的情

① 王诗堃：《日韩对立由经济蔓延至安保领域》，《南方日报》2019年8月23日。

况，影响企业的正常运营及战略规划。2023 年 8 月 9 日，美国总统拜登要求美国财政部审查与中国在半导体、人工智能和量子技术等关键领域交易所谓“国家安全科技和产品”的美国企业及个人。这些被调查的交易中，一些要履行上报义务，一些交易则将被美国财政部禁止。美国这一政策将直接限制美国资金对中国半导体、人工智能和量子技术等新兴技术的投资，会影响这些中国科技企业的发展速度和规模。此外，需要上报的交易将面临更严格的审查，会增加企业的运营成本和时间成本，一些涉及敏感技术和信息的交易，可能会因审查过程中的不确定性而导致交易延迟或失败。美国财政部通过对某些交易的直接禁止，限制了企业的市场选择和发展机会，影响了科技企业在全球范围内公平的竞争。

第三节　科技安全与其他领域安全

总体国家安全观包括政治、军事、国土、经济、金融、文化、社会、科技、网络、粮食、生态、资源、核、海外利益、太空、深海、极地、生物、人工智能、数据等诸多领域。中国科学技术部原部长王志刚指出，科技安全是保障其他领域安全的力量源泉和逻辑起点①。科技是实现上述国家重点领域安全的关键实力要素，科技发展不仅可以为解决国家重点领域的安全问题提供新的理论和技术手段，更可以通过科技革命和产业变革改善国家重点领域在世界的发展格局。保障上述国家重点领域安全，就必须维护这些领域的科技安全，改变这些领域中核心技术受制于人的局面。

一、政治安全领域

在政治安全领域，美国中央情报局于世界各地实施“颜色革命”，如 2003 年格鲁吉亚玫瑰花革命、2005 年吉尔吉斯斯坦郁金香革命、2013 年乌克兰橙色革命等均受到来自美国的影响。过去的数 10 年来，美国中央情报局在 50 余个国家引发动乱，信息通信技术则成为影响这些“颜色革命”成功与否的重要因素，美国先进的信息通信技术为这些“颜色革命”在技

① 王志刚：《加强自主创新　强化科技安全为维护和塑造国家安全提供强大科技支撑》，《人民日报》2020 年 4 月 15 日。

术层面提供了可行性①。

中国国家病毒应急处理中心和360公司于2023年5月4日发布的最新报告披露了美国中央情报局在全球各地策划组织实施大量“颜色革命”事件惯用的四种科技手段。一是加密网络通信技术，该技术由美国军方资助的科技公司研发，在接入国际互联网时可不被追踪使用者的信息，如“洋葱头”路由技术，可用来帮助中东地区伊朗、突尼斯、埃及等国的抗议者保持联络畅通以及躲避当地执法部门的追踪和抓捕；二是提供在互联网中断情况下的通信服务，如为保证在突尼斯和埃及等国参加“颜色革命”的人员在断网时仍可以联系外界，美国谷歌公司及推特公司迅速研发了一种使用户免费拨号上网上传语音信息留言的专用服务，这些留言信息可自动转换成推特短文并上传互联网，实现现场报道；三是提供“颜色革命”现场指挥工具，美国兰德公司曾花费数年时间研发了一种帮助反政府人员通过互联网快速汇合，实现“打一枪换一个地方”的高流动性行动，与现场指挥相比，提升指挥效率；四是美国研发了一款名为“暴动”的软件，该软件支持独立无线宽带，且无需依赖电话、光纤或卫星通信，可躲避政府监测①。此外，美国国务院将研发“反审查”信息系统作为重要任务，并为该项目注资超过3000万美元。

“颜色革命”往往是西方意识形态战略推广的结果。因此，我国需要不断发展、运用新的科学技术构筑我国意识形态的防火墙，以新的网络信息技术为支撑来抵御西方意识形态的渗透。必须加快网络信息核心技术的突破，加强关键信息基础设施的安全保障，构建安全可控的信息技术体系，培养专业的网络安全人才。研发具有自主知识产权的信息挖掘、堵截、甄别、过滤和追踪技术，利用大数据、云计算等新技术，维护政治安全。②

二、军事安全领域

在军事安全领域，俄乌冲突等现代战争实践证明，新兴技术已成为战

① 袁宏：《CIA实施“颜色革命”五大阴招被曝光》，《环球时报》2023年5月5日。

② 马宝成、马彦涛：《防范化解政治领域重大风险》，国家行政管理出版社2020年版，第151—152页。

争中的核心战斗力，战争形态正向智能化快速迈进。在人工智能、大数据技术、无人机技术和“星链”技术等牵引下，美国等实战体系的智能化程度正逐步加深，对我国军事安全形成的系统性风险越发显现。

2020 年 12 月，美国国防部前副部长罗伯特·沃克提出了一个新作战概念系统战，系统战包括五个关键性技术领域：可进行机器学习与系统、人机协作、先进有人或无人作战编组、作战行动辅助系统、网络/电子战自主赋能系统①（见图 1－2）。近年来，随着人工智能技术、飞行员指挥无人机协同作战技术、无人机蜂群作战技术、智能弹药技术、“星链”技术的快速发展，在系统战概念的框架下，美军基于人工智能技术识别战争模式、对目标进行定位和整理大量情报，搭建不同兵种与武器系统协同作战，指挥无人机蜂群进行高空和长航时作战，结合智能弹药协同攻击，通过“星链”网络确保作战信息跨维共享、作战决策跨域互补、作战指挥跨界融通，构建智能化联合作战网络。美军系统战框架下新兴科技的耦合，可能从军事层面对我国形成战略突袭风险。

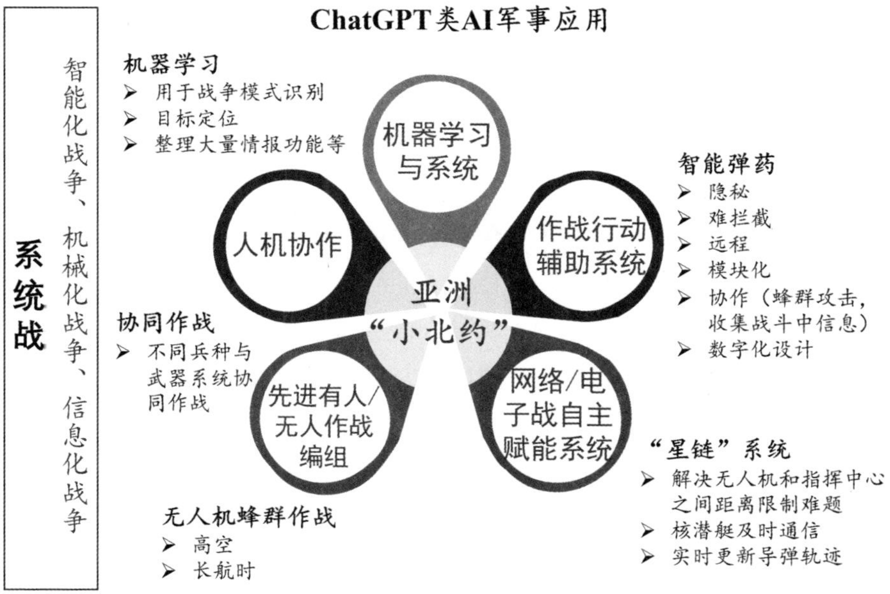

图 1－2　美军系统战解析

---

① 潘书阳：《第三次抵消战略视阈下美国人工智能的军事运用》，国防科技大学硕士学位论文 2019 年，第 69 页。

此外，据《中国国防报》2023 年 5 月 22 日报道，美国国防部发布 2023 年版《国防科技战略》，该战略强调美国将利用人工智能、量子科学和超高声速技术等关键新兴技术确保美国在国防科技领域的持久优势，威慑潜在对手，或将加速全球恶性军备竞赛①。

因此，我们应该密切跟踪、关注信息技术、生物技术等领域的新技术群，如人工智能技术、脑科学技术、智能自主系统技术、新材料技术、量子科学等，科学预测技术突袭的可能手段和方式。在推进颠覆性技术自主创新的过程中，为军事斗争探索非对称的制衡制胜手段，立足物理域、生理域、心理域的基础研究成果，推动多学科综合、渗透和交叉研究，创造制胜未来的颠覆性军事技术，在未来战场上保持主动②。

三、国土安全领域

我国陆地与 14 国接壤，海上与 8 国相邻或隔海相望。近年来，我国陆地边境安全形势总体稳定，但与日本、菲律宾等 8 个海上邻国都存在海洋争议，如与日本存在钓鱼岛争端，菲律宾等一些国家长期非法侵占我国南沙部分岛礁③。2014 年 6 月 27 日，中国第五次全国边海防工作会议上，习近平总书记强调，边海防工作是治国安邦的大事，关系国家安全和发展全局④。党的十九大报告作出了建设强大稳固的现代边海空防战略部署，《关于新时代加强党政军警民合力强边固防的意见》提出全面实施科技控边。

智慧边海防是维护边海防安全稳定的重要依托，智慧边海防建设需借助 5G 技术、物联网、云计算、大数据、人工智能等新技术力量，将以往单一的人防和技防方式转变为人机结合的智防模式⑤。2023 年 6 月 12 日，美国国土安全部技术中心发布美国国土安全战略研究议程，其目标为“考

---

① 林源：《美国国防部发布 2023 年版“国防科技战略”》，《中国国防报》2023 年 5 月 22 日，http：//military. people. com. cn/n1/2023/0522/c1011 – 32691676. html。

② 《谨防对手技术突袭》，中国军网，2018 年 5 月 31 日，http：//www. 81. cn/jfjbmap/content/2018 – 05/31/content_207487. htm。

③ 《总体国家安全观干部读本》编委会编著：《总体国家安全观干部读本》，人民出版社 2016 年版，第 89—95 页。

④ 王刚、杨霞：《习近平关于边海防战略重要论述研探》，《武警学院学报》2016 年第 7 期，第 5—8 页。

⑤ 王滨：《着力推进智慧边海防建设（金台点兵）》，《人民日报》2021 年 10 月 11 日。

虑科学技术的进步可以在哪些方面改变国土安全行动，规划出科学技术可以在哪些方面对国防优先任务产生最大影响”，包括：高级传感，人工智能和自治系统，生物技术，通信与网络弹性，数据、建模和仿真科学，数字身份与信任，地球系统科学，新兴计算范式，新型材料与安全制造，社会科学。

近年来，我国也加快智慧边海防建设，借助信息化技术，提升管边控海整体效能。遵循“感、传、知、用”的体系架构，充分利用雷达、光电、船舶自动识别系统、无人机、无人艇等构成的感知体系，经过多网融合实现一线实时动态数据的传输汇聚，打造全要素、全环节的海防管控“智慧链”，为快速、科学、精准打击海上威胁国土安全行为，提供了有力的技术保障。①

四、经济安全领域

科技创新是驱动经济发展的第一动力。科学技术为转变经济发展方式、调整经济结构、优化经济体系提供内生动力，通过推动产品质量和生产效率变革增强产业竞争力，进而推动经济高质量发展。如英国引领以力学、热学为核心的第一次工业革命，率先从农业国转变为工业国，在19世纪70年代之前，英国掌握了世界工业生产的1/3—1/2。但在第二次世界大战之后，英国因技术锁定，错过了引领以化学和电学为基础的第二次科技革命，而美国、德国则占据电气、内燃机、化工等新兴产业的主导地位，导致英国失去科技霸权地位，经济萎靡，市场竞争力下降。到1894年，美国工业生产总值超过英国，成为世界第一。

随着新一轮科技革命和产业变革加速演进，大数据、人工智能、量子信息等新兴技术加速向经济社会各领域融合渗透，深刻影响着经济社会的运行方式，不断重塑全球经济格局，科技对经济安全的影响日益突出。世界主要国家在经济安全战略中都高度重视科技因素在保障经济安全中的作用。寻求“科技突围”，维护经济安全，不仅是发达国家维护自身领先地位的现实需要，也是发展中国家赢得经济发展机遇、应对经济安全风险挑战的迫切需求。如美国近年来将先进计算、先进制造和材料、人工智能等

---

① 《努力建设强大稳固的现代边海防（国防视线）》，人民网，2021年10月11日，http：//military. people. com. cn/n1/2021/1011/c1011 －32249045. html。

关键和新兴技术领域的竞争作为维护其经济安全的重要支柱；日本于2022年出台《经济安全保障推进法》，从增强供应链安全、尖端技术合作和特定专利不公开等方面发力，以摆脱对外部的过度依赖，确保半导体、医药品等战略性物资的稳定供给；澳大利亚于2021年启动“关键技术行动计划”，以保障经济利益和社会繁荣为宗旨，将量子、能源、遥感等七大领域共63项关键技术列为重点关注技术。

当前，我国仍然面临关键核心技术受制于人、未来科技竞争能力有待强化、产业链供应链不稳定等问题，如在我国半导体产业中，国产材料在半导体制造环节使用率不足15%。尤其近年来，美国对华为、中兴通讯和中芯国际等我国高新技术企业打压，导致我国半导体产品出口持续降低、进口持续增加，若美国断供，我国半导体产业将面临严重缺口，制约我国经济发展[①]。要在激烈的国际竞争中占据优势，就必须补足短板，同时锻造长板，抢占科技制高点，实现高水平科技自立自强，将科技安全风险控制在可接受范围，以高水平的安全保障经济高质量的发展。[②]

五、金融安全领域

金融安全是指货币资金融通的安全和整个金融体系的稳定，金融安全在很大程度上影响甚至决定着经济健康发展。人工智能技术、大数据技术、区块链技术和云计算技术等有望重塑金融产业发展模式，成为促进金融发展的主要引擎。如人工智能可广泛运用于智能风控、智能支付等方面，能够提升效率和用户体验，拓展金融机构销售和服务能力；大数据技术可高效提取目标信息；区块链能够降低金融机构结算成本、提升交易效率；云计算则可应用于管理金融设施，合理分配资源、减少银行设施成本[③]。

新兴技术在推动金融行业转型的同时，其在金融领域暗藏的风险也不容忽视，如数据监管不严造成数据泄露或失窃、人工智能模型鲁棒性不足

---

① 郭秋怡、游光荣：《深刻认识科技安全与经济安全互动关系建立科技安全监测预警体系》，中国网，2023年5月11日，http：//cn. chinagate. cn/news/2023－05/11/content_85267307. shtml。

② 程燕林、代涛、丁予业等：《技术经济安全：研究重点、演化机理和评估框架》，《中国科学院院刊》2023年第4期，第541—552页。

③ 肖扬：《线上复工成金融机构数字化转型试金石》，《金融时报》2020年2月19日。

导致遭到数据投毒等威胁；智能终端在数据收集、存储和传输等过程中被恶意网络攻击等。如保险公司需要存储大量参保人员的个人信息，数字化信息可能会导致个人及财产隐私极易泄露。而黑客、勒索软件和网络钓鱼等攻击手段不断进化，给保险公司的数据安全和业务运营带来风险。中小保险公司为保证利润维持运营，在外包信息科技相关业务时，易造成业务中断、关键代码泄露、敏感数据失窃等风险①。

六、文化安全领域

文化安全不仅意味着一国物质文化和非物质文化不处于危险状态，还是国家安全的基本构成要素，与政治安全、网络安全等密切相关、相互交织，是确保中华文化存续绵延的重要保障②。文物是中国传统文化的载体，运用高新科技加强文物保护利用，让文物在新时代焕发生机，可以丰富全社会历史文化。数字技术可用于文物管理，如可利用高清影像技术，扫描和采集文物外观纹理，对文物进行永久数字化保存；无损检测技术可用于文物保护，高光谱成像、光学相干断层扫描等科学技术，能对文物质地结构、工艺信息等进行无损检测，有助于深入发掘和全面认知文物本体价值；高精度三维建模、高速 3D 打印等技术可用于文物修复和展示；利用 3D、虚拟现实、增强现实等技术，创造沉浸式互动场景，为考古学、历史学等领域相关研究者提供新的实践空间和研学方式。

当前，我国数字文化产业快速发展，线上演播、网络直播、沉浸式体验等新业态快速崛起，5G、大数据、人工智能、虚拟现实、增强现实、超高清等技术在文化创作、生产、传播、消费等各环节应用，为用户提供个性化、精准化、智能化的信息服务，这些技术正在前所未有地改变文化传播方式。但与此同时，境外资本、文化产业、文化产品和服务大量进入国内，境外敌对势力利用大数据、人工智能等技术恶意篡改我们的党史和国史，在互联网中对广大青少年群体进行思想渗透，宣扬躺平主义、男女对立、极端个人主义，传播消极文化。算法在不断被恶意投喂的数据中持续

---

① 杨然：《金融科技安全重在“防未然”》，《经济日报》2023 年 8 月 2 日。

② 《总体国家安全观干部读本》编委会编著：《总体国家安全观干部读本》，人民出版社 2016 年版，第 115—125 页。

进化，其不合理应用给维护意识形态安全工作带来了严峻挑战[①]。

七、社会安全领域

社会安全是指包括防范、消除、控制直接威胁社会公共秩序和人民群众生命财产安全的治安、刑事、暴力恐怖事件，以及规模较大的群体性事件等[②]。伴随我国快速发展，生产事故不断高发、劳资冲突时有发生、社会信任危机加深这些敏感事件在网络平台、社交媒体的聚集放大下，在短时间内引发舆情，甚至在舆情牵引下爆发出惊人的破坏力量[①]。以 2018 年法国“黄马甲”运动为例，起因是法国人对燃油税政策的不满，最初只是一场小规模的示威活动，但很快在社交媒体上得到了广泛传播和支持，吸引了成千上万人的参与，一些组织和个人也利用社交媒体来组织抗议活动、筹集资金和宣传信息，这些行为进一步放大了“黄马甲”运动的影响力，使其成为了一起全国性的事件，一些抗议者采取了激进的行动，如破坏公共财产、纵火等，这些行为对社会稳定构成了严重威胁。

科技在赋能社会安全方面发挥着至关重要的作用，通过利用先进科技手段，可以更好地预防和应对网络舆情事件，确保社会的稳定和和谐，如通过大数据分析，可对网络信息进行实时监测和分析，及时发现和预测可能引发舆情的事件，相关部门可以提前采取措施，防止事件的进一步扩大。还可以利用人工智能技术，如自然语言处理、图像识别等，对网络上的文本、图片和视频进行深度分析，准确判断其中的情感倾向和潜在风险，从而及时预警和应对。

八、网络安全领域

网络安全不仅包括计算机、服务器、移动设备、电子系统的安全，也包括网络和数据免受恶意攻击。网络安全与政治安全、军事安全、经济安全、文化安全、社会安全等领域相互交融、紧密关联，如政治领域的“颜色革命”，军事领域网络化信息化作战方式加速转型，经济、文化和社会

---

① 胡和平：《繁荣发展文化事业和文化产业（认真学习宣传贯彻党的二十大精神）》，《人民日报》2022 年 12 月 28 日。

② 《总体国家安全观干部读本》编委会编著：《总体国家安全观干部读本》，人民出版社 2016 年版，第 125—128 页。

领域的网络攻击都是网络空间对传统领域安全问题的催化与加剧。

目前，我国网络防护能力有待加强，信息技术水平亟待提升，特别是操作系统、数据库及算法等依赖国外技术，存在风险隐患。如进口的信息技术产品被安插的后门一旦被网络攻击，将会导致医疗、电力、交通等关键基础设施中断，危及社会安全①。未来急需科技赋能网络安全，借助区块链、人工智能等新兴技术，构建更加安全可靠的网络设施，如区块链技术可实现数据的去中心化存储，降低数据被篡改和窃取的风险，人工智能技术可以帮助识别与网络安全相关异常行为，提高安全防护能力。

九、粮食安全领域

种子是保障粮食安全的关键。我国种子在有没有、保生存这个问题上可满足国内需求，如水稻、小麦两种最基本的口粮，几乎完全使用我国自主选育品种，进口种子占全国用种量仅 0.1%。但在种子好不好、高质量方面，我国玉米、大豆单产水平还不到世界先进水平的 60%；蔬菜中甜椒、耐储番茄等种子，从国外进口还比较多②。基因编辑技术是一种新兴的生物技术，它可以通过改变种子的基因组来增强其抗病性、耐旱性等，提高种子质量。

我国在种子基因编辑领域已经取得了一些进展，但是与国际先进水平相比还有一定差距。2022 年全国两会期间，中国科学院遗传与发育生物学研究所曹晓风院士在接受《中国科学报》采访时指出："我国虽然在动植物基因编辑技术研发和应用上居世界前列，但原始专利严重缺位，核心专利及底层技术大多被美国为首的西方国家垄断，产业安全面临严峻挑战。"未来需要加快推动基因编辑基础研究，用中国种子保障中国粮食安全。

十、生态安全领域

生态安全是指一个国家具有支撑国家生存发展的较为完整、不受威胁

---

① 李大光：《全球化背景下的总体国家安全研究》，《人民论坛·学术前沿》2018 年第 8 期，第 6—19 页。

② 《"农业芯片"卡脖子，中国种业酝酿怎样的变局?》，新华网，2021 年 3 月 9 日，http：//finance. people. com. cn/n1/2021/0309/c1004 - 32047523. html。

的生态系统，以及应对内外重大生态问题的能力[①]。目前，发达国家一两百年分阶段逐渐出现和解决的环境问题，已在我国发展中集中显现，主要体现在天然草原退化等自然生态空间过度挤压，土地沙化、退化及水土流失，水资源严重短缺，生物多样性萎缩，土壤、水源、空气等城乡人居环境恶化，温室气体急剧排放带来气候变化等[②]。

科技创新对生态安全维护具有战略性支撑作用。未来急需提升生态环境监测技术，通过引入更先进的遥感、物联网、大数据等技术，提高环境监测的精准度和实时性；研发新型生态修复技术，如生物技术、纳米技术等，利用微生物降解污染物，或者使用纳米材料吸附污染物，改善环境质量；面对常规污染物和新污染物问题叠加的挑战，可通过基因测序等技术，研究污染物对人体健康的影响机制，为制定防治策略提供科学依据；利用人工智能、机器学习等技术，优化环境治理的策略和方法，维护生态安全。

十一、资源安全领域

资源安全是指一个国家或地区可以持续、稳定、充足和经济地获取所需自然资源及资源性产品的状态，以及维护这一安全状态的能力[③]。资源安全是国家安全的重要支撑，资源是经济发展、人民生活的最基本的投入要素。我国是世界主要的资源消费大国，水资源供需矛盾突出，能源资源和矿产资源对外依存度过高[④]。如我国人均水资源仅占世界人均水资源的35%[⑤]，且时空分布不均，与耕地、能源、矿产资源分布不相适配，正常年份全国缺水量超500亿立方米。

确保国家水资源、矿产资源等节约高效利用，离不开科技创新的支撑

---

① 耿彦斌、胡贵麟、姜长杰：《交通运输支撑国家安全的现状、问题与路径研究》，《公路》2021年第5期，第183—188页。

② 《总体国家安全观干部读本》编委会编著：《总体国家安全观干部读本》，人民出版社2016年版，第158—165页。

③ 王昶、宋慧玲、左绿水等：《中国优势金属供应全球需求的风险评估》，《自然资源学报》2018年第7期，第1218—1229页。

④ 《总体国家安全观干部读本》编委会编著：《总体国家安全观干部读本》，人民出版社2016年版，第176—183页。

⑤ 《解决水资源短缺问题　节水是根本出路》，中国政府网，2024年3月28日，https：//www. gov. cn/xinwen/jdzc/202403/content_6942239. htm。

和引领。如针对水资源短缺问题，引入先进的物联网、大数据、人工智能等技术，通过土壤湿度传感器实时监测农田水分状况，然后通过智能控制系统自动调整灌溉量；研发新型高效反渗透膜，提高海水淡化的效率和水质；通过优化模型和算法，提高水资源配置和调度的科学性和精确性，满足生态环境的水需求。针对矿产资源短缺问题，可引入遥感技术和地质信息系统等，提高矿产资源的探明率和开发效率；研究生物浸出、化学浸出等方法，提高低品位矿石和尾矿中有用元素的回收利用率；研究开发新型高性能金属材料、复合材料等，替代传统的金属材料，减少对矿产资源的消耗。

十二、核安全领域

核安全，是指对核设施、核活动、核材料和放射性物质采取必要和充分的安全措施，防止由于任何技术原因、人为原因或自然灾害造成的事故发生，并最大限度地减少事故情况下的放射性后果，从而保护工作人员、公众和环境免受不当的辐射危害①。尽管加强核安全已成为国际社会共识，但核武器扩散、核军备竞赛等依然存在，核材料、核设施遍布世界，存在着核事故、核犯罪而导致核污染、核泄露，甚至是核攻击风险。

科技创新可在核能开发、利用、废物处理等多个环节维护核安全。如通过设计新型核反应堆，采用高温气冷堆、钠冷快堆等先进堆型，研发燃料循环技术和核聚变技术，降低核事故的风险；利用红外成像技术检测冷却剂管道的泄漏；利用声学监测技术实时评估地震对核电站的影响；利用大数据分析技术预测和评估核事故的风险；研发高效稳定的玻璃固化技术，将高放废物转化为长期稳定的玻璃状物质；发展深地层地质处置技术，将核废物永久封存于地下。采用人工智能技术建设智慧核电，结合机器人技术、图像与视频识别技术、机器学习和人机协同等新兴技术提高核电运行安全性，例如利用数字孪生技术（将实体对象以数字化方式在虚拟空间复制，模拟其在现实环境中的运行轨迹），对实体核电站和孪生核电站的数据进行交换分析，促进核电站的运行管理和监测，指导操作员操作

---

①　季天也：《环保部核安全总工程师刘华：中国核能安全指标排世界前列》，《环境与生活》2015 年第 3 期，第 14—21 页。

和事故处理，更好地确保反应堆运行安全[①]。通过不断推动核能开发、利用、废物处理等技术的创新，提高核安全监测、预警、应急和处置能力，降低核事故的风险，保障国家核安全。

十三、海外利益安全领域

海外利益安全主要包括海外能源资源安全、海上战略通道以及海外公民、法人的安全[②]。目前，我国已经成为全球第一货物贸易大国和主要对外投资大国，特别是“一带一路”建设加快实施，海外利益安全日益关乎我国的整体发展利益和国家安全[①]。能源资源安全风险、海上战略通道安全风险、海外公民和法人安全风险日益凸显，如全球能源市场波动较大，地缘政治风险等因素可能影响能源资源的稳定供应，此外，部分国家可能出于政治目的对我国实施能源禁运或限制出口，对我国能源安全造成威胁；海上战略通道是保障我国海外利益的重要基础设施，当前，南海、印度洋等地区的局势复杂多变，海盗、恐怖主义等非传统安全威胁日益严重；随着我国企业和公民走出国门，海外投资和劳务输出不断增加，然而，部分国家政治动荡、社会治安恶化等问题可能导致我国公民和法人的人身安全和财产安全受到威胁。

维护海外利益安全，同样需要先进科学技术赋能。针对能源资源安全风险，可利用大数据和人工智能技术，对全球能源市场进行实时监控和预测，提前预警潜在风险，制定应对策略。针对海上战略通道安全风险，可利用卫星遥感技术和无人机技术，对海上战略通道进行实时监控，及时发现并处理海盗活动和其他安全威胁，发展无人舰队，利用人工智能技术，实现海上战略通道的自主巡逻和防御。针对海外公民和法人安全风险，可利用大数据和人工智能技术，对海外公民和法人的安全风险进行评估和预警，提供个性化的安全建议和服务；发展5G和物联网技术，实现远程医疗、远程救援等服务，提高海外公民和法人的安全保障能力。

---

① 《叶奇蓁：我国核能的创新发展》，国家能源局，2022年6月8日，http://www.nea.gov.cn/2022-06/08/c_1310617356.htm。

② 《总体国家安全观干部读本》编委会编著：《总体国家安全观干部读本》，人民出版社2016年版，第189—195页。

十四、太空安全领域

太空安全是太空系统、太空权益、太空轨道环境等方面不受威胁、侵害的客观状态①。随着航空航天技术的飞速发展，世界各国军事安全日趋依赖太空系统，太空领域逐渐呈现军事化、武器化甚至战场化①。2022 年 2 月 24 日中国军网《美国阴暗行径严重威胁航天器安全》一文指出，近年来，美军推动研发、部署了标准 - 3 导弹、X - 37B、“老鹰”机动作战飞行器等多种反卫星武器，多次实施弹道拦截试验，这意味着各国航天器面临着严重的攻击性威胁。2019 年，美国为测试卫星自动脱离轨道相关技术，使“星链”44 号卫星下降至 320 千米高度，险与欧洲“风神”气象卫星发生碰撞。2021 年 7 月，美国军方一颗代号 USA - 271 的“地球同步轨道空间态势感知计划”卫星多次故意抵近中国实践 - 20 卫星，严重干扰并危及卫星正常运行安全。据美军专家透露，美军自 2014 年至今已在轨部署 6 颗太空态势感知卫星，验证和开发太空态势感知战术、技术与规程，以在轨服务、燃料加注、报废卫星处理等试验为名，谋求太空绝对优势和霸权地位②。

未来，我国可以结合先进新兴技术，应对太空安全风险。如通过研发高速、高可靠、抗干扰的卫星通信技术，提高航天器的通信能力和抗攻击性；利用遥感技术对太空环境进行高精度观测，为我国航天器的安全提供保障；通过发展人工智能技术，提高航天器自主决策能力和应对复杂任务能力，如我国天舟货运飞船已实现与天宫空间站的自主对接和分离；通过发展电磁轨道技术，为我国航天器提供更快速、更安全的进出太空的方式，如美国 X - 37B 轨道试验飞行器已经成功实现多次无人返回地球的任务。

十五、深海安全领域

近年来，世界各国因深海的资源储备和军事战略价值而积极参与对深

① 航天工程大学太空安全研究中心：《铸牢国家安全的太空高地》，《解放军报》2019 年 3 月 7 日。

② 常壮、薛武：《美国阴暗行径严重威胁航天器安全》，中国军网，2022 年 2 月 24 日，http：//www. 81. cn/jfjbmap/content/2022 - 02/24/content_310096. htm。

海的开发和研究[1]。深海海底的多金属结核、多金属硫化物、天然气水合物以及深海生物基因等储量丰富，1959 年，基于深海海底矿产调研报告，美国地质学家约翰·梅罗认为深海海底可满足全世界对矿产的需求。此外，因深海海底具有隐蔽性而适宜设立武器平台，可在紧要关头使用深海海底平台发射卫星及无人机等军用设施，对敌国形成战略突袭。例如美国海军战略研究小组曾经提出水下无人潜航集群等深海作战理念，俄罗斯的“波塞冬”无人潜航器可迅速下潜至水下 1000 米并携带百万吨级当量的核弹，这使得深海军事冲突风险不断增加。

党的十八大以来，我国越来越重视深海安全问题，并对深海领域投入科技研发。2015 年，继俄罗斯、美国、法国及日本之后，我国建设的全球第五个深海技术支撑基地正式投入使用；此外，我国还积极推动深海装备研发，推动载人深潜技术研发，2020 年我国“奋斗者”号载人深潜器在深海实现成功坐底，标志着我国载人深潜技术已经达到了全球领先水平。在深海领域，未来仍需要加强军民融合发展，提升深海科技实力进而维护深海安全。

十六、极地安全领域

极地因资源丰富、航运价值极高和地理位置关键而关乎各国利益和安全，极地安全也面临着资源争夺、航道争夺和军事竞争风险。极地自然资源丰富、蕴藏巨大。美国地质调查局统计结果表明，位于北极圈内已探明且可开发的天然气资源约有 1669 万亿立方米，占全世界天然气未探明储量的三成；南极地区拥有全世界约 70% 的淡水，此外，还有磷虾等多样生物资源；极地航运价值极高，事关全球能源通道安全。与从位于北纬 30 度以北的任何港口通过苏伊士运河或巴拿马运河的航程相比，使用北极航线将使航程缩短至少 40%，可大幅节约燃油成本和通航时间，还可以避开马六甲海峡以及亚丁湾等海盗高风险出没区域。极地地理位置特殊，从北冰洋发射导弹几乎可以覆盖整个北半球国家，在南极建立地面卫星接收站可掌握战争中的信息优势。极地还是研发电磁、气象等军事技术、极端条件下

① 梁怀新：《深海安全治理：问题缘起、国际合作与中国策略》，《国际安全研究》2021 年第 3 期，第 132—155 页。

军事人员训练以及军事装备检验的绝佳试验区域①。各国可能会利用极地进行军事部署，以提高战略优势。因此，未来各国可能因争夺这些资源而产生冲突。

为维护极地安全，需要不断强化极地领域科技创新和关键技术支撑，研发更加节能环保的船舶和航行技术，提高北极航线的通航能力；加强卫星导航和通信系统的研发，提高极地地区的通信覆盖和导航精度；利用遥感技术对极地进行实时监测，评估资源开发和环境保护的影响；加强军事防御技术研发，提高在极地地区的战略威慑能力，降低军事冲突的风险；运用人工智能和大数据技术，提高对极地环境和资源的预测、监测和管理能力。针对极地研究的实际需求，继续完善建设极地科考站。我国已经于1985年设立南极长城站、1989年设立中山站、2004年设立北极黄河站、2009年设立昆仑站、2014年设立泰山站以及2018年设立北极科学考察站，未来还将建设更多南极科考站，提升我国对于南极事务的国际话语权②。

十七、生物安全领域

《中华人民共和国生物安全法》明确指出，生物安全是指国家有效防范和应对危险生物因子及相关因素威胁，生物技术能够稳定健康发展，人民生命健康和生态系统相对处于没有危险和不受威胁的状态，生物领域具备维护国家安全和持续发展的能力③。生物安全范围广泛，除包括传统人类和动物疫情、植物物种入侵、生物实验室事故风险外，随着合成生物学和基因编辑等生物技术的迅猛发展，生物恐怖主义等生物战正在带来前所未有的生物安全风险挑战，威胁社会和国家安全。以生物恐怖主义为例，生物恐怖主义已经成为一种新战争样式，美国国家科学院《合成生物学时代的生物防御》报告强调，生物黑客利用合成生物技术制造病原体武器的风险日益提升，该生物武器不但可以使目标人群死亡或失能，还可以在心理上造成社会恐慌，具有易行性、散发性、隐蔽性、突发性、多样性和欺骗性等特点，这些特点使发动生物恐怖袭击的门槛远低于常规战争。

---

① 董永在：《极地安全：国家安全的新疆域》，《光明日报》2021年4月25日。

② 刘嘉玥、揭晓蒙、李宇航等：《我国极地科技创新的进展与展望》，《海洋开发与管理》2020年第12期，第37—41页。

③ 徐隽：《完善生物安全管理体制》，《人民日报》2020年10月15日。

为应对生物领域安全风险，需要发挥科技赋能作用。如加强合成生物学安全研究，防范合成生物技术被恶意利用风险，同时推动合成生物学在医药领域的创新应用；利用人工智能技术，如机器学习、深度学习等，对生物安全数据进行智能分析和预警，提高生物安全监测和应对能力；利用生物信息技术，如基因组学、蛋白质组学等，加快疫苗研发进程，提高病原体检测的准确性和效率；通过研究微生物组在生态系统中的作用，揭示微生物与环境、人类健康之间的关系，为生态保护和人类健康提供科学依据；利用生物材料和纳米技术，开发新型生物安全防护产品和技术，提高生物安全防护能力。

十八、人工智能安全领域

2022 年 11 月底，人工智能语言模型 ChatGPT 开放测试，截至 2023 年 1 月底，ChatGPT 用户数量已经高达 1 亿，用户访问量约 5.9 亿，引发全球极大关注①。虽然 ChatGPT 本身并不是军事系统，但可帮助美军改善战场分析、作出更有效的决策，如分析多型传感器的输入数据，集成信息至军车、军用无人机中提供战争中实时态势感知；快速分析大量多源数据，提供快速、准确的威胁评估，以及协助后勤管理等。ChatGPT 类人工智能可从智能化角度提升美军军事实力，形成技术突袭风险。ChatGPT 类人工智能技术也会威胁数据安全，训练 ChatGPT 语言模型需要 TB 量级互联网文本信息，涉及对个人信息等敏感数据的收集、分析和使用②。此外，ChatGPT 类人工智能应用威胁网络安全，黑客可以 ChatGPT 为技术工具实施更快网络攻击，降低了网络攻击的技术成本与门槛。

应对人工智能领域安全风险，科技创新起着至关重要的作用。需要加强针对算法的研究，提高其可解释性、防范算法歧视；在人工智能技术使用过程中，应重视数据安全以及网络安全，提升隐私计算、密码技术、数据安全评估等技术研发的能力；对人工智能的具体应用场景，如智慧金融、智慧医疗等，需要进行风险识别和管控，防止恶意攻击或技术误用。

---

① 党亚娟：《ChatGPT 潜在军事应用及风险分析》，《国防科技工业》2023 年第 3 期，第 54—56 页。

② 党亚娟：《ChatGPT 潜在军事应用及风险分析》，《国防科技工业》2023 年第 3 期，第 54—56 页。

十九、数据安全领域

数据安全是指在数字信息的整个生命周期中保护数字信息免遭未经授权的访问并抵御损坏、失窃等风险。数据安全的概念涵盖了信息安全的所有方面，从硬件和存储设备的物理安全到管理和访问控制权限，以及软件应用程序的逻辑安全等。当下正处于数字化时代，数据信息呈爆发式增长，2015 年，IBM 研究指出，整个人类文明所获得的全部数据，有 90% 是过去两年内产生的。数据与经济发展息息相关，2001 年美国跨境数据占据全球主导地位，但到 2021 年，我国跨境数据约占全球 23%，位列世界第一，而美国仅以 12% 的全球份额居世界第二。因此，美国政府担忧因中国的快速持续发展威胁美国在数据领域的主导地位，加大了与我国在数据领域内的竞争，TikTok 案就源于美国怀疑我国可能潜在使用美国敏感数据，此类政治化的数据冲突日趋激烈。为有效应对国际数据冲突，未来可依托新技术强化构建数据信任支撑体系，如加快发展区块链技术，借助区块链技术稳定、高效的技术优势，降低数据失窃风险，通过数字加密技术，保障数据使用与交易的安全性①。

① 陈竹、朱学彦、金爱民：《数据安全领域成为中美技术竞争新地带——对〈美国对华政策的未来——给拜登政府的建议〉的解读》，《科技智囊》2021 年第 6 期，第 20—22 页。

第二章　科技安全战略

第一节　科技安全战略

一、科技安全战略内涵

（一）科技安全战略定义

迄今为止，学界尚未对科技安全战略形成统一和被广泛认可的定义。我国学者林聪榕和李自力对科技安全战略的定义具有一定代表性，他们认为，科技安全战略是战略术语在科学技术安全领域的延伸和推广，特指国家科技安全领域重大的、带全局性或决定全局的谋划[①]。

（二）科技安全战略特点[②]

科技安全战略具有战略在一般意义上的全局性、竞争性、前瞻性等特点，同时也有与科技安全本身属性相关联的特殊特点。

一是独立性。科技安全已经成为我国总体国家安全观20个重点领域之一，是国家安全的重要支撑。结合第二章中科技安全的定义，科技安全有自己独特的核心要义，因此科技发展的战略不再仅是追求创新能力的发展，还要关注与国家科技安全相关的体制机制和法制，把这些作为科技安全战略独特的研究对象。

二是交叉性。在第二章中我们探讨了科技安全面临的风险、科技安全与其他国家重点领域之间的关系，我们发现随着科技的不断发展，科技安

---

① 林聪榕、李自力：《关于国家科技安全战略管理的理论探讨》，《科学学与科学技术管理》2007年第12期，第102—106页。

② 孙智信、李自力、沈国际等：《中国科技安全问题的历史考察》，《国防科技》2015年第6期，第98—107页。

全问题已经不再是单一领域中的问题，还有很明显的行业交叉性、专业交叉性，因此科技战略的制定和部署也要具有跨领域理论的交叉性，才可以解决跨领域的复杂问题。

三是体系性。科技安全战略的制定事关创新活动全链条分析。因此，需要系统地从创新链、产业链、资金链和人才链等多链条系统分析，在此基础上制定和部署我国的科技安全战略。

（三）科技安全战略形式

科技安全战略的制定主要有两种形式，一是科技安全规划，二是科技安全计划。科技安全规划侧重科技安全战略的全面性和长远性，科技安全计划则是为达到科技安全目标，对未来某一时期的部署和安排。

1. 科技安全规划①

科技安全规划的着眼点是科学性和合理性，要从总体设计入手把握综合性，要客观地反映各方面的相互关系和进行协调平衡的安排，要依靠现代科学知识和手段进行综合分析，尽可能避免重大失误。科技安全规划必须在科技安全战略方针和目标指导下构成一个有机的系统，科技安全规划与国家安全规划、国家科技发展规划之间也要成为一个协同的系统。

科技安全规划是科技安全战略的主要表现形式，与战略的构成类似，通常由四个部分构成。一是科技安全的指导思想。科技安全的指导思想是科技安全规划必须首先解决的根本问题，也是编制科技规划的基本出发点。在规划中，要依据国家经济社会发展形势以及国际竞争态势，确定未来一段时间内本国科技发展的指导理论、方针、原则和思想要点等。二是科技安全的目标。科技安全的目标是科技规划的核心内容之一。科技规划中的目标包括战略目标和具体目标两个部分。战略目标要描绘出科技发展水平、科技体系建设、科技发展方向，达到效果等总目标，一般是一种定性的、宏观的概述；具体目标则要提出量化指标，包括投入、产出、技术贸易、自主可控水平等子目标。三是科技安全的重点任务。科技安全的重点任务是科技规划的主体和核心。提出保障重点领域安全需要部署的重大科学技术任务，关键技术的选择及重大项目的安排，明确研究、开发的重点。四是保障战略推进的政策措施。政策措施是科技规划顺利实施的重要

---

① 林聪榕、李自力：《关于国家科技安全战略管理的理论探讨》，《科学学与科学技术管理》2007 年第 12 期，第 102—106 页。

保障。在科技规划中，需要从改革科技体制、完善配套政策、建设科技创新系统、培育与引进科技人员、营造科技文化等方面，制定科学合理的政策措施。政策措施既要宏观统筹全局，又要切实可行，具有可操作性。一些具体的措施通常在规划颁布以后逐步出台并实施。

2. 科技安全计划

科技安全计划是科技安全战略的具体体现，如美国国防部在制定美国《国防科技战略》时，就是以基础研究计划、国防科学技术领域计划和联合作战科学技术计划为具体实施方案。

科技安全计划在制定过程中，需要明确需求和影响因素；之后需要论证发展方向，并结合发展方向提出科技安全计划的实施纲要；最后明确科技安全计划实施的措施。制定科技安全计划的方法包括综合平衡法、目标法、定额法、比重法和模型法。综合平衡法是从科技安全的全局出发，在各项安全平衡、部门平衡、地区平衡的基础上进行统筹协调，实现科技安全有机平衡的思路和原则。目标法是依据科技安全总目标来分解各个具体科技安全活动部门的发展目标，各个科技安全活动部门的计划就是根据目标的分解来编制。定额法是在计划编制过程中依据权威性的定额系数来决定涉及的人、财、物分配和调拨。比重法是通过相关科技安全活动部门、环节、要素相互之间的数量对比关系来编制有关计划方案。模型法则是借助于数学模型来编制科技安全计划。[①]

二、科技安全战略类型[②]

概括历史上各国科学技术的发展道路和模式，可以看出无论最先发达的、还是后来崛起的国家和地区，尽管发展方式千差万别，但大体上存在以下四种基本的科学技术战略类型。

（一）引进战略

采取这种模式的主要是原来经济技术较薄弱的国家和地区，如早先的美国、日本，后来的新加坡、韩国等。这种引进技术的战略大都经历了一

---

① 林聪榕、李自力：《关于国家科技安全战略管理的理论探讨》，《科学学与科学技术管理》2007 年第 12 期，第 102—106 页。

② 薛翔主编：《国家安全战略学教程》，军事科学出版社 2013 年版，第 165—179 页。

个从重引进轻消化吸收到引进消化吸收创新一体，从引进成套设备为主到引进软件技术为主，从引进技术为主到引进与自主开发并重的长过程。这种战略有助于迅速掌握成熟的商品化的先进技术，缩小同先进水平国家的差距。但引进技术一般是难以得到最先进的高技术，因此要赶上和超过发达国家的水平单凭技术引进是不够的。日本采取技术立国的战略方针，已经由引进技术为主，经过引进与自行开发并重，转到以自行开发技术为主的轨道上。从历史经验看，实现技术引进战略主要通过三种媒介：一是以引进人才为主，美国是典型代表性国家；二是以引进设备为主，苏联是典型代表性国家；三是以引进软件技术为主，日本是典型代表性国家。从结果看，引进人才综合效果好，但要求社会开放；引进设备短期见效快，但耗资较大，同时，如果不能充分进行消化吸收，长期看可能产生“路径依赖”的负面效应；引进技术软件便于提高水平，但要求吸收能力强。因此，是否采用引进战略应根据不同情况不同阶段的需求进行综合选择。

（二）自主战略

自主战略是指主要依靠自身力量开展内生性科技创新的模式。严格说来，还没有一个国家纯粹采取这种模式，这种战略实施以国家或地区经济、科技和文化等具有较好基础，并达到一定水平为前提条件，没有雄厚的经济力量，强大的科技队伍，精良的仪器设备，普及的文化教育水平，要自主地开发新兴技术、尖端技术、知识密集型的高技术是不可能的。因此，一个国家自主开发技术的能力是衡量国家技术水平的重要标志。以自主开发技术为主的战略大体上有两种方式：一种是从科学原理创新型的技术开发到一般应用型的技术开发的正向开发过程；另一种是从改良提高型的技术开发到原理创新型的技术开发的逆向开发过程。一般说来，要接近或达到发达国家的水平，就不能不逐步将技术战略的基点转到自主开发上；而要使自主开发为主的战略实施获得成功，上述从低水平的技术开发过渡到高水平的技术开发的模式是较为可行的。

（三）联盟战略[①]

一般而言，联盟战略是指国家通过与其他国家或国家集团结成一定形式的战略盟友关系，来维护和增进本国国家利益的谋略。安全因素是联盟

---

① 高金钿主编：《国际战略学概论》，国防大学出版社 2001 年版，第 141 页。

战略产生的最初和最主要的动机，联盟战略的运用往往是在冲突和威胁存在的国际形势下形成的，联盟本身就是一个潜在的战争因素。具有共同对敌的一致利益是联盟战略最重要的基础。美国前国务卿基辛格在《亨利·基辛格：美国需要外交政策吗》一书中指出："联盟只有符合以下条件才能有效：有共同目标，通常是抵御共同的危险；有一定程度的共同政策，至少足以解释宣战的理由；决定采取共同行动，有具体的合作手段；不合作需受到惩罚，否则，受保护会被视作理所当然的事，而相互尽义务就会中止。"不是所有的联盟都是以成员国长远利益一致为基础的，有些加入联盟的成员是为了满足某种当前战略上的需要。联盟作为一种改变国家实力地位的战略谋划，其产生是十分久远的。中国古代战国时期，就有合纵、连横之说，诸侯间结成暂时的军事联盟。随着在科技创新对综合国力和国家间力量对比的影响作用越来越大，联盟战略已延伸到科技领域。例如，2021 年 6 月，美国和欧盟共同发起成立了欧美贸易与技术委员会，旨在为欧美在全球贸易、经济及技术方面的关键问题提供协商平台，在共享一致的民主价值观基础上深化大西洋两岸经贸关系，其根本目的在于协调和推动欧美联合对中国科技创新进行打压，通过加强重点领域科技合作、供应链共享和出口管制协同等，限制和制约中国在人工智能、半导体和量子计算等领域发展，以维护科技霸权地位。

（四）遏制战略①

历史经验表明，国家科技实力和科技优势并非一成不变，科学技术具有从先进地区向后发地区转移（技术转移）的特点，很多国家尖端科技的源头并非来自内部，而是源自他国的技术转移。有资料显示，苏联弹道导弹原封不动地使用美国电子游戏机上的微处理芯片，甚至未除去原公司标识。此外，在安全保障领域，大规模杀伤性武器和弹道导弹技术转移或扩散已成为国际安全关注的新问题。随着技术进步和速度（以及技术创新的频率）呈几何级数加速，一国在科技领域的实力优劣，通过经济或军事领域，对国家实力大小发挥着决定性影响。过去，国家间竞争多以领土争夺为表现。进入 20 世纪后半叶，国家间竞争逐步发展为围绕经济繁荣进行的竞争，甚至是围绕科技进步的竞争，例如最近在人工智能、量子技术等领

① 日本防卫大学安全保障学研究会编著，刘华译：《日本安全保障学概论》，世界知识出版社 2012 年版，第 94 页。

域的竞赛。为了获取、维持和提升科技优势带来的国家实力和影响力，一些国家采取遏制战略，防止优势技术或军民两用技术的转移和扩散，主要是通过“脱钩”、管制等策略，尽量阻断和迟滞重要技术转移至对手国家或威胁性国家，避免对手国家通过引进或承接技术转移来提升竞争力。

第二节　科技安全战略制定

一、科技安全战略影响因素①

科技安全战略是主观见之于客观的战略筹划，因而不可避免地受到多种主客观因素的影响和制约。影响国家科技安全战略的因素较多，其中安全环境、国家利益、综合国力和战略文化传统是影响战略选择的关键因子，也是制定科技安全战略需考虑的主要因素。

（一）战略环境与安全威胁

战略环境，是指一定时期内影响国家安全与稳定的国际国内背景和总体情势。它主要包括国际格局、时代特征、国际体系、大国关系和国内政治安全、社会稳定、经济秩序等方面的基本状况，以及由此形成的战略态势、国家安全形势。战略环境是发展的，随着国内外政治、经济、科技、军事、文化、民族、宗教和外交斗争形势，地缘战略关系的演变而不断变化。任何战略制定都是一定战略环境的产物，从来就没有不受战略环境制约和影响的战略制定。

战略环境既是科技安全战略制定的依据，也是科技安全战略制定需要应对的对象，直接决定科技安全战略制定的针对性、可行性和有效性。在一定的战略环境中制定科技安全战略，前提就是对安全威胁、主要对手和战略总体态势作出判断，据此通过自身努力消除威胁促进发展。

（二）国家利益与总体战略

国家利益是决定国家安全战略目标和价值取向的根本因素。《孙子兵法·九变篇》：“是故智者之虑，必杂于利害。”许多战略家都信奉这样一个理念：国家之间没有永久的朋友，也没有永久的敌人，只有永久的利

---

①　薛翔主编：《国家安全战略学教程》，军事科学出版社 2013 年版，第 165—179 页。

益。只要国家存在，那么国家利益、国家利益关系就是研究制定国家安全战略的基本依据和主要动因。国家利益包括生存利益和发展利益，生存是发展的基础和前提，发展是生存的必要条件以及提高生存质量的基本保证。

科技安全战略作为国家总体战略的组成部分，其研究制定应服从和服务于国家总体战略，与国家发展战略协调统一。在我国，国家总体战略表现为党和国家的总路线、总方针和总政策，任何国家安全战略制定都不能与其相背离，不能脱离其而独立存在。当然，在服从国家总体战略的前提下，制定国家安全战略离不开积极主动的创新精神，要采取一切必要的、有效的措施办法使战略、策略和计划更加符合实际，最大限度地指导战略顺利实施、排除科技安全威胁，为国家总体战略、国家发展战略实施提供一个安全稳定的内外环境。

（三）国家实力与战略资源

如何运用和增强国家实力以实现国家安全战略目标，是科技安全战略制定的核心内容。这里所说的国家实力，是指国家可以直接用于维护国家安全的现实力量，包括政治、经济、外交、军事、科技、文化等力量。只有充分把握自身的国家实力和正确估计国际力量对比，做到量力而行，力所能及，才能制定出正确的科技安全战略。

国家实力往往与国家拥有的战略资源紧密联系在一起。战略资源是指通过动员、挖掘才可用于维护国家安全的潜在力量，主要包括人力、物力、财力资源，如人口、自然资源、科技经济水平、资金储备、外交资源和民族精神等方面。战略资源是国家实力的重要基础，在一定条件下也可转化为国家实力，直接作用于科技安全保障。我国人口众多、地域广阔、资源丰富、政治稳定、科技经济发展迅速、国际地位不断提高等，都是我们制定科技安全战略时必须考虑的重要因素。

（四）战略思想与文化传统

战略理论是战略实践的先导，反映着不同国家对战略问题的理性认识和立场、态度，以及主流意识形态和执政集团理论观念。从本质看，理论思想属于意识形态范畴，对国家安全战略的制定与实施起着重要指导和约束作用。我国制定国家安全战略的理论基础和思想依据是马克思列宁主义、毛泽东思想、邓小平理论、“三个代表”重要思想、科学发展观以及习近平新时代中国特色社会主义思想等，特别是其中有关国家安全战略思想和新的历史条件下形成的安全观[①]。这些理论思想对国家安全战略制定的影响和指导是基础性、纲领性和长期性的。当然，在制定国家安全战略时，还应当考虑古今中外战略理论，做到兼收并蓄、博采众长、为我所用。

战略文化传统是一个国家与民族文明的历史认知、民族特性、价值追求、心理定势以及文化习俗在战略上的集中反映。它是制定现实战略的潜在意识和历史文化情结，具有潜隐性、持续性和关联性。科技安全战略制定离不开战略文化传统的孕育，离开了中国的战略文化传统，也就没有中国特色的国家安全战略制定。

二、科技安全战略制定原则[②]

制定科技安全战略需要在把握一般战略制定的全局性、长远性、动态性和可操作性等原则的基础上，叠加考虑科技安全自身的功能与目标，在科技战略体系和国家安全战略体系中的位置和科技创新活动规律等因素。

一是服从和服务于国家安全战略。国家安全战略是国家有关安全方面的大政方针和策略。国家科技安全战略是国家安全战略的重要组成部分。制定国家科技安全战略要以国家发展战略和安全战略为依据，以国家利益为最高宗旨，为国家安全服务。

二是统筹科技安全和科技发展。安全和发展是一体之两翼，相互依存，相辅相成。科技发展是科技安全的保障，是解决国民经济社会发展问题的基础和关键。没有科技发展，或者某些关键技术人有我无，就谈不上科技安全。科技安全是科技发展的前提[③]。因此，制定国家科技安全战略要与国家科技发展战略相协调，发展战略和安全战略有机相连，相辅相成。在制定科技发展战略时必须充分考虑科技安全，在制定科技安全战略时则必须坚持以发展为根本。[④]

---

① 杨宁宁：《冷战后法国安全战略理论研究》，中国人民解放军外国语学院硕士学位论文 2005 年，第 125—126 页。

② 薛翔主编：《国家安全战略学教程》，军事科学出版社 2013 年版，第 84—97 页。

③ 游光荣：《统筹科技发展与科技安全是新时代赋予的重大课题》，《中国科技论坛》2022 年第 4 期，第 1 页。

④ 沈志宇：《必须重视科技安全》，《国防科技》2003 年第 1 期，第 17—19 页。

三是聚焦关键风险配置资源。科技安全战略布局的关键是将有限的资源和力量部署到产生最大安全效益和有效维护国家安全的方向和领域。制定科技安全战略需要在科学系统分析国家安全和科技安全面临风险和威胁的种类、程度、性质的基础上，识别和瞄准对国家利益存在重大影响的关键风险点，进行资源统筹布局和系统谋划，保证各种力量资源合理配置并发挥最佳效能①。

四是坚持底线思维和非对称思维。一方面，制定科技安全战略必须将补短板作为战略关键，筑牢守护安全底线之盾，为国家发展安全赢得时间和空间。另一方面，科技创新的系统性和复杂性日益增加，没有任何一个国家能够在所有领域所有核心技术上都具备领先优势，同时，由于科技变革速度加快引致的“黑天鹅”事件和“灰犀牛”事件层出不穷，传统的均衡优势思想和消极防御思想已不合时宜，因此，制定科技安全战略需采取非对称思维，主动谋划培育“撒手锏”技术，才能为维护国家安全赢得战略主动。

三、科技安全战略研究典型方法

对科技安全影响因素和科技安全态势进行综合分析和系统评估是科学制定科技安全战略的基础和前提。科技安全战略制定主要方法包括净评估法、SWOT 分析法、德尔菲法和技术路线图法等科技战略综合性研究方法，并与文献计量、专利分析等定量工具相结合形成科技战略研究体系。本部分主要介绍净评估法、SWOT 分析法、德尔菲法和技术路线图法四种综合性研究方法。

（一）净评估法②

1970 年左右，美国的安德鲁·马歇尔提出了净评估法。最初，净评估法主要用于识别战略关系、竞争方向以及分析影响军事安全的关键影响因素。之后，净评估法的应用范围不断扩大，开始应用到环境、绩效等方面。净评估法的具体步骤包括确立科技安全目标、描述国家科技安全现状、分析国内外科技安全环境、分析科技竞争对手以及潜在竞争对手、优

---

① 王桂芳主编：《国家安全战略学》，军事科学出版社 2018 年版，第 101 页。

② 王彦锋等：《科技战略规划评估及方法工具研究》，湘潭大学出版社 2021 年版，第 29 页。

化战略策略①。

（二）SWOT 分析法②

SWOT 分析法属于分析型战略研究方法，该方法将与研究主题密切相关的因素列出优势、劣势、机会和威胁四个方面，并将四个方面按照矩阵排列，利用系统分析的理念和方法，把各种因素互相匹配分析，并得出相应的解决方案，为战略规划提供决策方案，是一种常见的科技战略分析方法。该方法具有直观、易操作、条理清楚和便于检验的优点。在缺乏大量数据支持时，可以利用该方法进行定性分析，为科技战略规划提供参考。其不足之处在于结论缺乏数据支撑，具有一定的主观性，适用于中微观层面战略研究。

（三）德尔菲法

德尔菲法是一种借助专家知识和专业经验的调研方法，采用匿名问卷向专家获取专业知识，这种一对一的咨询方式有助于专家表达自己的观点而不受其他人观点的影响，将第一轮调研问卷回收之后，会对专家的答案进行分析与统计，形成主流意见，再针对这些意见形成第二轮问卷发放给专家作答，然后再汇总专家意见并对这些意见进行评议，并获得最终结果。德尔菲法最初由美国兰德公司使用，用来听取专家们对关心议题的意见。经过多次系统的问卷调研后，专家们的意见将会趋于一致，该方法具有广泛的代表性和较高的科学性。中国科学院科技战略咨询研究院的支撑创新驱动转型关键领域技术预见与发展战略研究重大项目，就曾经组织开展两轮德尔菲问卷调查，精炼了 2030 年关键领域重大技术课题及其发展趋势，制定重点制造业领域发展技术路线图。德尔菲法主要适用于预测未来 10—30 年，适用于宏观、中观层面战略规划研究③。

（四）技术路线图法④

技术路线图法在世界范围内已经得到广泛应用，但并没有统一、规范

---

① 易本胜、李万顺：《美军战略净评估方法分析》，《军事运筹与系统工程》2012 年第 3 期，第 14—18 页。

② 房彤宇、刘伟、刁天喜等：《科技发展战略研究方法及未来发展趋势分析》，《科技促进发展》2019 年第 6 期，第 553—559 页。

③ 房彤宇、刘伟、刁天喜等：《科技发展战略研究方法及未来发展趋势分析》，《科技促进发展》2019 年第 6 期，第 553—559 页。

④ 王彦锋等：《科技战略规划评估及方法工具研究》，湘潭大学出版社 2021 年版，第 52 页。

的定义。下面列举几种相对权威的定义。技术路线图法属于预测型战略研究方法，始于20世纪70年代，美国、加拿大、英国等国家开始绘制产业层面的技术路线图。20世纪90年代末期，技术路线图法开始应用于政府的战略规划。日本、韩国和中国等国家还开展了国家技术路线图研究，为科技发展规划和国家战略政策的制定提供支撑。比较著名的技术路线图法应用包括1992年美国半导体工业协会完成的“美国国家半导体技术路线图”、2000年以来美国能源部制定的第四代核能等8种能源发展路线图，韩国于2002年制定的国家技术路线图和日本于2005—2007年制定的《技术战略图2005》《技术战略图2006》《技术战略图2007》。我国也已开展了国家技术路线图研究和制定的工作。《〈中国制造2025〉重点领域技术路线图（2015版）》由国家制造强国建设战略咨询委员会在京正式发布。该方法优点是战略规划分析清晰，决策的可操作性强，缺点是对研究人员素质和水平要求较高，依赖性强，主要适用于中微观层次战略研究，可以独立使用。

第三节 主要国家科技安全战略

一、美国科技安全战略

第二次世界大战之前美国政府很少干预科学技术创新，现代美国科技战略和政策发端于第二次世界大战后期。第二次世界大战后，美国科技安全战略有两方面，一是美国利用科技优势确保本国安全，防止他国对美国造成威胁；二是美国国会通过科技手段遏制那些可能威胁到美国霸权地位的国家，比如美国可以利用先进的科技手段，了解这些国家的动态，从而采取相应的行动来维护自身安全①。至今美国科技安全战略可分为以对抗为主、以发展为主和以竞争为主三个阶段②。

---

① 刘杨钺、龙方成：《试析冷战后美国全球战略中的科技因素》，《国防科技》2008年第1期，第48—51页。

② 詹正茂、于君博：《美国科技与研发政策述评》，《科学管理研究》2010年第3期，第70—72页；马建峰：《美国科技政策与技术创新模式的协同演进研究》，《科技进步与对策》2012年第2期，第101—104页。

（一）第二次世界大战后期和冷战时期：以对抗为主线

两次世界大战为美国战后制定科技战略奠定基础。第一次世界大战时期，为应对战争需要，美国科技研发经费不断增加，1935 年美国科研经费仅为 1 亿多美元，到第二次世界大战结束后美国科研经费投入已经高达 15 亿美元。这一时期，美国的科学技术体系也开始建立起来：第一次世界大战时期，美国政府建立国家航空咨询委员会，目的是研究航空科学技术以保障国家安全；第二次世界大战期间，美国成立国防科研委员会，组织开展军事科技研发工作。同时，政府持续加大军事研发支出，大规模动员国内科技力量，并从英国、德国等国家吸纳了全球顶尖的科学家和工程师，着力推动美国军事科技的发展。这些措施使美国的科技实力迅速超越了欧洲，成为世界科技中心①。“曼哈顿计划”可被视作美国科技安全战略制定和执行的雏形。

第二次世界大战后期，美国科技安全战略开始重视基础研究。第二次世界大战结束前夕美国发表了《科学——无止境的前沿》报告，该报告是规划美国科技发展战略的经典著作。该报告作者范内瓦·布什是第二次世界大战期间白宫科学研究与发展办公室负责人（总统的非正式科技顾问），负责战时科学研究谋划、组织与管理。布什深知科技对战争的决定性意义，他在报告中结合第二次世界大战中青霉素等药物在国民健康中产生的巨大作用，雷达等武器对战争胜负的决定性影响，深刻阐述了科技对军事国防和国家安全的重要意义，并在报告中提到：“如果没有科学进步，其他方面再多的成就也不会确保作为一个国家在现代世界中的健康、繁荣和安全。”在布什的建议下，1950 年，国会通过《国家科学基金会法案》，并成立国家科学基金会，通过拨款和合同支持数学、物理、医学、生物学、工程学和其他科学领域的基础科学研究，成为资助科学研究的重要经费来源。美国政府对基础研究的支持，使美国在通过两次世界大战科技赶超的基础上，更进一步成为世界科技强国，并保持持续领先地位，支撑了美国超级大国地位，影响了全球格局和国际安全走向。

第二次世界大战后和冷战期间，美国科技安全战略呈现以对抗为主的任务导向特点。美国在安全战略上的核心举措便是树立长期军事技术优

---

① 赵吝加：《美国的科技发展轨迹浅析》，《今日科苑》2018 年第 7 期，第 71—79 页。

势，为此美国组织开展集多种学科交叉之大成，几乎囊括当代所有高科技和前沿学科的重大科技工程，主要包括“曼哈顿计划”、“阿波罗计划”、航天飞机计划、“星球大战计划”等。冷战时期，美国与苏联在政治、科技、经济和意识形态等全方位对抗，在科技领域以太空竞赛最为著名。美国将外层空间安全纳入国家安全战略，1961 年 4 月 12 日，苏联宇航员尤里·加加林搭乘“东方一号”飞船升空，成为了第一个进入太空的人。这一壮举极大地刺激了美国，1961 年 5 月，美国国家航空航天局实施“阿波罗计划”，是迄今为止最庞大的月球探测计划，“阿波罗”飞船的任务包括为载人登月飞行做准备和实现载人登月飞行，该计划于 1972 年底结束。1985 年 1 月 3 日，白宫公布“星球大战计划”，构建以近地外层空间为基地，以激光等非核武器为主要作战手段的多层次太空战略防御综合体系，从而在战略上以控制宇宙权来夺取霸权，在经济上实现振兴美国、夺回主导权、拖垮苏联、拉大差距并制服西欧及日本等一举多得的目标，在军事上以确保生存战略取代相互摧毁战略并发展新一代的主战兵器。之后由于苏联解体，美国战略目标的重大调整及国内经济危机的困扰，1993 年 5 月美国宣布放弃“星球大战计划”，同时继续实施经修改的武器研制计划和弹道导弹防御计划①。

（二）20 世纪 90 年代—21 世纪第一个 10 年：以高科技发展为主线

从冷战结束后的 20 世纪 90 年代—21 世纪第一个 10 年，美国科技安全战略以发展为主线，以竞争力为关键词。在此期间，历任政府都重视科技创新，尤其是前沿高科技发展，通过制定和实施高技术战略，构建以高科技为核心的国家安全屏障，持续提升国家竞争力，以达到维护国家利益，应对外部竞争风险和挑战的目的。

1. 克林顿政府

冷战结束后，国际竞争随之转向经济竞争，之前主要服务于军备竞赛的科学技术也转向引领经济发展。为维护美国在全球的科技领先地位，以及发挥科技引领美国经济社会发展的作用，时任美国总统克林顿指出美国国家安全取决于美国的科技实力和经济实力，美国必须坚持科技创新和科

---

① 黄安年：《美国经济发展史专题 15 讲》，西北大学出版社 1998 年版，第 14—76 页。

技人才培养以维护美国在全世界的领先地位[①]。克林顿政府延续了第二次世界大战后美国将占领全球高科技制高点、保持在科学技术最前沿的战略目标，同时又体现了其时代特征。

克林顿政府以信息技术为重点实施高技术战略。20 世纪 90 年代克林顿执政恰遇第三次科技革命爆发，1993 年，为把握此次科技革命发展机遇，正式推出美国国家信息基础设施计划，大力发展美国的互联网科技[②]。美国计算机技术曾在 1969 年由美国国防部主导开始研发，其研发目的主要是维护其军事安全，1970—1980 年这 10 年间，互联网技术虽然开始发展，但互联网技术的研究与应用范围却只限在科学家、学者、大学和信息工作者之间[③]。该计划设想以多媒体为载体，以光纤为通道，像公共交通网那样，把全国的政府机构、企事业单位、社会团体、大中小学校、研究机构、医院等公共服务和娱乐单位、各个家庭和个人等用户联系起来，建设以互联网络的方式快速传递数据、文字、图像和声音的信息系统[④]。为建成该信息系统，美国政府调动大量资源实施了庞大的建设工程。由副总统戈尔负责的特别小组，具体组织“信息高速公路计划”的实施。1994 年，克林顿在总统咨文中重申，“要在 2000 年前将全国的每一个教室、每一个诊疗所、每一所医院、每一个图书馆都联系在一起，形成一个全国范围的信息高速公路”。克林顿政府的“信息高速公路计划”推动美国信息技术率先取得群体性突破，构建美国信息科技的领先优势、产业创新的主导权和全球互联网规则的制定权。可以认为，克林顿政府抓住科技变革的战略机遇期，大力发展信息技术的高技术战略成为美国开启互联网经济时代，

---

① 赵咨加：《美国的科技发展轨迹浅析》，《今日科苑》2018 年第 7 期，第 71—79 页。

② 罗晖：《美国总统的科技观与科技政策（三）——促进经济恢复与增长的科技政策》，《全球科技经济瞭望》2009 年第 4 期，第 48—53 页。

③ 黄安年：《美国经济发展史专题 15 讲》，西北大学出版社 1998 年版，第 14—76 页。

④ 主要包括：在美全国范围内建立高速计算机通信网络，促进政府、企业、学校、研究机构、图书馆以及家庭的信息联通和信息共享；为学校提供计算机辅助教学；向公众提供气象、地震及减灾信息；开发通信网络、光纤通信网及非同步转移模式交换技术、信息通用接入网技术、数据库和信息处理技术、移动通信和卫星通信、数字微波技术、高性能并行计算机和界面技术、图像库和高清晰度电视技术、多媒体技术，带动信息产业发展；发展数字出版、网络媒体等新的文化产业。

保障经济安全和网络安全的关键所在。此外，克林顿政府还启动实施了人类基因组计划、国家纳米技术计划和国际空间站计划等重大科技计划。

在面临国际安全环境发生变化，全球经济竞争加剧和政府预算压力加大的背景下，美国总统克林顿重新审视科技与国家利益和安全之间的关系，对美国政府将科学和技术用于支撑国家安全和全球稳定的战略和政策进行审查。1994—1995 年，美国政府连续发布了《科学与国家战略》《技术与国家战略》和《国家安全科技战略》三份重要报告，厘清了科技与国家利益和国家安全之间的关系，并形成了一整套的战略和政策理念，对当时美国科技安全战略产生了重要影响。《科学与国家战略》报告重申，冷战后国家外部安全威胁发生变化，国家安全目标随之发生变化，对于实现改善健康、环境、国家安全和生活质量的国家目标，科学知识是必不可少的，而科学要服务于拓展后的国家目标体系。具体而言，科学在满足国家利益和安全方面的战略目标包括：保持在所有科学知识前沿的领先地位；增进基础研究与国家目标之间的联系；鼓励合作以推动对基础科学的工程学的投资；造就 21 世纪最优秀的科学家和工程师；提高全体美国人民的科学技术素养。在《技术与国家战略》报告中，克林顿政府指出技术正在以不可想象的速度重塑世界，成为推动经济发展、维持军事优势和改善人民生活质量的重要力量。运用高技术塑造国家优势和维护国家安全，政府必须发挥更大的作用，要实现国家安全的需要和商业利益之间的均衡。报告提出了关于技术发展的国家目标：联邦政府为社会创造一个商业环境，为新技术开发和商品化消除法律、规则和经济上的障碍，建立孕育创新的政策，使得创新和竞争得到丰硕回报①。《国家安全科技战略》报告认为，国家安全的边界发生变化，包括保持军事优势、控制武器和遏制大规模杀伤性武器扩散、应对全球挑战和加强经济安全四大目标。报告阐述了科技对支撑实现四个目标的作用，以及面临的战略和政策问题，并从投入、重点领域、公私合作和出口管制改革等方面提出综合性方案。

---

① 罗晖：《美国总统的科技观与科技政策（三）——促进经济恢复与增长的科技政策》，《全球科技经济瞭望》2009 年第 4 期，第 48—53 页。

2. 小布什政府[①]

小布什政府执政期间，全球化趋势日益明显，对美国科技安全战略产生重要影响，主要包括以下两个方面。

一是科技服务国家竞争力的战略。随着科学技术在全球经济竞争中的作用不断增强，一批依靠高科技崛起的国家已经引起了世界关注。韩国、芬兰依靠数字通信等技术，印度依靠软件技术都快速发展起来，特别是中国依靠自主创新、建设创新型国家，使国家的经济实现了快速增长。如何应对当前激烈竞争的格局，继续保持美国在全球的领先地位，已经成为美国制定科技战略的基本出发点。2005 年 10 月，美国科学院向美国国会提交题为《站在风暴之上：为了辉煌的经济未来而激活并调动美国》的报告。报告描述并列举了当代美国受到来自他国的挑战、美国的竞争优势正在逐步丧失的现实，认为如果没有强有力的力量巩固美国竞争力的基础，美国将很快失去自己的卓越地位。正如报告所述："我们担心我们科学和技术的领导地位可能突然丧失"，"美国必须极具紧迫感地做好准备，以保持其战略和经济的安全"。为巩固美国科技竞争优势，报告提出四个方面 20 个行动措施。为应对美国面临的威胁和挑战，小布什政府发布了两份重要战略文件。

第一份为小布什政府在采纳《站在风暴之上：为了辉煌的经济未来而激活并调动美国》中措施建议的基础上，于 2006 年 2 月出台的《美国竞争力计划——在创新中领导世界》（简称《美国竞争力计划》），强调通过加大对科研和教育的投入，加强科学、技术、工程、数学方面的人才培养，在之后 10 年进一步提升国家竞争力。《美国竞争力计划》被称为美国保持科技领先以确保国家强大与安全的重要行动纲领[②]。第二份是为更好落实《美国竞争力计划》，2007 月 8 月小布什签署的《为有意义地促进杰出技术、教育与科学创造机会法案》（简称《美国竞争法》），被称为美国未来科学技术事业的路线图。法案的出台在战略层面有三重意义：一是使美国的科技战略目标进一步清晰，其核心思想是加强创新和教育，提升美

① 许晔、程家瑜：《美国科技竞争战略及应对策略》，《科学管理研究》2009 年第 1 期，第 26—29 页。

② 赵筱媛、郑彦宁、陈峰：《近年美国科技竞争战略的演进与变化》，《中国科技论坛》2010 年第 4 期，第 142—147、160 页。

国的国家竞争力，以应对新兴国家挑战，这也成为了美国科技战略的核心目标；二是通过更具权威性的立法形式保障战略目标实现，表明了美国通过科技创新维护国家利益和安全的战略决心；三是提出了更为可行且具体的方案，确保战略有效落地。例如，《美国竞争法》在《美国竞争力计划》基础上进一步细化，确定了投入的额度，即在 5 年内要使国家科学基金会的资助翻一番，同时大规模增加美国能源部科学办公室以及美国国家标准与技术院的经费。该法案还要求对联邦政府的一系列科学、技术和研究项目注入多达 336 亿美元资金[①]。

二是科技应对反恐的安全战略。2001 年“9·11”事件对美国科技安全战略产生较大影响。美国政府认为依靠军事技术优势可以解决反恐斗争，因此加大了对国防科技的投入。期间美国加强了对监听技术、生物基因技术等方面的研发投入，但这些国防项目大多以开发可应用的反恐和作战技术为目的，而不是对技术创新进行长期的投资[②]。

3. 奥巴马政府

奥巴马政府上台恰逢 2008 年国际金融危机爆发，为尽快摆脱经济危机，激活和重振美国经济，奥巴马政府科技安全战略的重点是通过科技创新持续为本国经济创造内生增长动力，化解由金融危机可能引致的国家安全问题。奥巴马政府执政期间，分别于 2009 年、2011 年、2015 年相继发布了三版《美国国家创新战略》[③]。

2009 年版《美国国家创新战略》提出的创新战略呈金字塔型，由三个层面组成：强化创新要素，包括资金要素、人才要素、原材料和设施等物质要素以及技术要素；改善创新生态，包括政府通过出台相关政策，鼓励企业加大研发投入、加强人才培养和引进进而提高整个行业的科技水平以及加强知识产权保护，为企业提供更好的创新环境；催生重大突破，通过实施国家层面重大专项、加大基础研究投入、制定有利于科技创新的政策以及建立科技园区和孵化器等平台等措施实现国家重点科技领域中的重大

① 赵筱媛、郑彦宁、陈峰：《近年美国科技竞争战略的演进与变化》，《中国科技论坛》2010 年第 4 期，第 142—147、160 页。

② 刘露馨：《美国科技战略的变革及前景》，《现代国际关系》2021 年第 10 期，第 37—45 页。

③ 徐国庆、郭卫军、周明：《美国新一轮科技创新战略的影响及应对》，《宏观经济管理》2023 年第 7 期，第 86—92 页。

创新[①]。2011 年版《美国国家创新战略》对 2009 年版作了修订，结构上没有变化，但内容上有调整和充实（见表 2 – 1）。

表 2 – 1　2009 年版和 2011 年版《美国国家创新战略》主要内容

年份	2009 年	2011 年
发展目标	推动高质量就业	确保经济增长和繁荣
发展策略	强调政府在创新驱动中的重要作用	提出“私营企业是创新的动力”
促进国家优先领域突破进展	·发动清洁能源革命 ·支持先进汽车技术 ·推动医疗信息技术取得突破 ·应对 21 世纪的重大挑战	·发动清洁能源革命 ·加速生物科技、纳米科技和先进制造发展 ·推动空间应用的突破 ·推动健康科技的突破 ·促成教育技术的飞跃
促进基于市场的创新	·促进美国出口 ·支持开放的资本市场以实现资源最佳配置 ·鼓励高增长和创新导向的企业家精神 ·改进公共部门创新，支持群体创新	·促进基于市场的创新 ·通过研究与实验的税收减免加速企业创断 ·通过有效的知识产权政策促进对创造力的投资 ·鼓励高增长和基于创新的企业发展 ·促进创新性、开放性和竞争性的市场
投资美国创新的基础	·恢复美国在基础研究领城的领导地位 ·采用 21 世纪的知识和技能教育下一代，同时培养世界级的劳动力 ·建立领先的自然科学基础设施 ·发展先进的信息技术生态系统	·教育美国人使其掌握 21 世纪的技能，建立世界一流的劳动力 ·强化和扩展美国在基础研究领城的领导作用 ·建设一流的科学基础设施 ·建设先进的信息技术生态系统

2015 年版《美国国家创新战略》，在结构和内容上较之前两版作了较大调整，包括两大层面、六个要素。第一个层面是创新要素，包括投资建

① 樊春良：《当前科技发展趋势及各国战略应对述评》，《人民论坛 · 学术前沿》2019 年第 24 期，第 14—35 页。

设创新的坚实基础，激发私营部门的创新动力，建立创新者国家；第二个层面是战略性倡议，包括创造高质量的就业岗位和持续的经济增长，促进国家重点领域的突破，建设服务民众的创新型政府。与之前两版相比，2015 年版具有两方面特点：一是强调政府的作用，包括采纳创新型工具包为帮助公共部门解决难题服务，通过联邦机构的创新实验室促进创新文化，通过更有效地数字服务工具为美国人民提供更好的政府服务；二是促进大众创新，包括通过奖励来激发美国人民的创造力，通过制作、众包和公民科学来挖掘创新人才。

三版战略均对前沿技术予以重点支持（见表 2 - 2）。从这些前沿领域对国家利益和国家安全的作用看，主要包括四个方面：一是积极布局应对经济和社会发展挑战的关键技术，如先进制造技术、清洁能源等；二是积极布局面向未来发展的前沿技术，如“脑计划”、太空探索等；三是积极布局具有全局性战略意义的通用技术，如新一代信息技术、纳米技术等通用技术；四是积极布局社会民生应用技术，如教育技术、健康技术等①。

表 2 - 2　历次《美国国家创新战略》优先布局领域②

年份	优先领域
2009 年	清洁能源、节能技术、先进汽车、医疗健康
2011 年	清洁能源、生物技术、纳米技术、先进制造、空间技术、卫生医疗、教育发展
2015 年	精准医疗、“脑计划”、先进车辆、智慧城市、清洁能源、太空探索、计算机、教育等

除通过科技创新化解经济和金融风险外，奥巴马政府认识到，美国很多攸关现代国家安全的科学和技术事业，都是数 10 年前为应对冷战威胁而建立的，是在诸如网络安全、合成生物学、人工智能、自主系统、气候变化等新兴领域，更有潜力地引致新的、非对称的、难以预判的威胁。为落实 2015 年版《美国国家安全战略》提出的应对新兴技术带来的新型国家

① 樊春良：《当前科技发展趋势及各国战略应对述评》，《人民论坛 · 学术前沿》2019 年第 24 期，第 14—35 页。

② 张宏丽、袁永、李妃养：《基于国家创新体系的美国科技创新战略布局研究》，《科学管理研究》2016 年第 5 期，第 98—102 页。

安全挑战的相关问题，2016 年 5 月美国国家科学技术委员会发布《21 世纪美国国家安全科技与创新战略》报告。报告指出，美国国家安全科技体系是 20 世纪为应对军事威胁与经济机遇而构建的，这种国家安全科技与创新系统以国家安全实验室和工程中心封闭网络与国家安全科技人员内向聚焦为特点，虽然能够使美国赢得冷战时期技术竞赛，但当今最佳的科技成果经常是在美国国家安全科技与创新系统之外，出现在美国学界和商业部门或是其他国家。尽管其军事使命依然非常重要，但当前美国国家安全科技体系却无法应对气候变化、流行性疾病、网络攻击、简易武器、区域和非国家行为者的崛起等新威胁。为此，美国国家安全科技战略必须能够实现四大目标：获得全球最优秀的人才为国家安全使命服务；主动投资或合作投资建设满足国家安全科技需求所必需的专门设施；智能化管理国家安全科技活动及其风险，取得最好的科技与创新成果；采纳私营部门对国家安全使命有意义的变革框架与创新做法。报告体现了奥巴马时期美国政府科技安全战略理念的变化，关键在于重新构建更加敏捷和富有弹性的科技创新体系，应对快速发展的技术给国家安全带来的挑战，这就需要人才、基础设施和治理方式等的系统性变革。

（三）21 世纪第一个 10 年之后至今：以竞争为主线

冷战结束之后，美国在全球科技竞争的舞台上一直处于遥遥领先的地位。但在进入 21 世纪后，特别是 2010 年后，在 5G、人工智能和物联网等新兴领域，中国创新实力显著提升，美国认为其科技领先地位受到前所未有的挑战。对此，美国国务院前高级顾问罗伯特·曼宁称，美国迎来了与中国的“斯普特尼克时刻”[①]。特朗普上任后，美国政府不断制造和强化所谓“中国威胁论”，并推动美国科技战略从冷战后的“去安全化”向“泛安全化”转变。

1. 特朗普政府

特朗普政府认为中国科技实力的上升给美国科技霸权地位带来挑战，

---

① 1957 年 10 月，苏联成功发射了世界上第一颗人造卫星“斯普特尼克号”（Sputnik），极大地震撼了美国政府和民众，使其意识到美国的科技领先地位正受到来自其安全竞争对手苏联的威胁，并深刻地影响了美国此后 30 年的科技战略。美国认为，在中美战略竞争的背景下，美国再次迎来“斯普特尼克时刻”，这一比喻意味着美国的科技领先地位再次受到挑战。

中国科技的快速发展威胁到了美国的国家安全。近年来中国的人工智能技术、量子技术取得快速发展，部分技术在世界处于领先地位，这些技术不仅可以促进中国的产业升级和经济发展，在军事领域也会实现跨越式发展，尤其是中国在网络安全技术、反卫星技术、电子战技术以及高超声速武器技术的发展被美国认为是中国赢得未来军事战争的关键。自此，中国已经被美国视为威胁其国家安全的重要对手，而在美国战略界的认知中，维护美国的科技领先地位等同于维护国家安全[①]。为遏制中国科技实力快速提升的势头，特朗普政府采取对华“脱钩”战略，指责中国“窃取美国知识产权”，以维护国家安全的名义发起对华贸易战，修改出口管制相关法律、实施“中国行动计划”等减少中美在高科技领域的交流和互动。

特朗普政府科技安全战略的核心关切在于关键技术和新兴技术。特朗普政府认为关键技术和新兴技术已经成为大国竞争和科技创新最为核心的战略资源，并大力发展影响美国军事与经济的军民两用技术。2020 年 10 月，特朗普政府正式发布酝酿已久的《关键和新兴技术的国家标准战略》，明确了战略目标，部署了主要行动，并列出了关键和新兴技术清单。商务部部长威尔伯·罗斯表示：“这一战略是保护美国国家安全并确保美国在军事、情报和经济事务上保持技术领先地位的关键路线图。”《关键和新兴技术的国家标准战略》主要内容如下：

三大战略目标。美国要成为关键和新兴技术的世界领导者，并构建技术同盟，实现技术风险管理。技术领导者需要进行技术预测，由于人才、资金等限制，需要确定优先发展的重点科技领域，在早期研发过程中适当投资并且不断评估在研科技的技术成熟度，美国基于互惠互利原则与其科技盟友共同推动关键和新兴技术的发展。随着在最高优先级技术领域取得或保持领先地位，美国将与其盟国和伙伴在其他高优先技术领域保持技术对等，通过与科技伙伴分享科技成果而从中获益。在风险管理中，美国政府将首先评估和确定技术风险的优先级，然后采取协调一致的应对措施来规避、降低、接受或转移风险。[②]

---

① 刘露馨：《美国科技战略的变革及前景》，《现代国际关系》2021 年第 10 期，第 37—45 页。

② 刘新、曾立、肖湘江：《美国〈关键和新兴技术国家战略〉述评》，《情报杂志》2021 年第 5 期，第 26—33 页。

两大战略支柱行动。一是推进国家安全创新基地建设。美国国家安全创新基地建设需要对科技、工程和数学领域进行长期投资，颁布新兴技术相关法规，筹集和注入风险投资资本，加强政府、高校、科研院所和企业合作，加强国际交流。二是保护技术优势。保持和提高美国在关键与新兴技术领域领导地位的方法是保护在美国国内以及与盟国和合作伙伴的技术优势。美国不容忍知识产权盗窃、对开放科学规范的不当利用或对关键及新兴技术领域的经济侵犯。保护美国的技术优势，遵守美国的不同规则，以及与盟国和伙伴合作，以维护共同原则。无论是保护美国技术优势还是保卫国家安全创新基地，均需要行业、高校和政府机构之间的国内与国际合作。美国还将与盟国及合作伙伴一起，抵制对各国家安全机构的袭击。两大战略支柱行动的优先行动内容（见表 2－3）。①

表 2－3 美国《关键和新兴技术的国家标准战略》的优先行动

推进国家安全创新基地建设	培养世界上最高质量的科学技术劳动力 吸引并留住发明家和创新者 利用私人资本和专业知识进行建设和创新 迅速推动发明和创新，减少抑制创新和行业增长的繁琐法规、政策和官僚程序 引领全球技术规范、标准和治理模式的发展 支持发展一个强大的国家安全创新基地建设，包括学术机构和实验室，支持基础设施、风险投资 提高研发在制定美国政府预算中的优先地位 在政府内部开发和采用先进的技术，并提高政府作为客户对私营部门先进技术的获得性 鼓励发展公私伙伴关系 与盟国和伙伴建立牢固而持久的技术伙伴关系，促进民主价值观和原则 与私营部门一起传播积极的信息，提高公众对社区和社区教育的接受度

① 刘新、曾立、肖湘江：《美国〈关键和新兴技术国家战略〉述评》，《情报杂志》2021 年第 5 期，第 26—33 页。

续表

保护技术优势	确保竞争对手不使用非法手段获取美国知识产权、研发资料或科技成果；在技术开发的早期阶段要求进行安全设计，并与盟国和合作伙伴一起采取类似行动 通过促进学术机构、实验室和行业的研究安全来保护研发活动的完整性，同时平衡外国研究人员的贡献 确保在出口法律法规以及多边出口制度下，对进出口贸易的适当方面进行充分控制 让盟国和合作伙伴参与制定他们自己的流程，类似于美国外国投资委员会执行的流程 让私营部门参与进来，从私营部门对成本与收益以及与之相关的未来战略漏洞的理解中获益 评估全球各国的科技政策、能力和趋势，以及如何影响或破坏美国的战略和计划 确保安全的供应链，并鼓励盟国和合作伙伴跟进 强调保护技术优势的重要性，并尽可能提供实际帮助

美国决定优先发展 20 项新兴技术，包括先进计算技术、先进武器技术、研发新型工程材料、发展高端先进制造、先进传感技术与装备研发、航空发动机技术、农业技术、人工智能技术、生物技术、化学及核辐射减弱技术、通信及网络技术、数据科学及存储、区块链技术、能源技术、人机交互、医疗和公共卫生技术、量子计算、半导体技术和空间技术等。

2. 拜登政府①

拜登政府上台后国家安全战略发生变化，上任之初发布的《临时国家安全战略指南》认为，中国是唯一有能力将其经济、外交、军事和技术力量结合起来对美国构成持久挑战的潜在竞争对手②。2022 年 10 月发布的美国《国家安全战略》认为中国是美国面临的最大地缘政治挑战，将对中国的防范和压制放在了战略首位，并将未来 10 年视作决定性的战略竞争期。而在美国安全战略中，科技是核心竞争领域。美国国家安全顾问沙利文在

① 徐国庆、郭卫军、周明：《美国新一轮科技创新战略的影响及应对》，《宏观经济管理》2023 年第 7 期，第 86—92 页。

② 张春、赵娅萍：《美国对非洲政策的战略指向及未来走势》，《西亚非洲》2021 年第 2 期，第 3—25 页。

全球新兴技术峰会的讲话中强调，科技进步将定义 21 世纪的地缘政治格局。保持科技优势不仅是美国的国内问题，也是国家安全问题。

拜登政府科技安全战略整体上延续了特朗普时期对华科技“脱钩”的战略，但随着国家安全战略的变化，其科技安全战略布局更加全面，包括了自强、遏制和联盟三条主线。在自强方面，拜登政府更加重视自身科技创新实力的持续提升，以体系化的支持和刺激政策来增强美国在重点领域的科技竞争力。在遏制方面，拜登政府对华科技“脱钩”更倾向于运用“小院高墙”策略，通过精准化打压以减少可能给美国带来的损失。在联盟方面，拜登政府摒弃了特朗普时期单打独斗的方式，加强与盟友的合作，通过在多个层面构建小圈子重建科技合作格局，试图将中国排除在全球主流创新体系之外①。

拜登政府并未形成国家层面的科技安全战略规划，但其执政至今关键人物讲话或重要法案体现了科技安全战略的核心意图。以下选择较为重要的两个进行介绍。

（1）美国国家安全顾问关于科技安全战略的演讲。2022 年 9 月 16 日，在由特殊竞争研究项目智库主办、美国政府现任和卸任官员及高科技企业高管参与的全球新兴技术峰会上，美国国家安全顾问沙利文发表讲话，阐述了美国科技安全战略，主要内容如下：

战略目标。沙利文在讲话中称，以前美国的科技政策目标，都是通过活动标尺方式，在一些重点技术领域谋求对竞争对手的相对优势，只需要领先对手几代即可；但美国所处的战略环境已经改变，鉴于某些技术的底层逻辑和根本属性已经改变，美国必须保持尽可能多的优势②。这一演说当时关注者寥寥，但事后被认为是拜登政府对华科技政策的分水岭。

决胜未来 10 年的三大重点技术领域。一是计算相关技术，包括微电子、量子信息系统和人工智能。计算硬件、算法设计和大规模数据集的进步几乎给每个科学领域带来新发现。它们是经济增长的新源泉，并将推动先进的军事现代化。二是生物技术和生物制造。遗传密码可以被读、写和

① 刘新、曾立、肖湘江：《美国〈关键和新兴技术国家战略〉述评》，《情报杂志》2021 年第 5 期，第 26—33 页。

② 韦宗友：《拜登政府对华科技竞争战略评析》，《当代世界》2023 年第 5 期，第 31—36 页。

编辑，这使得生物学变得可编程。三是清洁能源技术。全球向清洁能源的过渡不仅对地球的健康是必要的，而且将成为未来几年经济和就业增长的主要来源。清洁能源技术将确保美国长期的能源独立和能源安全。上述三大技术是整个技术生态系统中真正的力量倍增器，美国要在这些技术领域的每一项都发挥领导作用。

美国科技安全战略的四大支柱。一是投资美国科技生态系统。为美国科技活力和创新引擎充电，尤其是在基础研究领域。2021 年，拜登政府对基础研究方面进行了历史性的投资。美国正在投资未来产业，并加强支撑未来产业供应链的弹性和安全性。2022 年，拜登总统签署了《芯片和科学法》《关于推进生物技术和生物制造创新以实现可持续、安全和可靠的美国生物经济的行政命令》和《通胀削减法案》等。二是培养顶尖的科学、技术、工程、数学方面的人才。包括培养、吸引和留住顶尖科学、技术、工程、数学方面的人才。实现这一目标的最简单方法是确保美国仍然是全球所有一流科学、技术、工程、数学方面人才的首选目的地。这意味着要投资美国国内的研究和教育渠道，并确保外国顶尖人才能够来到并留在美国。三是保护美国的技术优势。防止竞争对手窃取美国的知识产权，并使用美国技术来对付美国自己。鉴于某些技术的基础性质（如高级逻辑和内存芯片），美国必须尽可能保持领先优势。四是深化与美国盟友和伙伴的合作。美国将深化盟友和伙伴关系网络，推动大西洋和太平洋全球战略联盟，将七国集团转变为西方在制裁和能源安全等问题上的指导委员会，并在网络和量子科技方面展开新合作，通过全球基础设施和投资伙伴关系部署数百亿美元用于技术基础设施建设。此外，美英澳“三边安全伙伴关系”启动；美国—欧盟贸易和技术委员会的创建有助于制定新兴技术规则并加强技术标准合作；美日印澳“四边机制”内制定了清洁能源和关键新兴技术方面的新举措；“印太经济框架”也将不断走向完善。

（2）《芯片与科学法》。芯片是数字经济时代的底座，掌握了关键核心技术的国家在经济安全、军事安全和网络安全等方面将有更大主动权。美国芯片设计和研发一直保持世界领先，但其芯片制造产业在国际上的地位却每况愈下。2020 年前后，全球只有 10% 左右的半导体在美国本土生产，而 1990 年全球将近 40% 的芯片在美国本土生产。特别是在新冠疫情、俄乌冲突等突发事件冲击下，芯片供应链安全问题凸显。此外，美国军用芯片很多都是在国外制造，增加了军事国防安全的不可控风险。为巩固和增强美国芯片产业的领导地位，2020 年开始，美国内部相关部门研究制定支持以芯片为重点的相关领域创新法案，之后形成了《无尽前沿法案》《美国创新与竞争法案》等多个版本，最终经过两年多的酝酿、争论和协商，2022 年 8 月，美国总统拜登正式签署《芯片与科学法》，该法案包括 2022 年芯片法案、研究与创新两部分。

2022 年芯片法案部分包括四个方面战略布局。一是设立促进美国半导体生产基金。法案将提供 527 亿美元紧急补充拨款。具体而言，国会将在五年内拨款 500 亿美元研发芯片，以促进国内半导体科技的发展。该基金内的拨款包括：激励计划，国会将于 5 年内拨款 390 亿美元，其中 20 亿美元将专用于投资传统芯片生产，最多 60 亿美元可用于直接贷款与贷款担保费用；商务研发与劳动力发展计划，将于 5 年内拨款 110 亿美元，主要用于半导体技术和先进封装技术的研发。此外，国会拨款 20 亿美元用于美国国防部的半导体技术研发；国会额外拨款科研经费 5 亿美元，用于半导体技术国际合作的研发项目等[①]。国会将为美国劳动力和教育基金拨款 2 亿美元，以促进半导体行业劳动力的增长。该法预计截至 2025 年，半导体行业将需要增加 9 万名工人。

二是采取半导体激励措施。考虑到半导体技术与供应链脆弱性的相关性，美国将采取以下半导体激励措施：通过芯片计划获得资金援助的企业需签署一项协议，承诺在接受资金起 10 年内不得在中国或其他存在顾虑的国家发展制造先进半导体的能力；美国商务部将更新在有关国家发展半导体制造能力的技术门槛，并考虑使出口管制要求与技术进步保持一致性；通过芯片计划获得资金援助的企业必须就其在有关国家的交易通知商务部，并在商务部裁定交易违反协议时纠正相关违法行为。否则，商务部有权收回联邦政府提供的援助。

三是为无线供应链创新拨款。国会将为公共无线供应链创新基金拨款 15 亿美元。通过商务部国家电信和信息管理局，与美国国家标准与技术研究所、美国国土安全部和国家情报总监以及其他机构合作，促进开放架构的、基于软件的无线技术的发展，并为美国移动宽带市场的创新和跨越式的技术发展提供资金支持。

---

① 史冬梅、王晶、刘栋：《美国半导体科技和产业政策与举措及对我国的启示》，《全球科技经济瞭望》2022 年第 4 期，第 6—13 页。

四是为先进制造业设立投资信贷。国会将为半导体制造的投资设立25%的投资税收优惠，以激励企业向半导体制造行业投资。该法规定了类似的资金保障措施，以确保该投资信贷的受益企业将不能在构成国家安全威胁的国家，如中国，建立先进的半导体生产设施。

研究与创新部分包括两方面战略布局。一是提高联邦政府对科技创新的资助。为扭转美国在研发与创新领域拨款的下降，该法将授权大额公共研发投资，以增强美国的创新能力。该法还将在全国范围内建立新的科技中心，增加未被充分代表的人群和地域在创新中的参与，并打击外国非法吸收或窃取美国研究成果的行为，以缓解美国在关键领域中长期的供应链脆弱性。具体方案包括在5年内向国家科学基金会拨款810亿美元，向商务部拨款110亿美元等。这些资金旨在加速美国对关键技术的开发、投资基础研究、建设理工科劳动力、壮大美国制造业、预防供应链中断、支持中小型制造商的发展、促进航空航天技术发展等。二是保护联邦资助科研项目的安全，包括通过设立研究安全与政策办公室，防范相关风险并进行风险评估，做好预案；颁布指南以禁止关键科学家参与外国相关科研计划；确保透明度，获得国家科学基金会资助的研发者需每年披露对引起顾虑的外国（中国、俄罗斯、朝鲜、伊朗）的资金支持。国家科学基金会可能在某些情况下减少、暂停或终止对研发者的资助①。

二、日本科技安全战略

日本在明治维新时期就认识到科技创新能力对国家发展与安全的重要意义，并且从这一时期起就有意识地对日本的科技发展进行部署②。正式的日本科技战略在第二次世界大战以后逐渐发展起来③。第二次世界大战后，日本科技安全战略大致分为技术引进、技术立国、科技创新立国三个主要阶段。

（一）第二次世界大战后到20世纪70年代：技术引进战略

第二次世界大战后，日本经济崩溃且科技水平也远落后于美国。日本

① 郝敏：《美国以立法形式将科研安全武器化》，《环球时报》2022年8月30日。

② 孙汉杰、李春艳：《日本科技的战略演进及对中国的启示》，《外国问题研究》2012年第1期，第53—57页。

③ 王春法：《技术创新政策：理论基础与工具选择》，经济科学出版社1998年版，第314—327页。

造船技术、纺织技术分别落后美国约30年和10年，日本的钢铁产业落后美国约20年。为了恢复经济，实现自立，日本在经济上实施贸易立国战略，与此相对应，在科技上为了实现经济恢复和起飞实施了技术引进战略。这一时期，日本在美国的扶持下，开始吸纳欧美先进科学技术为日本所用，这些先进的科学技术促进了日本的产业升级，日本经济得到飞速发展，国力迅速增强。主要战略举措包括三个方面[①]。

一是投入巨资引进先进适用技术和新兴产业技术。日本技术引进战略的重要特点就是引进西方先进技术并投放巨额研究开发费用以资助适用性技术的研究，推动选择西方开发出来的先进技术、对于适用性研究进行长期投资、销售利用改良技术生产出来的新产品，技术引进及其改良成为第二次世界大战后日本科技创新的一种主要形式[②]。20世纪50年代，日本引进了电力、钢铁、机械和化工等相关千余项技术，这些技术奠定了日本经济发展的基础。1960年，日本年引进欧美先进技术的数量高达588件，到1963年，日本年引进技术已超过1000件。这一时期，日本引进的技术主要为欧美已经成熟发展的汽车技术、电器技术和石油化工技术等，进而发展和建立了日本现代化工业体系。1970年左右，日本继续大量引进技术，1973年一年引进技术2450件，突破日本对外引进技术数量的历史最高记录，同时，日本开始发展计算机技术、半导体技术和通信技术等，电子学、高分子化学、原子能等技术为代表的新兴产业技术成为引进重点[③]。

二是注重消化吸收。日本对引进技术消化和吸收的重视远远超过引进外来技术本身，日本于1960年出版《国民收入倍增计划》强调避免日本科技依赖进口外国技术，着力发展日本自主研发的科学技术，以出口日本技术为目标大力发展日本科技。从资源投入看，日本对引进的技术进行消化和吸收的投入经费远高于技术引进经费，两类经费比值从3：1—25：1

---

① 邓元慧：《日本建立科技强国的轨迹和发展战略》，《今日科苑》2018年第2期，第35—46页。

② 麦丽臣：《日本政府在国家创新系统中的作用》，《日本研究》2003年第4期，第7—13页。

③ 杜婧华、赵军：《日本科技立国战略的演变及启示》，《发展研究》2007年第6期，第44—46页。

不等，平均比值为 7∶1[①]。

三是与产业和教育政策协同推动战略落地。为了使技术引进战略能更好地为国家发展和安全服务，日本政府重视相关政策系统。例如，为使日本国内的企业更了解日本技术引进的战略，日本于 1950 年向社会公布鼓励引进技术的列表，为对这些技术进行进一步的说明，日本科学技术厅每年都会出版《引进国外技术年度报告》，在该报告中会详细说明鼓励日本企业引进技术的重点和倾向，也会向社会公布过去一年日本引进外国技术的数量和领域，并且会对比当年的《引进国外技术年度报告》与往年内容的区别，旨在方便日本企业明确优先引进外国技术的战略和方向，在全社会形成科技发展的合力[②]。另外，日本还通过补贴的方式鼓励日本企业引进国家社会发展依赖的重点领域的外国技术，补贴的金额相当于引进技术价格的一半，这对日本企业形成很大的激励作用[③]。在教育方面，日本重视产业界与高校的结合，例如，1957 年，日本出台《关于振兴科学技术教育的意见》指出，未来要强化日本高校、科研院所与日本企业之间的产学研关系，这样既可以为高校学生提供实习和应用的平台，还可以促进成果转化，加速日本科技的发展。[④]

通过实施技术引进战略，日本实现了在科技和经济上的快速追赶。一方面，通过技术引进和消化吸收，缩短了与世界先进技术水平国家的差距。1960 年底，除欧美部分军事技术与航天技术以外，日本基本把欧美国家 1930 年以来发展起来的成熟技术都引进到了日本[⑤]。到 20 世纪 70 年代末，日本的产业技术水平可以说已经大体赶上了欧美国家[⑥]，与此同时，

① 邓元慧：《日本建立科技强国的轨迹和发展战略》，《今日科苑》2018 年第 2 期，第 35—46 页。

② 冯梦黎：《中国经济高质量发展与创新系统研究》，西南财经大学博士学位论文 2022 年，第 160—175 页。

③ 宋春艳：《战后日本技术创新政策的演变》，天津大学硕士学位论文 2007 年，第 17—25 页。

④ 冯梦黎：《中国经济高质量发展与创新系统研究》，西南财经大学博士学位论文 2022 年，第 160—175 页。

⑤ 孙兆刚：《知识溢出的发生机制与路径研究》，大连理工大学博士学位论文 2006 年，第 80 页。

⑥ 王春法：《技术创新政策：理论基础与工具选择——美国和日本的比较研究》，经济科学出版社 1998 年版，第 314—327 页。

随着日本科技的迅猛发展以及日本产业的不断升级，日本已经实现了自第二次世界大战之后的崛起，日本科技水平位于世界前列，也成为了仅次于美国的世界第二大经济体①。

（二）20 世纪 80—90 年代：技术立国战略

此时，日本需要引进的世界先进技术数量也相应减少。日本经济的飞速发展，对欧美各国产生了威胁。欧美国家开始以保护知识产权为借口，限制对本国先进技术的出口。这一时期，受到石油危机的影响，日本经济发展开始变缓，出现通货膨胀，环境污染、劳动力不足等社会问题也随之出现。为解决这些现实问题，日本开始调整战略。

战略确立。1978 年，日本野村综合研究所就综合安全战略保障发表《国际环境的变化与日本的对策》报告，明确科技发展对于日本之后发展的重要意义，首次提出“技术立国”口号。1980 年日本正式出台《80 年代通商产业政策设想》，把提高自主科技创新能力作为以后发展方向，提出技术立国战略②。1981 年，时任日本首相铃木善幸强调，“科学技术振兴是我国打开今后所面临许多问题的关键”，“科学技术进步是经济发展的动力，是国民生活提高的基础”。③

战略转变。自此，日本的科技战略从引进技术，转变为自主科技创新，更加注重对基础研究的投入。日本开始加大力量培养本国的科技人才，其科技人才培养战略也有所转变，从之前注重培养应用行业技术人才，转变为大力培养创新能力较强、适合从事基础研究的拔尖人才。日本重点优先发展的科技产业也发生了转变，从过去发展可以快速带来经济收益的产业转变为着力发展可能带来重大变革的前沿新兴技术④。

重点任务突出基础技术和战略高技术研发。坚实的基础技术能力是实现技术立国战略的重要支撑。1981 年出版的《科学技术白皮书》再次强调

---

① 倪光南、陈劲等：《布局——中国科技创新的道路与抉择》，经济日报出版社 2021 年版，第 39—52 页。

② 宋春艳：《战后日本技术创新政策的演变》，天津大学硕士学位论文 2007 年，第 17—25 页。

③ 季风：《日本科技发展研究》，东北财经大学博士学位论文 2013 年，第 55—56 页。

④ 杜婧华、赵军：《日本科技立国战略的演变及启示》，《发展研究》2007 年第 6 期，第 44—46 页。

基础研究对于日本长远发展的重要性。1986 年，日本颁布《科学技术政策大纲》，不仅将基础研究提升到关键地位，还明确了相关科研经费的支持，如发放科学技术振兴调整费等。日本基础科研经费因此大幅提升，1987 年日本基础科研经费已占科研经费总额的 14.5% 。在此阶段，日本除要发挥科技在经济方面的影响力外，也注重发挥科技引领日本军事及外交领域的发展①。为此，日本重视战略高技术研发。1986 年，日本出版的《科学技术政策大纲》提出了未来 10 年科技发展的重点领域包括电子信息、航天、海洋、地球、生命、材料、软件领域，并优先发展新材料、生物技术和新元件。在这一战略举措下，日本电子信息技术产业、网络技术和卫星技术等快速发展，高新技术产业在制造业中的占比从 1982 年的 17% 上升为 1992 年的 31% 。②

（三）20 世纪 90 年代中期至今：科技创新立国战略

日本政府在 20 世纪 70 年代提出“技术立国”的口号，其着眼点是技术而不是科学。进入 20 世纪 90 年代，这种科技政策的弊端日益显露出来。日本科学技术厅的调查报告表明，在提出技术立国 15 年之后，日本的科学研究水平与欧美国家相比仍然存在着相当大的差距。日本在创造性自主技术的开发方面仍然落后于欧美国家。日本的科学技术缺乏原创性，基础研究薄弱，是日本当时既有的科技政策所导致的必然结果。此外，国际上对日本的基础性研究开发落后状态的批判，和作为经济大国日本对于自身在开拓未来中所应承担的责任的觉悟，都使日本政府下定决心要进一步加大对科学技术的投入力度，强化各个领域和环节中的富有创新精神的研究与开发。③ 与此同时，进入 20 世纪 90 年代，日本因泡沫经济后遗症的影响，经济长期不景气，始终在低谷徘徊，为摆脱经济缓慢增长困境，缩小知识经济时代与美国差距，在 21 世纪科技竞争中占据优势，日本政府将技术立国战略进行了延伸和升级，提出“科学技术创造立国”的新口号，简称科技创新立国战略。

---

① 吴建华、潘毅文：《战后日本的科技战略目标及决策模式》，《重庆师范大学学报》（哲学社会科学版）2012 年第 5 期，第 90—96 页。

② 邓元慧：《日本建立科技强国的轨迹和发展战略》，《今日科苑》2018 年第 2 期，第 35—46 页。

③ 杜婧华、赵军：《日本科技立国战略的演变及启示》，《发展研究》2007 年第 6 期，第 44—46 页。

《科学技术基本法》正式确立科技创新立国战略。1995 年 11 月 15 日，日本颁布了第 130 号法律即《科学技术基本法》。这是日本第一部有关科学技术的根本大法。《科学技术基本法》的颁布，标志着日本科技政策进入重视基础研究和强调创新的新阶段，它成为日本实施 21 世纪科技战略的纲领，也明确了日本科技发展战略为科学技术创新立国①。同时，该法也为日本构建了系统化、规范化法律保障。该法规定，日本每五年制定一期《科学技术基本计划》（后修订为《科学技术创新基本计划》）②。

《科学技术基本计划》部署五年中期科技战略。《科学技术基本法》第九条明确规定，政府负责制订振兴科学技术的基本计划③，该计划应包括下述内容：有关推进研究开发的综合性方针；在提供研究设施设备、促进研究开发的信息化以及为推进其他研究所进行的环境整顿等方面，政府应负责制定综合性的有计划性的政策措施。《科学技术基本计划》是日本宏观科技战略在不同五年时期的规划。

截至 2023 年，日本共颁布了六期科技基本计划，涉及人才教育与培养、产学官合作、知识产权、研究基础环境整备、研发资金分配、政策评价、国际合作以及科技与社会的关系等内容。其目标从促进基础研究、实现自主创新向开拓科技潜力、提高科技竞争力及确保科技优势与安全等过渡，从促进经济增长向提升国家竞争力过渡，再向实现世界领先的社会变革等过渡。④

近期更加重视科技对经济安全的支撑和保障。经济安全一直是日本国家安全战略的重点，特别是近几年在中美科技竞争日益激烈、新冠疫情暴发、半导体等关键产业供应链不稳定和俄乌冲突等多重背景下，日本对经济安全保障的重视程度不断提升。2022 年 5 月，日本国会通过了《经济安全保障推进法》。该法主要包括确保重要物资的稳定供给，确保公共基础

---

① 邱丹逸、袁永：《日本科技创新战略与政策分析及其对我国的启示》，《科技管理研究》2018 年第 2 期，第 59—66 页。

② 朱可染：《20 世纪 90 年代以来日本科学技术政策的动态演变》，《中国科技论坛》2023 年第 5 期，第 181—188 页。

③ 孙汉杰、李春艳：《日本科技的战略演进及对中国的启示》，《外国问题研究》2012 年第 1 期，第 53—57 页。

④ 闫坤、邓美薇：《日本科技政策体系的演变及其启示》，《经济导刊》2023 年第 7 期，第 62—64 页。

设施服务的稳定供给，全力支持开发尖端技术和对敏感专利技术进行保密四部分重点内容，这四方面重点内容均与科技安全相关。《科学技术创新综合战略2022》[①] 将启动经济安全保障重要技术培育计划作为年度工作重点。2022年6月21日，日本内阁府召开经济安全保障重要技术培育计划会议第一次例会，提出设立新的国家级资助计划——经济安全保障重要技术培育计划。该技术培育计划根据日本面临的国内外安全威胁、新兴技术趋势与特点、日本经济发展和安全需要，支持海洋、航空航天、综合领域和网络空间、生物四个领域的科技创新，以确保日本的技术优势和全球领先地位，并能够与其他发达国家在尖端技术领域形成竞争。

三、我国科技安全战略

新中国成立以来，党和政府高度重视科技创新，并根据不同历史时期经济社会发展和国家安全的需要制定了科技战略，明确提出了指导科技创新的基本方针和战略重点，走出了一条中国特色科技强国之路，可分为独立自主战略、引进追赶战略、科教兴国战略、自主创新战略和创新驱动发展战略五个阶段。

（一）新中国成立到改革开放前：独立自主战略

新中国成立之初，社会主义改造和建设刚刚起步，支撑国家建设物质基础薄弱，国家安全还没有可靠的保障，迫切需要科学技术支撑国家发展和国防建设。但当时我国科技创新的内部条件和外部环境都不理想。从内部条件看，我国科技创新百废待兴，全国科技人员不超过5万人，其中专门从事科研工作的人员仅600余人，专门科学研究机构仅有30多个，科研设备严重缺乏，基础条件落后。[②] 从外部环境看，以美国为首的西方国家采取经济封锁、政治孤立和军事包围等手段极力打压中国[③]。在此背景下，

---

① 《科学技术创新综合战略2022》是落实科技基本计划的年度工作安排。有研究认为，日本的科技战略分别是立国战略、基本计划和综合战略三个层次。基本计划的制定基于立国战略的范畴与定位，综合战略的制定又是基于基本计划的主要内容，三者之间环环相扣、互为支撑，搭建起日本科技战略体系。

② 中华人民共和国科学技术部编著：《中国科技发展70年：1949—2019》，科学技术文献出版社2019年版，第3页。

③ 戴显红、侯强：《新中国70年科技发展战略的政策跃迁》，《邓小平研究》2019年第4期，第70—79页。

党和政府基于对现实国情需要、国际环境分析以及世界科技发展态势的判断，制定了适应我国发展基础和条件的科技战略，较为重要的是《1956—1967 年科学技术发展远景规划》（简称《十二年科技规划》）和《1963—1972 年科学技术发展规划纲要》（简称《十年科技规划》）。

1.《十二年科技规划》

发出向科学进军的号召。1952 年 12 月，中共中央在《关于编制一九五三年计划及五年建设计划纲要的指示》中指出，工业化的速度首先决定于重工业的发展，我们必须以发展重工业为大规模建设的重点，首先保证重工业和国防工业的基本建设，特别是确保那些对国家起决定作用的，能迅速增强国家工业基础与国防力量的主要工程的完成。之后随着第一个五年计划的提前完成，为力求某些重要的和急需的部门尽快接近或赶上世界先进水平，需要迅速壮大我国的科学技术力量。1956 年 1 月，在中共中央召开的知识分子问题会议上，周恩来代表中共中央作了《关于知识分子问题的报告》，该报告明确了科学技术对国家社会主义建设的战略意义，指出"我国的科学文化力量目前是比苏联和其他世界大国小得多，同时在质量上也要低得多，这是同我国六亿人口的社会主义大国的需求很不相称的"。报告指出，"现在科学技术正在一日千里地突飞猛进"，像原子能和电子学这样的最新科学技术，使人类面临着一个新的科学技术和工业革命的前夕。报告提出，"我们必须赶上这个世界先进科学水平"，"只有掌握了最先进的科学，我们才能有巩固的国防，才能有强大的先进的经济力量"。报告还明确提出向现代科学进军，明确提出了目标任务"就是要在第三个五年计划期末，使我国最急需的科学部门接近世界先进水平，使外国的最新成就，经过我们自己的努力很快地就可以达到。有了这个基础，我们就可以进一步解决赶上世界水平的问题"。①

确定重点发展、迎头赶上的方针。1956 年 1 月最高国务会议讨论并指出，在几十年内，要努力改变我国在经济和文化上的落后状况，迅速达到世界先进水平，并立即成立了 10 人科学规划工作组。我国《十二年科技规划》的指导思想是按照需要与可能，把最先进的世界科学成就尽可能迅速地介绍到我国，把我国科学技术事业方面最短缺而又急需的门类尽可能

---

① 樊春良：《中国 70 年来科技追赶战略的演变》，《科学学研究》2019 年第 10 期，第 1735—1743 页。

迅速地补足起来，争取在第三个五年计划期末使我国最急需的科学部门能够接近世界先进水平。

1956 年，国务院召开有中国科学院、国务院各有关部门、高等院校的领导人和科技人员参加的制定《十二年科技规划》动员大会。在国家科学规划委员会领导下，以中国科学院数学物理学化学部、生物学地学部和技术科学部为基础，集中全国 400 多名科学家参加制定工作，近 20 位苏联专家应邀来华对规划提出意见和建议。1956 年 8 月下旬，《1956—1967 年科学技术发展远景规划纲要（修正草案)》和 4 个附件（《国家重要科学任务说明书和中心问题说明书》《基础科学学科规划说明书》《任务和中心问题名称一览》《1956 年紧急措施和 1957 年研究计划要点》）编制完成①。这是我国第一个科学技术发展远景规划，是我国科学技术事业发展的重要纲领，也是保障我国国家科技战略目标实现的一种重要手段，标志着我国科学技术事业开始走上一条国家统一领导、远景规划和近期计划相结合的发展道路②。

明确保障国家发展和安全的重大科技任务。这一时期决定将国防科技发展规划列为《十二年科技规划》的组成部分统一下达执行。《十二年科技规划》提出的重大科技任务有：发展新兴技术领域，如原子核物理、原子核工程及同位素的应用，自动学与自动化系统，半导体及其利用，飞机、导弹、火箭及电子计算机等。这类项目涉及当时的前沿科学和技术，对于促进科技进步、加强国防力量具有重要的意义。调查研究中国自然条件和资源情况，保证重点区域的综合开发和工农业生产建设的需要。其中的重大项目包括中国自然区划和经济区划，青海、甘肃、新疆、内蒙古经济区综合开发的调查和研究，长江、黄河、黑龙江、珠江流域综合开发后的调查和研究，中国重要矿产分布规律及其预测方法的研究，中国地震活动性、地震预告及工程地震的研究，海洋的综合调查和研究等。这类项目的实施既能为国家经济建设提供重要的科学依据，又能促进地方科学事业的迅速发展。配合国家工业建设的有关项目，如能源工业方面的大型发电

---

① 中华人民共和国科学技术部编著：《中国科技发展 70 年：1949—2019》，科学技术文献出版社 2019 年版，第 3 页。

② 戴显红、侯强：《新中国 70 年科技发展战略的政策跃迁》，《邓小平研究》2019 年第 4 期，第 70—79 页。

站与高压输电系统及其设备和高坝水利枢纽的研究，冶金和机械工业方面的有色金属复合矿石与低品位矿石选矿及冶炼方法的研究和合金系统建立中的科学问题，石化工业方面的石油及天然气生成、聚集、勘探及开采的问题和基本有机合成及其工艺，建筑方面的建筑企业工业化和建筑结构问题，仪器和计量方面的精密机械仪器、特种光学仪器与电子仪器和计量技术与计量基准，交通运输方面的综合研究等。这些项目的研究对解决工业建设中的重大技术理论问题至关重要。配合国家农业建设的有关项目，如土地资源和荒地开发的研究，施肥、灌溉的理论和方法的研究，适合于中国自然条件的农业机械的研究等。这类项目的研究对解决农业建设中的某些重大技术理论问题至关重要。医疗保健方面的科研项目，如中医中药的科学基础研究、抗生素的研究等，对于提高我国人民的健康水平具有重要意义。基本理论问题的研究，在确定的 57 项科学技术任务中，又选出了 12 个重点，即对整个国家生产技术基础有根本性影响的重大和复杂的科学问题，这 12 个重点是原子能的和平利用；无线电电子学中的新技术，包括超高频技术、半导体技术、电子计算机、电子仪器和遥远控制；喷气技术；生产过程的自动化和精密仪器；石油及其他特别缺乏资源的勘探，矿物原料基地的探寻和确定；结合我国资源情况建立合金系统并寻求新的冶炼过程；综合利用燃料，发展重有机合成；新型动力机械和大型机械；黄河、长江综合开发的重大科技问题；农业的化学化、机械化、电气化的重大科学问题；对于我国人民健康危害最大的几种主要疾病的防治和消灭；自然科学中若干重要的基本理论问题①，包括偏微分方程、非线性方程及统计数学、塑性力学、物理力学、场论、固体理论、液体理论，物质的化学构造和性能的关系、蛋白质结构及性能，遗传的规律、高级神经活动、天体演化、地球内部构成与组成及地壳演化的研究等。为填补我国在一些急需的尖端科学领域的空白，还制定了四项紧急措施，即优先发展计算机技术、半导体技术、自动化技术、无线电技术、核技术和喷气技术；开展同位素应用研究；建立科学技术情报系统；建立国家计量基准，开展计量

① 欧阳雪梅：《第一代中央领导集体的科技战略思想与新中国的科技进步》，《毛泽东邓小平理论研究》2012 年第 1 期，第 45—51、116 页。

研究工作。此外，还部署了两个更重大的项目：原子能和导弹[①]。

规划实施为国家发展和安全提供坚实保障。从1958年之后，我国科技领域一大批重大科研成果问世：1958年我国第一座研究型核反应堆和加速器研制成功；1959年，我国第一台大型电子计算机试制成功，第一枚T－7试验型探空火箭、第一枚气象火箭发射成功；1961年，中国第一台红宝石激光器研制成功；1964年，我国第一颗原子弹爆炸成功；1965年我国首次合成有生命活力的牛胰岛素；1967年我国自主研发的氢弹爆炸成功。《十二年科技规划》的实施，解决了第二个和第三个五年计划国家经济建设和国防建设中迫切需要解决的一批科技问题，填补了我国科学研究的一些重要空白，加强了某些重要的基础学科，发展了原子能、电子学、半导体、自动化、计算技术、喷气和火箭技术等新兴科学技术，并为以后科学技术和国家各项建设事业的继续发展打下了良好的基础。《十二年科技规划》的实施，不仅在科技领域取得了显著成果，还为国家经济建设和国防建设提供了有力支撑。在此基础上，中国继续加大科技创新力度，推动科学技术事业的全面发展。

2.《十年科技规划》

规划编制背景。20世纪60年代初，国内外形势发生一些重要变化。从国内看，国家发展在经历3年自然灾害和经济困难时期后开始进行调整，对工农业生产技术提出新的要求，通过引进先进的生产技术和设备，我国工业生产能力得到了显著提升。在国际上，中国所处的国际环境十分不利，中国面临着来自美国等资本主义国家的封锁和压力，如美国政府对我国实施了一系列的经济制裁措施，限制中美间的贸易往来，使得我国的经济发展受到了严重的阻碍，许多重要物资和先进技术无法进口。与此同时，苏联也撕毁了与中国签订的合同，从中国撤出专家，这一举动使得中国在军事技术和航空航天等领域面临新的技术问题。同时，国际上科学技术也有新的发展[②]。到1962年底，《十二年科技规划》已经执行了7年，随着国家建设需要和国际上科学技术的新发展，在执行规划过程中增加了

---

① 中华人民共和国科学技术部编著：《中国科技发展70年：1949—2019》，科学技术文献出版社2019年版，第20—21页。

② 樊春良：《中国70年来科技追赶战略的演变》，《科学学研究》2019年第10期，第1735—1743页。

许多新的研究课题，在现代工业技术和尖端技术方面表现尤其明显。为了实现赶上世界先进科学技术水平的宏伟目标，更充分地利用科学家的力量来解决国民经济、国防尖端和基础科学中的重大问题，中共中央决定在原有《十二年科技规划》的基础上，根据中国社会主义建设的需要，参照世界科学技术进展的情况，制定《十年科技规划》。

将科技战略方针调整为自力更生，迎头赶上。《十年科技规划》总的方针是自力更生，迎头赶上。其主要目标是：为农业增产提供各方面的科学技术成果，系统地解决实现农业技术改革中的科学技术问题；重点掌握20世纪60年代工业科学技术，为建立一个完整的现代工业体系，发展新兴工业，提高现有工业的技术水平，提供科技成果；切实保证国防尖端技术初步过关；加强我国资源综合考察，加强资源的保护和综合利用的研究，为国家建设提供必要的资源依据；在保护和增进人民健康、防治主要疾病和计划生育等方面的重要科学技术问题上，做出显著成绩；加强发展基础和技术科学，充实科学理论的储备，加强科学调查和实验资料的积累，建立和加强重要和空白薄弱的部门；大力培养人才，充实现代化实验装备，在各个重要的科学技术领域，形成研究中心，建立一支能够独立解决我国建设中科学技术问题的、又红又专的科技队伍①。

（二）改革开放初期：引进追赶战略

“文化大革命”后，党中央把工作重点转到经济建设上来。党的十一届三中全会确定了解放思想、实事求是、团结一致向前看的指导方针，作出了把战略重点转移到社会主义现代化建设上来的战略决策，提出对外开放的方针和重视科学、教育的方针，我国科技战略的方针和任务发生重要变化。

提出了依靠和面向的科技战略方针。党的十一届三中全会以后，我国进入了改革开放的新时期，科技事业的发展也迎来了光辉灿烂的春天。1978年召开了第二次全国科学大会，邓小平同志在大会开幕式上，针对“文化大革命”时期“四人帮”对科技事业的破坏，重申了科学技术是生产力、从事科技工作的知识分子是劳动者这些马克思主义的基本观点，明确提出了科技现代化是“四个现代化”建设的关键和向科技现代化进军的

---

① 中华人民共和国科学技术部编著：《中国科技发展70年：1949—2019》，科学技术文献出版社2019年版，第22—25页。

口号。这奠定了我国改革开放后科技战略方针的思想基础。1978 年 12 月党的十一届三中全会召开，开始实现以经济建设为中心的国家发展战略重点的转移。经济的调整、经济建设方针的转变，要求科学技术发展方针也应有相应的调整，这就使得科技规划更多地由过去巩固政权转到促进经济建设上来，科技发展与经济建设逐渐结合得更加紧密。因此，如何定位科技发展与经济建设之间的关系，便成为我国科技发展战略中的核心问题。1981 年 2 月，国家科委党组向中共中央上报了《关于我国科学技术发展方针的汇报提纲》，明确提出："科学技术与经济、社会应当协调发展，并把促进经济发展作为首要任务。"同年，这一汇报提纲经党中央和国务院批准，最终被确定为我国科技发展的方针并加以实施。1982 年 9 月，党的十二大报告重申了科学技术现代化是实现"四个现代化"的关键，指出："今后必须有计划地推进大规模的技术改造，推广各种已有的经济效益好的技术成果，积极采用新技术、新设备、新工艺、新材料"，并且第一次明确科学技术是我国国民经济建设的战略重点之一。同年 10 月，全国科学技术奖励大会进一步明确提出，经济建设必须依靠科学技术，科学技术要面向经济建设，科技与经济、社会要协调发展。[①] 1985 年 3 月，中共中央在《关于科学技术体制改革的决定》中，又重申"经济建设必须依靠科学技术、科学技术工作必须面向经济建设"的战略方针。由此，依靠和面向成为我国 20 世纪 80 年代对科技发展的总要求和总方针。

发展高科技服务国家发展和安全。为了更好地贯彻实施科技战略新方针，1986 年党和国家在充分考虑科技体系自身特点的情况下，对科技力量进行了重新安排，不断完善科技计划体系服务国家发展和安全。一是跟踪高科技发展趋势、培养新一代高水平科技人才的高新技术开发与研究计划；二是直接面向经济建设主战场，为实现我国经济和社会发展目标服务的支撑计划，如"星火计划"等；三是推进基础研究和应用研究的攀登计划。其中，对中国科技创新具有标志性意义的当属国家高技术研究发展计划（简称"863 计划"）。20 世纪 80 年代开始，以信息技术、生物技术、新材料等为代表的高技术在国际竞争中发挥着日益重要的作用。1986 年 3 月 3 日，王大珩、王淦昌、杨嘉墀、陈芳允 4 位科学家向中央提出关于跟踪研究外国战略

① 戴显红、侯强：《新中国 70 年科技发展战略的政策跃迁》，《邓小平研究》2019 年第 4 期，第 70—79 页。

高技术的建议，得到了邓小平同志的高度重视。根据邓小平同志的指示和国务院的部署，从1986年4月开始，由国务院组织有关部门专家，经过两个阶段的工作，制定出《高技术研究发展计划纲要》，10月获得中央批准。1987年“863计划”开始实行[①]。《高技术研究发展计划纲要》确定了“863计划”的主要目的是集中一部分精干的科技力量，在几个重要的高技术领域，跟踪国际水平，缩小同国外的差距，并力争在我们有优势的领域有所突破，为20世纪末至21世纪初的经济发展和国防安全创造条件。

（三）20世纪90年代中期：科教兴国战略

在改革开放后，由于依靠与面向战略的实施，我们取得了举世瞩目的成就，社会主义现代化建设的第一步战略目标即解决人民的温饱问题已基本实现，工农业生产总值也实现了翻一番。但这一成就的取得主要是依靠外延扩大式的粗放型经营实现的，科学技术在经济增长中的贡献只占30%左右，远低于发达国家60%—80%的水平。科技是第一生产力，振兴经济首先要振兴科技，而科技进步、经济与社会发展，从根本上又取决于劳动者素质的提高和大批科技人才的成长，所有这一切又都离不开教育。从国际范围看，为了迎接新科技革命的挑战，使自己在未来社会的发展中居于领先地位，自20世纪70年代以来，世界各国都争相发展教育与科技，给教育、科技事业投入了巨额资金。正是在这一背景下，党和政府提出了科教兴国战略[②]，标志性的战略文件主要包括《中共中央、国务院关于加速科学技术进步的决定》和《全国科技发展“九五”计划和到2010年长期规划纲要》。

1.《中共中央、国务院关于加速科学技术进步的决定》

1995年5月6日，《中共中央、国务院关于加速科学技术进步的决定》发布，首次在正式文件中明确提出了科教兴国战略。该文件指出，科教兴国指全面落实科学技术是第一生产力的思想，坚持教育为本，把科技和教育摆在经济、社会发展的重要位置，增强国家的科技实力及向现实生产力转化的能力，提高全民族的科技文化素质，把经济建设转移到依靠科技进步和提高劳动者素质的轨道上来，加速实现国家的繁荣强盛。文件提出的

---

① 樊春良：《中国70年来科技追赶战略的演变》，《科学学研究》2019年第10期，第1735—1743页。

② 马佰莲：《新中国科技发展战略的三次转移》，《南昌大学学报》（社会科学版）1997年第2期，第30—33页。

战略目标为实现科技生产力的新解放和大发展，必须深化科技体制改革，充分发挥广大科技人员的积极性、创造性，动员全社会的力量，全面推进科技进步。到2000年，初步建立适应社会主义市场经济体制和科技自身规律的科技体制；在工农业科学研究与技术发展、基础性研究、高技术研究等方面取得重大进展；科技进步对经济发展的贡献率有显著提高；经济建设、社会发展基本转向依靠科技进步和提高劳动者素质的轨道。

2.《全国科技发展“九五”计划和到2010年长期规划纲要》

1996—2000年是我国向社会主义市场经济过渡的重要5年，也是20世纪的最后5年，它肩负着衔接两个世纪的历史重任。根据《中共中央、国务院关于加速科学技术进步的决定》和《国民经济和社会发展“九五”计划和2010年远景目标纲要》的精神，国家科委、国家经贸委和国家计委等有关部门组成部际协调小组，对纲要所涉及的重大问题展开研究，历经两年多时间，编制和起草了《全国科技发展“九五”计划和到2010年长期规划纲要》，明确了指导思想、战略目标和重点任务等①。

指导思想。纲要制定的指导思想是：认真落实邓小平同志“科学技术是第一生产力”的思想，全面实施科教兴国战略，继续贯彻经济建设必须依靠科学技术，科学技术工作必须面向经济建设，努力攀登科学技术高峰的指导方针，切实推动经济建设向依靠科技进步和提高劳动者素质的转移，围绕国民经济、社会发展和在我国建立社会主义市场经济体制的总目标，充分利用计划和市场两种手段，实现经济、社会、科技持续协调发展，形成科技经济一体化发展的格局。

战略目标。到2000年初步建成适应社会主义市场经济体制和科技自身发展规律的新型科技体制，科技进步对经济增长的贡献率有较大提高，经济建设和社会发展基本转向依靠科技进步和提高劳动者素质的轨道；到2010年，使基本建立的新型科技体制更加巩固和完善，实现科技与经济的紧密结合，形成科技经济有机结合的格局，为建成社会主义现代化强国奠定坚实的基础。

重点任务。纲要在改变经济增长方式、攻克产业关键技术、发展高技术产业、合理布局基础研究、促进社会发展、稳定科技队伍、增加科技投入、建立新型科技体制方面提出了八项基本任务；在农业，基础设施和基

---

① 中华人民共和国科学技术部编著：《中国科技发展70年：1949—2019》，科学技术文献出版社2019年版，第131—132页。

础工业（包括交通运输、通信、能源、原材料和水利），支柱产业（包括机械工业、电子工业、石油化工、汽车制造和建筑），高技术产业，高技术研究与发展项目（包括信息技术、生物技术、先进制造技术、新材料、新一代能源、海洋技术领域），社会发展，基础研究，国防科技八个方面提出了发展重点。

（四）21 世纪初期：自主创新战略

21 世纪初，随着科技对国家发展和安全的决定性作用日渐突出，我国综合国力的日渐增强，以及国内外环境的重大变化，科技战略又一次发生了重大变化，从引进追赶向自主创新转变。2006 年 2 月，发布的《国家中长期科学和技术发展规划纲要（2006—2020 年）》是重要标志性文件。

（1）战略背景。从科技重要性看，21 世纪初，经济发展进入知识经济时代，科学技术已经成为经济、社会乃至国防发展的主导力量。同时，在全球化环境下，资本、知识、技术和人才等要素在全球范围内的流动与配置日益普遍，国家之间的竞争已经演变成科研与创新能力的竞争。同时，由于自然资源稀缺和环境承载力有限，通过科学技术实现绿色、可持续发展已成为共识。从国际环境看，世界范围的科技资源、技术贸易和价值增值仍然主要由发达国家控制，为争夺科技发展主动权，世界主要国家更加重视科技战略和规划的制定。如 2001 年日本通过了第二个《科学技术基本计划》，提出了科技创新立国的基本国策；2004 年，美国竞争力委员会发布《创新美国：在挑战和变革的世界中达至繁荣》的报告，认为创新将成为决定美国在整个 21 世纪获得成功的唯一最重要因素，国家的战略目标就是要保持美国在科学知识最前沿的领先地位。同时，一系列国际大事件更加突出了科技对国家安全的重大意义，如 1999 年 5 月，美国 B－2 轰炸机发射三枚精确制导炸弹，击中了中国驻南斯拉夫联盟共和国大使馆。中国的领导人及广大民众深深地意识到，没有一流科技支撑的国防，落后就要挨打。2001 年的“9·11”事件改变了世界战略格局，反恐和国家安全成为美国的重中之重，反恐相关科技创新成为关注焦点①。从国内需求看，实现可持续发展必须更加依靠科技创新。2001 年加入世界贸易组织后，中国通过大规模引进外国直接投资和国外技术，促进传统产业的技术改造和

---

① 崔永华：《当代中国重大科技规划制定与实施研究》，南京农业大学博士学位论文 2013 年，第 135—155 页。

结构调整，经济建设成绩斐然。但劳动力成本逐步提高、土地和能源资源日渐短缺等问题出现，依靠原有传统资源形成的比较优势难以进一步提高国际竞争力，必须走创新型国家道路才能谋得更大发展。

（2）战略方针。《国家中长期科学和技术发展规划纲要（2006—2020年）》确定了自主创新、重点跨越、支撑发展、引领未来的指导方针。自主创新是贯穿《国家中长期科学和技术发展规划纲要（2006—2020 年）》的主线和指导方针的核心，自主创新就是要增强国家创新能力，在充分利用全球科技资源的基础上，加强原始性创新和集成创新及在引进先进技术基础上的消化、吸收和再创新。重点跨越就是坚持有所为、有所不为，选择具有一定基础和优势、关系国计民生和国家安全的关键领域，集中力量，重点突破，实现跨越式发展。支撑发展就是从现实的紧迫需求出发，着力突破重大关键技术、共性技术，支撑经济社会全面协调可持续发展。引领未来就是着眼长远，超前部署基础研究和前沿技术，创造新的市场需求，培育新型产业，引领未来经济社会发展。①

（3）战略目标。到 2020 年，中国科技发展的总体目标是：自主创新能力显著增强，科技促进经济社会发展和保障国家安全的能力显著增强，为全面建设小康社会提供强有力的支撑；基础科学和前沿技术研究综合实力显著增强，取得一批在世界具有重大影响的科技成果，进入创新型国家行列，为在 21 世纪中叶成为世界科技强国奠定基础。

（4）重点任务。《国家中长期科学和技术发展规划纲要（2006—2020年）》立足于中国国情和需求作了四个方面战略部署：一是确定若干重点领域，突破一批重大关键技术，全面提升科技支撑能力；二是瞄准国家目标，实施若干重大专项，实现跨越式发展，填补空白；三是应对未来挑战，超前部署前沿技术和基础研究，提高持续创新能力，引领经济社会发展；四是深化体制改革，完善政策措施，增加科技投入，加强人才队伍建设，推进国家创新体系建设，为中国进入创新型国家行列提供可靠保障。此外，《国家中长期科学和技术发展规划纲要（2006—2020 年）》对一些重点领域的发展思路和优先主题进行了规划，筛选出 16 个重大战略产品、关键共性技术或重大工程作为重大专项，部署了 8 项前沿技术，并确定了

---

① 中华人民共和国科学技术部编著：《中国科技发展 70 年：1949—2019》，科学技术文献出版社 2019 年版，第 199—201 页。

科技体制改革的重点任务。

《国家中长期科学和技术发展规划纲要（2006—2020 年）》确定了重点任务。一是确定重点领域及其优先主题，包括能源、水和矿产资源、环境、农业、制造业、交通运输业、信息产业及现代服务业、人口与健康、城镇化与城市发展、公共安全、国防。二是明确科技重大专项，包括核心电子器件、高端通用芯片及基础软件，极大规模集成电路制造装备及成套工艺，新一代宽带无线移动通信，高档数控机床与基础制造装备，大型油气田及煤层气开发，大型先进压水堆及高温气冷堆核电站，水体污染控制与治理，转基因生物新品种培育，重大新药创制，艾滋病和病毒性肝炎等重大传染病防治，大型飞机，高分辨率对地观测系统，载人航天与探月工程等 16 个重大科技专项，涉及信息、生物等战略产业领域，能源资源环境和人民健康等重大紧迫问题，以及军民两用技术和国防技术。三是锁定前沿技术与基础研究，其中前沿技术包括生物技术、信息技术、新材料技术、先进制造技术、先进能源技术、海洋技术、激光技术、空天技术；科学前沿问题包括生命过程的定量研究和系统整合，凝聚态物质与新效应，物质深层次结构和宇宙大尺度物理学规律，核心数学及其在交叉领域的应用，地球系统过程与资源、环境和灾害效应，新物质创造与转化的化学过程，脑科学与认知科学，科学实验与观测方法、技术和设备的创新；面向国家重大战略需求的基础研究包括人类健康与疾病的生物学基础，农业生物遗传改良和农业可持续发展中的科学问题，人类活动对地球系统的影响机制，全球变化与区域响应，复杂系统、灾变形成及其预测控制，能源可持续发展中的关键科学问题，材料设计与制备的新原理与新方法，极端环境条件下制造的科学基础，航空航天重大力学问题，支撑信息技术发展的科学基础；重大科学研究计划包括蛋白质研究，量子调控研究，纳米研究，发育与生殖研究。四是明确科技体制改革的重点任务，《国家中长期科学和技术发展规划纲要（2006—2020 年）》确定了当前和今后一个时期，科技体制改革的重点任务：支持鼓励企业成为技术创新主体；深化科研机构改革，建立现代科研院所制度；推进科技管理体制改革；全面推进中国特色国家创新体系建设①。

---

① 《科学咨询》编辑部：《〈国家中长期科学和技术发展规划纲要〉确定了哪些目标》，《科学咨询（决策管理）》2006 年第 2 期，第 7—9 页。

（5）完善战略的政策支撑体系。为全面实施《国家中长期科学和技术发展规划纲要（2006—2020年）》，中共中央、国务院发布了《关于实施科技规划纲要增强自主创新能力的决定》，2006年2月7日，国务院发布了《实施〈国家中长期科学和技术发展规划纲要（2006—2020年）〉的若干配套政策》，围绕科技投入、税收激励、金融支持、政府采购、引进消化吸收再创新、创造和保护知识产权、科技人才队伍建设、教育与科普、科技创新基地与平台、统筹协调十个方面提出了60条相关政策[①]。同时，针对中短期需求，科学技术部分别于2006年10月和2011年7月发布了《国家“十一五”科学技术发展规划》和《国家“十二五”科学和技术发展规划》，明确了阶段性的战略方针、目标、任务和措施等。

（五）党的十八大以来：创新驱动发展战略

在全球化浪潮和日趋激烈的国际竞争中，科技创新正以一种不可逆转、不可抗拒的力量推动着人类社会向前发展，使我们面临新的历史机遇和挑战，因此，准确判断科技突破方向便成为建设世界科技强国的关键。党的十八大以来，以习近平同志为核心的党中央高度重视科技创新，从时代发展前沿和国家战略高度，把科技创新作为提高社会生产力和综合国力的战略支撑，以全球视野谋划和推动创新，把创新摆在国家发展全局的核心位置，大力实施创新驱动发展战略[②]。

1.《国家创新驱动发展战略纲要》

2016年5月出台的《国家创新驱动发展战略纲要》对国家实施创新驱动发展战略进行了顶层设计、体系谋划和全面部署。

《国家创新驱动发展战略纲要》开篇即从四个方面系统和详细地阐明了战略出台的背景。一是关于创新驱动的重要意义。《国家创新驱动发展战略纲要》指出，创新驱动就是创新成为引领发展的第一动力，科技创新与制度创新、管理创新、商业模式创新、业态创新和文化创新相结合，推动发展方式向依靠持续的知识积累、技术进步和劳动力素质提升转变，促进经济向形态更高级、分工更精细、结构更合理的阶段演进。创新驱动是

---

① 中华人民共和国科学技术部编著：《中国科技发展70年：1949—2019》，科学技术文献出版社2019年版，第199—201页。

② 戴显红、侯强：《新中国70年科技发展战略的政策跃迁》，《邓小平研究》2019年第4期，第70—79页。

国家命运所系。国家力量的核心支撑是科技创新能力。创新强则国运昌，创新弱则国运殆。我国近代落后挨打的重要原因是与历次科技革命失之交臂，导致科技弱、国力弱。实现中华民族伟大复兴的中国梦，必须真正用好科学技术这个最高意义上的革命力量和有力杠杆。

二是关于全球科技创新的趋势。《国家创新驱动发展战略纲要》指出，创新驱动是世界大势所趋。全球新一轮科技革命、产业变革和军事变革加速演进，科学探索从微观到宇观各个尺度上向纵深拓展，以智能、绿色、泛在为特征的群体性技术革命将引发国际产业分工重大调整，颠覆性技术不断涌现，正在重塑世界竞争格局、改变国家力量对比，创新驱动成为许多国家谋求竞争优势的核心战略。我国既面临赶超跨越的难得历史机遇，也面临差距拉大的严峻挑战。惟有勇立世界科技创新潮头，才能赢得发展主动权，为人类文明进步作出更大贡献。

三是关于国家发展的战略形势。《国家创新驱动发展战略纲要》指出，创新驱动是发展形势所迫。我国经济发展进入新常态，传统发展动力不断减弱，粗放型增长方式难以为继。必须依靠创新驱动打造发展新引擎，培育新的经济增长点，持续提升我国经济发展的质量和效益，开辟我国发展的新空间，实现经济保持中高速增长和产业迈向中高端水平“双目标”。①

四是关于国家发展的战略需求。《国家创新驱动发展战略纲要》指出，我国创新驱动发展已具备发力加速的基础。经过多年努力，科技发展正在进入由量的增长向质的提升的跃升期，科研体系日益完备，人才队伍不断壮大，科学、技术、工程、产业的自主创新能力快速提升。经济转型升级、民生持续改善和国防现代化建设对创新提出了巨大需求。庞大的市场规模、完备的产业体系、多样化的消费需求与互联网时代创新效率的提升相结合，为创新提供了广阔空间。中国特色社会主义制度能够有效结合集中力量办大事和市场配置资源的优势，为实现创新驱动发展提供了根本保障。同时也要看到，我国许多产业仍处于全球价值链的中低端，一些关键核心技术受制于人，发达国家在科学前沿和高技术领域仍然占据明显领先优势，我国支撑产业升级、引领未来发展的科学技术储备亟待加强。适应创新驱动的体制机制亟待建立健全，企业创新动力不足，创新体系整体效

---

① 《人民日报》编辑部：《中共中央国务院印发〈国家创新驱动发展战略纲要〉》，《人民日报》2016 年 5 月 20 日。

能不高，经济发展尚未真正转到依靠创新的轨道。科技人才队伍大而不强，领军人才和高技能人才缺乏，创新型企业家群体亟需发展壮大。激励创新的市场环境和社会氛围仍需进一步培育和优化。在我国加快推进社会主义现代化、实现“两个一百年”奋斗目标和中华民族伟大复兴中国梦的关键阶段，必须始终坚持抓创新就是抓发展、谋创新就是谋未来，让创新成为国家意志和全社会的共同行动，走出一条从人才强、科技强到产业强、经济强、国家强的发展新路径，为我国未来十几年乃至更长时间创造一个新的增长周期。

《国家创新驱动发展战略纲要》明确提出了我国建设世界科技强国的“三步走”战略目标：第一步，到2020年进入创新型国家行列；第二步，到2030年跻身创新型国家前列；第三步，到2050年建成世界科技创新强国。《国家创新驱动发展战略纲要》按照“坚持双轮驱动、构建一个体系、推动六大转变”对重点任务进行体系化部署。双轮驱动是科技创新和体制机制创新两个轮子相互协调、持续发力。抓创新首先要抓科技创新，补短板首先要补科技创新的短板。要明确支撑发展的方向和重点，加强科学探索和技术攻关，形成持续创新的系统能力。体制机制创新要调整一切不适应创新驱动发展的生产关系，统筹推进科技、经济和政府治理三个方面体制机制改革，最大限度释放创新活力。一个体系是建设国家创新体系，要建设各类创新主体协同互动和创新要素顺畅流动、高效配置的生态系统，形成创新驱动发展的实践载体、制度安排和环境保障。明确企业、科研院所、高校、社会组织等各类创新主体功能定位，构建开放高效的创新网络，建设军民融合的国防科技协同创新平台；改进创新治理，进一步明确政府和市场分工，构建统筹配置创新资源的机制；完善激励创新的政策体系、保护创新的法律制度，构建鼓励创新的社会环境，激发全社会创新活力。① 六大转变体现在：发展方式从以规模扩张为主导的粗放式增长向以质量效益为主导的可持续发展转变；发展要素从传统要素主导发展向创新要素主导发展转变；产业分工从价值链中低端向价值链中高端转变；创新能力从“跟踪、并行、领跑”并存、“跟踪”为主向“并行”“领跑”为主转变；资源配置从以研发环节为主，向产业链、创新链、资金链统筹配

---

① 《人民日报》编辑部：《中共中央国务院印发〈国家创新驱动发展战略纲要〉》，《人民日报》2016年5月20日。

置转变；创新群体从以科技人员的小众为主，向小众与大众创新创业互动转变。①

2.《“十三五”国家科技创新规划》

2016 年 8 月 8 日国务院正式印发《“十三五”国家科技创新规划》②，是《中华人民共和国国民经济和社会发展第十三个五年规划纲要》的细化落实，是中国创新驱动发展的重要规划③。

《“十三五”国家科技创新规划》首次将“科技创新”作为一个整体进行顶层规划。该规划强调实施创新驱动发展战略、支撑供给侧结构性改革这条主线，进一步确立了迈向创新型国家和为建设世界科技强国奠定坚实基础的总体目标，进而部署主要任务和重大举措。第一，这是一个科技创新的规划，它不仅关注科学技术研究、改革和发展，更面向经济社会发展主战场，面向科技前沿，面向国家重大战略需求，从创新的全链条进行整体规划。第二，更加注重科技的超前引领性，更加关注依靠创新构建先发优势。第三，非常关注经济新常态、产业转型升级方面的问题。第四，体现国家战略意图和重大部署，比较系统地提出在深海、深蓝、深空、深地等能够拓展国家战略利益，保证国家战略优势领域的考虑部署①。

《“十三五”国家科技创新规划》确立了“十三五”科技创新的总体目标。国家科技实力和创新能力大幅跃升，国家综合创新能力世界排名进入前 15 位，迈进创新型国家行列；创新驱动发展成效显著，与 2015 年相比，科技进步贡献率从 55.3% 提高到 60%，知识密集型服务业增加值占国内生产总值的比例从 15.6% 提高到 20%；科技创新能力显著增强，通过《专利合作条约》途径提交的专利申请量比 2015 年翻一番，研发投入强度达到 2.5%。④

《“十三五”国家科技创新规划》强化六个方面的任务部署。“十三五”规划围绕支撑国家重大战略，充分发挥科技创新在推动产业迈向中高端、增添发展新动能、拓展发展新空间、提高发展质量和效益中的核心引

① 刘垠、操秀英：《为中国发展规划路径》，《科技日报》2016 年 5 月 23 日。

② 康佳媛：《产业用行业迎来发展新机遇》，《中国纺织报》2016 年 8 月 15 日。

③ 薛澜等：《中国科技发展政策：1978—2018》，社会科学文献出版社 2018 年版，第 109—111 页。

④ 陈劲、张学文：《中国创新驱动发展与科技体制改革（2012—2017）》，《科学学研究》2018 年第 12 期，第 2116—2121 页。

领作用，重点强化六个方面的任务部署。一是围绕构筑国家先发优势，加强兼顾当前和长远的重大战略布局。二是围绕增强原始创新能力，培育重要战略创新力量。三是围绕拓展创新发展空间，统筹国内、国际两个大局。四是围绕推进大众创业万众创新，构建良好创新创业生态。五是围绕破除束缚创新和成果转化的制度障碍，全面深化科技体制改革。六是围绕夯实创新的群众和社会基础，加强科普和创新文化建设。[①]

3. 瞄准实现科技自立自强，强化新型举国体制

2018 年以来，全球化趋势出现逆转，“去全球化”思潮兴起，特别是 2018 年的中美贸易摩擦给我国科技事业发展带来了冲击和警醒，在这一背景下党的十九届五中全会提出把科技自立自强作为国家发展的战略支撑。2022 年俄乌冲突之后，美国连同其欧洲盟友对俄罗斯的科技、经济等全方位制裁，使我国看到实现科技自立自强的迫切需求。新时期我国经济转向高质量发展阶段，个别国家试图遏制中国发展，我国面临关键核心技术“卡脖子”威胁。在这种形势下，科技安全问题更加凸显[②]。2022 年 6 月 28 日，习近平总书记在湖北省武汉市考察时强调，科技自立自强是国家强盛之基、安全之要，并要求我们必须完整、准确、全面贯彻新发展理念，深入实施创新驱动发展战略，把科技的命脉牢牢掌握在自己手中，在科技自立自强上取得更大进展，不断提升我国发展独立性、自主性、安全性，催生更多新技术新产业，开辟经济发展的新领域新赛道[③]。

---

① 康佳媛：《产业用行业迎来发展新机遇》，《中国纺织报》2016 年 8 月 15 日。

② 陈凯华、薛泽华、张超：《国际发展环境变化与我国科技战略选择：历史回顾与未来展望》，《中国科学院院刊》2023 年第 6 期，第 863—874 页。

③ 沈佳、李林霞、杨彧等：《踔厉奋发　勇担使命　为实现科技自立自强不懈奋斗》，《山西日报》2022 年 7 月 1 日。

第三章　科技安全管理体制

“体制”一词在辞海中的权威释义为国家机关、企业事业单位在机构设置、领导隶属关系和管理权限划分等方面的体系、制度、方法、形式等的总称。基于这一释义可知，科技安全体制涉及与科技安全管理相关的制度和组织机构框架、权责划分、资源和信息分配原则等的确立。本章系统对比分析美国和日本的科技安全体制，并阐述我国科技安全体制，得出未来我国科技安全体制需完善的主要方向。

第一节　世界主要国家科技安全管理体制

一、美国科技安全管理体制

（一）美国科技管理体制的演变历史

从美国建国至今，其科技体制不断发展、优化。美国独立至第二次世界大战前夕这一时期，美国政府设立专门机构管理和组织科技工作，如成立了国家标准与技术研究院、国立卫生研究院、国家航空航天局等重要机构。此外，美国通过立法保障科研机构的建立和发展，但此时美国科技政策总体较为零散。科技发展的推动主要依靠民营企业，科技发展导向主要是依据市场需求，这一时期美国并未重视基础研究。

第二次世界大战时期，美国政府开始支持基础科学研究，美国国家实验室体系在这一时期建立并取得快速发展。但这一时期，美国科技研发主要服务于军事目的，由美国联邦政府主导在高校或企业建立实验室并给予研究经费支持，如于 1941 年成立了科学研究与发展局，该部门作为美国政府领导全国科学研究的总指挥部，管理和协调全国科学和技术资源，并成功实施了一系列军事研究计划，如“曼哈顿计划”等。

冷战时期，美国科技体制主体构架开始形成。1945 年，美国科学研究与发展局提交了《科学：无尽的前沿》政策报告，该报告涉及美国政府对科技投入、基础研究和科技人才战略等方面，基于这一报告，成立了美国科学基金会。在美国科学基金会科研项目和经费的支持下，美国高校、企业的科研能力逐步提升，美国实验室体系也不断壮大。此外，这一时期，美国政府开始主导科技成果转化和产业化，以支撑和引领经济发展，形成了美国各级政府与企业之间的协同促进科技发展体制，并对科技成果转化相关工作进行立法，颁布了《拜杜法案》《史蒂文森—威德勒技术创新法》《小企业创新发展法》和《联邦技术转移法案》等，这些法案从法律层面规定，高校、研究所和企业可以以与政府签订合同的形式，获得科技成果知识产权的授权，并进行成果转化和产业化。这一时期，在军事和航空航天领域，美苏展开军事和太空竞赛，苏联率先实现航天器登月、载人航天和制造了世界上第一艘核动力航母“基辅”号。为应对苏联在太空和军事领域科技领先带来的威胁，美国国会采取举国动员科技体制，推动“阿波罗计划”登月，如通过颁布《国家航空航天法》等一系列立法，为“阿波罗计划”提供必要的研究经费和政策支持，为“阿波罗计划”拨款约 200 亿美元，该经费主要用于研发新型火箭发动机、月球着陆器、建设发射场和控制中心等设施。美国国会还与政府各部门、企业和科研机构紧密合作，共同推动“阿波罗计划”的实施，如国会与国防部、能源部等部门协调，明确“阿波罗计划”的战略需求，并与企业合作，鼓励私人资本投入太空探索领域，以推动科技进步和经济发展，“阿波罗计划”在航空航天、电子、材料科学领域与企业签订合同约两万份。基于美国举国支持科技创新，1969 年 7 月美国成功实现世界上第一次载人登月，不仅彰显了美国航空航天技术在世界的领先地位，还极大提升了美国整体工业技术水平。

冷战结束后至 20 世纪末，美国完善了科技企业作为创新主体的科技体制，提出确保美国科技领先全球的战略，并且不断完善与科技投入、基础研究、科技人才培养与引进，以及创新生态环境相关的科技管理体制。1990 年，美国政府公布《美国技术政策》，开始干预企业的科技研发，首次把支持工业科技创新纳入国家政策体系。20 世纪 90 年代，美国政府发布《科学与国家利益》报告，从国家层面提出科技发展的目标，即在所有领域保持美国处于科技前沿的领先地位。这一时期，美国大力扶持民营科技企业的科技创新工作。此外，美国政府还在完善和扩大与科技相关的组织机构，如成立了各级别科学技术委员会、增设总统科技顾问委员会等。

2005 年，美国科学院发布名为《站在风暴之上：为了辉煌的经济未来而激活调动美国》的科技战略报告，认为美国科技创新领先地位面临威胁和挑战。该报告指出，全球科技竞争日益严峻，日本、欧洲、中国等其他国家正在各个领域积极发展新兴科技，为保持美国领先地位，需在能源、生物等国家重点领域部署科技创新管理的组织机构。该报告还建议在基础研究领域，增设国家技术委员会旨在监督生物技术等高风险关键技术的研发。2006 年，美国政府提出了《美国竞争力计划》，旨在维护美国科技持续领先优势，该计划指出美国政府决定大力支持基础研究和能源研究，提出在 2006 年之后的 10 年中将美国国家科学基金会、国家标准和技术局核心项目和能源部科学办公室的科学研究经费总额增加一倍。为加强美国跨部门科技合作进而推动科技创新，2012 年，美国国防部设立战略能力办公室，着眼于已有的科学技术与装备，通过系统集成进行科技创新。

2014 年美国政府设立了第一个国家级首席技术官，该职位由计算机科学家和谷歌前高管卡迪·亚德尼担任。此外，奥巴马政府还任命了一些著名的科学家担任重要的科技管理职位，以推动科学研究和技术创新，如物理学家和环境科学家埃里克·兰德被任命为美国能源部部长；化学家和分子生物学家弗朗西斯·柯林斯被任命为美国国立卫生研究院院长。这些任命旨在基于科学知识作出科技管理和决策，以促进科技创新和发展。

在大国竞争视角下，美国政府不断在国防科技、人工智能等国家重点领域改革科技体制，强化创新能力。2015 年，美国国防部设立技术净评估办公室，负责国防科技方面的战略评估，并在硅谷设立国防创新小组，加强对民用创新科技的转化应用。2016 年，美国政府设立国防创新咨询委员会，为国防科技创新提供顶层决策咨询。《2017 财年国防授权法案》出台后，美国国防部新设负责研究与工程的副部长，以国防部首席技术官的身份推进技术和创新，同时担任国防部部长首席参谋助理和顾问，主要领导国防高级研究计划局、国防创新小组、战略能力办公室等部门，其中国防高级研究计划局的主要职责是组织开展可能对未来国家安全产生重大影响的有创造性和革新性的研发项目；国防创新小组的主要职责包括加强国防部与企业之间的联系，帮助国防部获取前沿的商业技术和人才；战略能力办公室主要负责发现和培育前沿概念，巩固美军技术优势，研究美军在产、部署或计划研制的武器、系统和平台等的作战运用问题，这些机构分工协作，共同支撑起新的美国国防科技创新管理体制①。为落实美国人工智能国家战略，美国颁布了《2020 年国家人工智能倡议法案》和《2021 财年国防授权法案》。根据这两项法案内容，成立了国家人工智能倡议办公室，负责监督和实施美国人工智能战略，加强美国国防、情报以及联邦机构间的人工智能科技研发。2021 年，拜登政府白宫科技政策办公室和国家科学基金会宣布成立“国家人工智能研究资源工作组”，就国家人工智能研究资源的所有权及管理、治理模式等问题提出对策建议②；2024 年 3 月 28 日，美国白宫管理与预算办公室要求在各联邦机构内设立首席人工智能官，履行技术治理、创新监管和风险管控等职能③。

（二）美国当前科技管理体制解析

美国科技体制以市场驱动为主，政府在关键领域（如国防、航空航天等）主导资助和支持。美国实行三权分立联邦制，尽管未形成科技体制的集中管理，但各部门和机构根据自己职责和专长协同合作推动管理，促进科技发展全面覆盖各个领域。以下分别从行政体制、立法体制和司法体制解析美国科技管理体制。

1. 美国科技管理行政体制

美国行政体系为联邦制，由联邦政府和州政府共同组成。美国科技管理体制在联邦政府中分为总统办事机构、内阁机构、跨越白宫和内阁部门的科技管理协调机构和在上述体制之外的总统顾问机构；在州政府中也存在与联邦政府中职能相对应的科技管理部门（见图 3－1）。

---

① 朱荣杰：《大国竞争视角下的美国国防科技体制、机制与创新》，《美国问题研究》2020 年第 2 期，第 87—108、206—207 页。

② 《美国如何强力布局人工智能教育》，《光明日报》，2022 年 1 月 20 日，http：//news. china. com. cn/2022－01/20/content_78000337. htm。

③ 《美国观察丨联大首份人工智能决议出炉：技术监管的美国角色与全球未来》，复旦发展研究院官网，2024 年 4 月 15 日，https：//fddi. fudan. edu. cn/_t2515/34/c2/c21253a668866/page. htm。

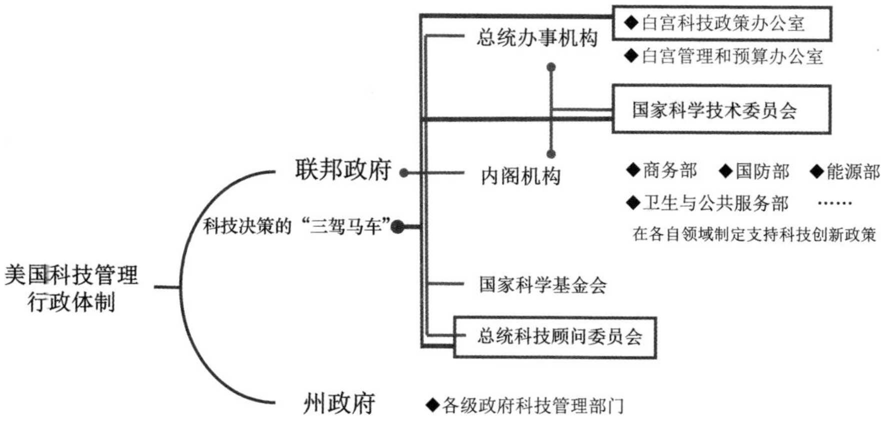

图3－1　美国科技管理行政体制

（1）联邦政府中科技管理体制相关组织机构。总统办事机构中的相关部门主要有白宫科技政策办公室与白宫管理和预算办公室。白宫科技政策办公室负责为总统提供科学和技术政策建议，协调联邦政府各部门和机构的科技政策，并确保政府的科技投资战略与国家的优先事项保持一致，制定科学技术政策和相关预算等；白宫管理和预算办公室主要负责向国会提交科技投入预算方案，并负有监督各部门执行科技投入预算的权力。

内阁机构中的相关部门包括商务部、国防部、能源部、卫生与公共服务部等，这些部门分别负责各自领域中的科研管理和投入。如商务部旨在促进美国经济发展和技术创新，其中美国专利和商标局作为其附属机构，负责管理和颁发专利以保护知识产权；国防部在国防科技领域，通过资助和合作开发尖端技术，如信息技术、通信、航空航天和生物技术等；能源部致力于确保美国能源安全、环境保护和核安全，资助和支持能源研究与开发项目，包括可再生能源、核能和能源效率技术；卫生与公共服务部负责保障美国民众健康，其中美国国立卫生研究院作为其分支机构，负责资助和支持医学和生物科学研究。这些政府部门通过资金支持、政策制定、监管以及与企业和科研机构的合作，共同推动美国的科技创新和发展。

国家科学技术委员会是一个跨越白宫和内阁部门，由总统主持，其成员包括副总统、白宫科技政策办公室负责人、各内阁部长、联邦主要科技部门负责人以及白宫科技官员等。国家科学技术委员会是负责协调联邦政府科技研发管理的重要机构，也是美国政府科技咨询的重要机构之一。

国家科学基金会既不属于白宫也不属于内阁，是一个独立的联邦机构，旨在支持基础科学和应用基础科学等研究，通过资助高校和研究机构的研究项目，为美国的科技创新提供关键的资金支持。

除上述部门外，总统科技顾问委员会是总统对科技问题的顾问机构，其成员全部由总统任命，涵盖不同领域科学家和工程师等行业领军人才，如2021年，拜登总统宣布聘用30位杰出科技人才成为其任下总统科技顾问委员会成员，包括超威半导体公司全球总裁兼首席执行官苏姿丰、著名数学家陶哲轩、英伟达首席科学家比尔·达利以及微软首席科学官埃里克·霍维茨等。总统科技顾问委员会作为联邦科技决策咨询的核心，直接向总统汇报工作，提供决策咨询和政策建议。国家科学技术委员会与白宫科技政策办公室和总统科技顾问委员会一同协调美国的科技政策和战略，被称为美国联邦政府科技决策的“三驾马车”。

（2）州政府中科技管理体制相关组织机构。各级政府中也设立了与联邦科技管理部门相对应的机构，如加利福尼亚州的先进制造办公室、纽约州的能源研究与发展局等。此外，州政府通过成立政府间和非政府间机构，协同开展技术研发，并且推广科技成果转化和产业化，通过营造良好的科研环境和营商环境，吸引高科技企业投资和发展。

2. 美国科技管理立法体制

美国立法机构包括联邦立法机构，即美国国会，美国国会由参议院和众议院组成。美国州立法机构由各州议会组成。立法机构通过推动与科技创新相关的立法来推动相关政策的制定、实施与监督。美国科技战略和科研投入必须经过美国立法机构的审议和通过。美国立法机构可以通过颁布法案明确科研机构的权力责任以及对科研经费的分配，如科技预算法案需要由美国国会的众议院和参议院授权委员会分别讨论（见图3－2）。

众议院通过科学委员会授权科技事务，科学委员会下设基础研究、能源与环境、航空航天和技术四个小组委员会。参议院授权科技事务的主要委员会为科学与运输委员会，负责通信、航空、陆运、海运、海洋与渔业等领域。国会参、众两院各种常设会议中与科技密切相关的会议有20多个，这些会议主要负责研究和讨论科技政策，直接影响科技立法、科研项

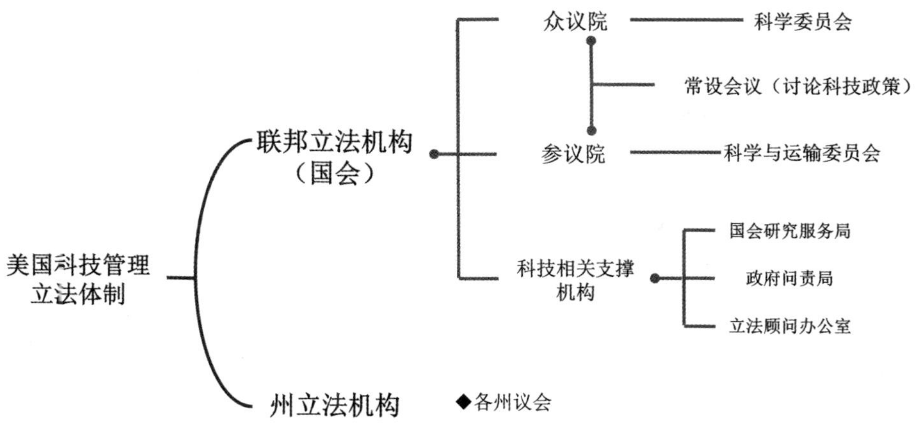

图3－2 美国科技管理立法体制

目审批和拨款，如信息技术委员会、电信与信息基础设施委员会、自然资源委员会、能源商业和贸易小组委员会等都与科技发展密切相关，这些会议不仅关注科技最新动态，同时也在推动科技创新、制定相关政策方面发挥着重要作用。国会还下设三个与科技相关的支撑机构，即国会研究服务局、政府问责局和立法顾问办公室，这三个机构有权单独委托科研部门成立咨询小组以及对科研项目的质询和可行性评估，还有权力影响科研项目方案的修正。

3. 美国科技管理司法体制

美国联邦法院体系的组织架构涵盖美国联邦地区法院、美国联邦巡回上诉法院和美国最高法院（见图3－3）。美国司法部门有权对科技相关法律引发的争议进行最终解释并作出裁决。司法部门的判决不受国会和行政部门影响。近年来，美国司法部也积极参与知识产权保护和防科技失密窃密工作。2018年11月，美国司法部启动了针对中国个人和实体的专项调查"中国行动计划"。到2022年2月该计划结束时，据美国司法部公开信息显示，已涉及至少60起相关案件，美国联邦调查局作为美国司法部门，参与科技安全案件调查。①

① 白春礼主编：《世界主要国立科研机构概况》，科学出版社2013年版，第6—77页。

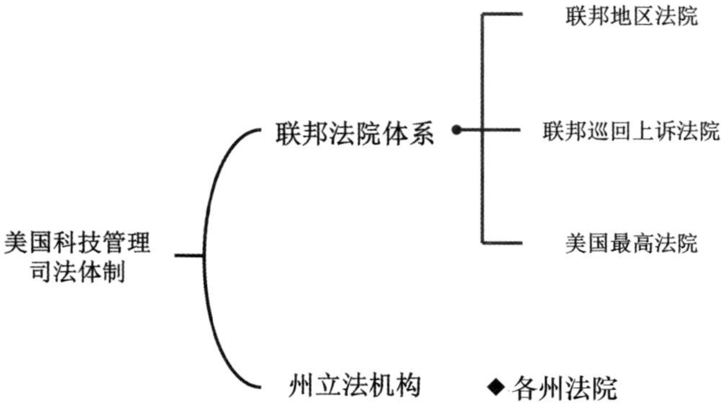

图3-3 美国科技管理司法体制

二、日本科技安全管理体制

日本实行行政、立法和司法三权分立体制。其中，日本行政体系负责科技决策及战略制定、对科技计划的执行和监督，以及科技投入与分配等；日本立法体系主要是从知识产权保护、防止科技失密窃密等角度立法保障科技安全；日本司法体系主要负责解释和执行与科技相关的法律。

（一）日本科技管理行政体制

日本内阁主导的综合科技创新会议，是日本科技决策的最高机构，负责制定总体科技方针，确定国家重大研究领域，制定战略性综合科技政策和科技预算及分配方式，并与地方省厅科技部门组织协调。综合科技创新会议由内阁首相领导，其他成员包括负责科技部门的内阁大臣及不同领域专家。

文部科学省是日本科技管理事务的最主要部门，负责制订各省厅统一实施的科技政策和研发计划，以确保国家科研活动的协调性，通过科研项目立项和科研经费资助日本主要高校和科研院所推动科技发展，加强国际交流合作，提升日本在国际社会中的科技影响力。文部科学省下设科学技术振兴机构，科学技术振兴机构依据《国立研究开发法人技术振兴机构法》设立，其前身是日本科学技术振兴事业团。科学技术振兴机构作为实施日本《科学技术基本计划》的核心机构，不仅负责推动科技创新和成果转化，还负责保障科技信息提供及面向公众进行科学技术普及，以及组织战略性国际科研合作的开展。

除文部科学省外，日本还有其他资助科研项目的独立机构，如日本学术振兴会。日本学术振兴会于 1932 年由昭和天皇提供资金予以创建，旨在资助科研创新、培养科研人才、推动高校改革、促进国际科技交流等，目前已经形成了较为完善的资助体系。虽然目前日本学术振兴会运作主要依托于政府年度补贴，由文部科学省拨款，且经费额度占日本国竞争性科研总费用的 60% 以上，但日本学术振兴会运作具有一定的独立性，可以根据该机构自身标准和优先级分配科研经费，以推动日本科技创新。日本学术振兴会资助群体覆盖博士、博士后和教职人员，此外还设有海外人才交流项目。

日本经济产业省是制定和执行科技产业政策的主要部门，引导和支持科技产业的发展，推动科技企业进行技术研发，促进产业技术创新体系的建立和完善，促进新技术、新产品的研发和产业化等。

日本各省厅地方政府对其所辖领域科研机构负有监督、管理和审查责任，并且负责完善科研创新环境。2015 年，为优化科研资金使用，日本设置了科研资金改革会议以解决如何更好地使用科研经费，该会议由各省厅负责人组成，主要落实间接经费占竞争性经费三成的措施。间接经费主要是用于支付研究过程中无法直接计入的开支，如实验室租赁、网络费用、无法常规报销的材料等。完善间接经费相关制度，可缓解因为直接研究经费不足导致的科研进度受阻的问题，有利于提供更好的研究条件，提升研究效率。

（二）日本科技管理立法体制

日本中央立法机关是国会，日本国会由日本参议院和众议院两院组成，日本地方立法机关是地方议会，负责制定地方条例。1998 年日本国会通过《中央省厅改革基本法》等，基于立法基础，成立了综合科学技术会议、文部科学省等。此外，日本制定了《科学技术基本法》；不断出台面向科研机构管理的《中央省厅改革基本法》《独立行政法人通则法》《产业综合技术研究所法》和《国力大学法人法》等；以及颁布与研发过程中规则相关的《关于人体克隆技术规则的法律》等科技伦理法规；为促进科技成果转化，还制定了与高校成果转化相关的《大学等技术转移促进法》，以及与产业技术发展相关的《产业技术力强化法》和《产业活力再生特别措施法》等；在保护知识产权方面，出台《知识产权基本法》《集成电路布图设计法》《种子及种苗法》以及专利法等。2021 年 5 月，为迎合美国对华技术封锁，日本参议院通过《经济安全保障推进法案》，法案包含强化供应链韧性、加强关键基础设施审查、敏感专利非公开化、官民协作强化尖端技术研发四大内容，将从2023年左右开始分阶段实施。

（三）日本科技管理司法体制

日本司法机构由最高法院及下属各级法院组成。2005年，为维护知识产权，日本成立知识产权高等法院，主要审理全国所有与专利有关的案件以及对专利局决定结果存在争议的诉讼案件。与科技保密相关的司法部门，则主要负责解释和执行相关法律，以及对违反信息保护义务的主体进行处罚。①

第二节　中国科技安全管理体制

中国的科技体制以国家主导为特点，由党中央制定国家科技战略方针，由科学技术部贯彻落实党中央关于科技工作的方针政策和决策部署，在履行职责过程中坚持和加强党对科技工作的集中统一领导，各级政府和相关部门负责执行和推动科技工作。

建国初期，参照苏联模式，我国形成了与计划经济体制相适应的集中型科技管理体制，通过快速聚集国内科技资源，根据国家战略需求形成集中领导的科技体制。由政府主导，高校、科研院所以及企业自成系统，按照行政隶属关系集中管理，科技经费主要为政府拨款，得到的科技成果非商品化。这一时期，我国科研机构规模逐渐扩大，1949年成立中国科学院和多个研究机构。1956年5月，国务院第二十八次全体会议决定增设国家技术委员会对国家科技工作进行统一管理。到1956年底，全国已有410个独立科研机构，我国科研体系框架初步建立。② 但高度集中的计划经济限制了市场竞争和创新激励，使科技进步受到限制。

改革开放以后，我国科技体制发生重大变革，科技管理体制逐渐完

① 白春礼主编：《世界主要国立科研机构概况》，科学出版社2013年版，第368—460页。

② 周梦玲：《我国科研管理体制机制研究》，南京大学博士学位论文2015年，第53页。

善。1982 年，在中国科学院试行科学基金制；1986 年，中华人民共和国国家科学技术委员会出版的《中国科学技术政策指南》中强调科技与经济相结合；1986 年，成立了国家自然科学基金委员会，借鉴西方发达国家的科研管理模式，制定了国家自然科学基金管理制度，建立了以学科体系为框架、同行评议为手段、绩效评估为辅助的经费分配体系，逐步建立了较完整的人才资助体系（青年科学基金、优秀青年科学基金、杰出青年科学基金和创新团队基金）和探索项目、人才项目、工具项目、融合项目四大系列的资助格局；1986 年，中华人民共和国国家计划委员会、中华人民共和国国家科学技术委员会牵头实施第一个国家科技发展计划“科技攻关计划”。[①] 政府逐步引入市场要素，鼓励科技创新，科技投入不断增加，国家科技创新能力得到显著提升。

1996 年，国家科技领导小组成立，对国家科技体制进行改革，加强对科技工作的宏观指导和整体协调。通过对 242 个国有研究院进行改革，推进开发型和应用研究科研机构、社会公益型科研机构转制，从促进产业技术升级和提高科技持续创新能力两个角度进行战略部署。2006 年公布实施的《国家中长期科学和技术发展规划纲要（2006—2020 年）》支持企业成为科技创新主体，分工明确、良性互动的新型科技体制逐步形成。[②]

2012 年出台的《关于深化科技体制改革加快国家创新体系建设的意见》提出，“到 2020 年，基本建成适应社会主义市场经济体制、符合科技发展规律的中国特色国家创新体系”，坚持政府支持、市场导向，突出企业技术创新主体作用，发挥新型举国体制在实施国家科技重大专项中的作用，强化地方在区域创新中的主导地位等，有序推进科技体制改革。[③] 2015 年，中共中央办公厅、国务院办公厅印发《深化科技体制改革实施方案》，从建立技术创新市场导向、构建更加高效的科研体系、完善人才培养和激励、

---

① 周梦玲：《我国科研管理体制机制研究》，南京大学博士学位论文 2015 年，第 55—56 页；徐长庆：《国家自然科学基金申请指导与技巧》（第 2 版），清华大学出版社 2021 年版，第 1 页。

② 周梦玲：《我国科研管理体制机制研究》，南京大学博士学位论文 2015 年，第 56—57 页。

③ 《中共中央办公厅国务院办公厅印发〈关于深化科技体制改革加快国家创新体系建设的意见〉》，中国政府网，2012 年 9 月 23 日，https：//www. gov. cn/jrzg/2012 - 09/23/content_2231413. htm。

促进科技成果转化、完善科技和金融结合的政策以及完善科技治理等角度，提出具体措施和方案。[1]

但我国目前科技管理体制仍存在一些问题，如举国体制应用范围尚未明确界定，不加节制地扩大运用举国体制造成科技资源浪费，忽视市场规律影响创新主体积极性等，因此，对于可以支撑和引领国家发展的重大科技产业应采取政府引导、企业主导、社会参与的新型举国体制。国家重大科技项目实施需要进一步完善管理模式如引入竞争机制和项目监理制，对于具有产业发展前景的科技项目采取项目法人制或公司制，加快关键核心技术攻关和科技成果产业化。

科技管理体制中的问题往往源于不符合科研规律，要树立符合科研规律的管理导向需要重视创新生态环境营造，建立完善的创新生态系统，从政府作为唯一的管理者向多元化主体共同参与治理转变，树立符合科研规律的评价导向。落实《国家创新驱动发展战略纲要》《关于深化项目评审、人才评价、机构评估改革的意见》《关于开展清理“唯论文、唯职称、唯学历、唯奖项”专项行动的通知》等战略部署和政策举措坚持实施分类评价，根据不同类型项目、机构、人才采取不同的评价标准，根据评价对象的特点建立科学的评价指标体系。评价指标体系要注意数量指标和质量指标、增量指标和存量指标、定性指标和定量指标的结合。建立规范的评估制度，明确评估主体，确保现有评估制度落实；实施第三方专业化评估，保证评估的客观公正。[2]

---

① 《中共中央办公厅　国务院办公厅印发〈深化科技体制改革实施方案〉》，中国政府网，2015 年 9 月 24 日，https：//www. gov. cn/zhengce/202203/content_3635209. htm。

② 孙福全：《建设世界科技强国的若干思考》，科学技术文献出版社 2022 年版，第 106—141 页。

第四章　科技安全管理机制

科技机制意为科技系统内部组织或活动之间相互影响、相互作用的过程和方式，重在反映科技系统内部各组成要素的内在工作关系及运行规律。科技体制为科技机制提供了制度框架，规定了科技领域的政策方向、研究重点和资金分配原则，这些制度框架为科技机制的设计和运行提供了指导，确保科技活动符合国家和社会的发展目标。

第一节　世界主要国家科技安全管理机制

一、美国科技安全管理机制

美国是当今世界头号科技强国，其对科技安全的把控也是非常成熟和全方位的。从限制生化武器及导弹技术扩散，到垄断高新技术以保持技术领先，美国主要通过出口控制、投资限制、贸易中单边保护机制等政策工具来把控“进”与“出”两个关口，达到对高新技术实施国家安全管制的目的[①]。

（一）出口管制机制

美国是很多国际高科技产品进出口相关协定和组织的主要成员。1996年美国签署了《关于常规武器与两用产品和技术出口控制的瓦森纳协定》（简称《瓦森纳协定》），除美国外，该协定还有32个成员国，基于这一协定，建立起多边出口控制机制。1952年美国设立了专门针对我国出口管控

① 余万里：《美国对华技术出口：管制及其限制》，《国际经济评论》2000年第4期，第48—52页；周磊、杨威、余玲珑等：《美国对华技术出口管制的实体清单分析及其启示》，《情报杂志》2020年第7期，第23—28页。

的委员会，对我国的禁运等级甚至高于苏联和东欧各国。此外，朝鲜、伊朗、伊拉克和利比亚也被美国列入管制国家。《瓦森纳协定》在执行过程中受美国控制，当其他成员国与中国协商拟出口某项新兴技术及产品时，美国甚至直接阻挠遏制。如20世纪90年代，乌克兰本想对我国出售完成度70%的“瓦良格”号航空母舰，但后来在美国依据该协定的影响下，还是拆除了所有动力系统和电子系统，仅仅出售船体；近年来，为了限制我国在芯片技术方向的发展，光刻机、光刻胶、集成电路或印刷电路板的设计软件等都被列入该协定的管制范围。

目前美国出口管制主要联邦法有《出口管理法》《武器出口管制法》等。为贯彻实施联邦法，美国又制定相关行政法规，目前美国出口管制主要行政法规有《出口管制条例》《国际武器贸易条例》。此外，美国还通过管制清单将上述法条中的规定细化，目前美国出口管制主要清单有：商业管制清单，该清单一般为限制企业出口高新技术产品；商业国家列表，该列表对于拟出口的国家或地区进行限定；实体清单，被列入实体清单的实体均会成为被限制出口的对象，截至2024年1月31日，我国已有近800家实体被列入“实体清单”，其中包括高校、科研院所、高新技术企业甚至还包括政府机关和个人；美国军用品清单，该清单限定出口的产品主要与军事国防相关；特别指定国民名单，该名单旨在禁止通过美国企业或个人以及国外第三方与该名单限制的实体或个人进行任何贸易往来，目前该名单上的国家主要包括伊朗、朝鲜和叙利亚等，因伊朗被列入该名单，我国中兴通讯和华为也因在未取得美国许可情况下，将含有美国技术的产品出口至伊朗而被列入该名单，自此，中兴通讯和华为面临美国供应商断供技术和零部件，以及面临国际供应链断链风险①。

目前美国涉及出口管制的部门有美国商务部下属工业和安全局、美国国务院下属国防贸易管制理事会和美国财政部下属外国资产控制办公室。这三个部门依据上述法条和清单管制军民两用技术、产品和软件，负责拟定禁运国、禁运区域、禁运机构与个人。以美国商务部下属工业和安全局为例，该部门针对军民两用技术和产品制定《商业管制清单》，该清单中管制内容在《瓦森纳协定》基础上增加了核材料、核设施和设备等项目，

---

① 《美商务部：目前已有近800家中国实体被纳入“实体清单”》，财新网，2024年1月31日，https：//www. caixin. com/2024 - 01 - 31/102162379. html。

其定义的出口管制范围也非常宽泛，在限制传统跨境运输出口的基础上，还增加了限制转运出口、过境出口等方式，以实现全流程管制。

（二）投资限制机制

在美国向国外投资领域，美国主要依据《埃克森—弗罗里奥修正案》管理。基于该法案，美国总统有权力以国家安全理由限制美国资本对外投资，此外，还通过设立外国投资审查委员会对国家安全进行审查。美国于2007年颁布的《外国投资与国家安全法》，进一步扩大了外国投资审查委员会审查内容的范围，增加了对外投资时对关键基础设施以及受外国政府控制程度等因素的考察。美国于2008年通过颁布《关于外国人收购、兼并和接管的条例》进一步对《外国投资与国家安全法》的内容进行细化，对外国法人、控制、关键技术、外国实体、母公司等术语进行了定义。

（三）单边保护主义机制

美国针对进口产品实施单边保护机制，具体包括301调查、337调查、332调查和201调查等。301调查，即美国贸易代表办公室基于《1974年贸易法》中“301条款”反对外国侵犯知识产权等行为，对与美国进行贸易的国家以违反贸易协议、给美国商贸造成负担等理由进行调查。337调查是指美国国际贸易委员会基于《1930年关税法》中第337节，对进口贸易中侵犯美国知识产权以及其他对美国产生不公平贸易的行为等发起调查。332调查是指美国国际贸易委员会按照美国《1930年关税法》中第332节，对包括美国与他国科技产业竞争态势在内的涉及关税和贸易的事项进行调查。201调查是指美国国际贸易委员会基于《1974年贸易法》中第201节全球保障措施调查条款，允许总统实施关税、配额等措施来限制进口，保护本国产业。

二、日本科技安全管理机制

日本内阁基于每年发布的《科学技术基本法》，每5年议定一次日本《科学技术基本计划》，每年也会通过综合科学技术会议依据《科学技术基本计划》提出年度科技计划、项目等[①]。

---

① 甄子健：《日本科技计划体系及其组织管理机制》，《全球科技经济瞭望》2014年第6期，第45—51页。

（一）日本《科学技术基本计划》机制

第一次日本《科学技术基本计划》在 1996—2000 年实施，这期间主要加大日本科研经费投入以及构建科技人才资助体系，如配套科研经费高达 17 兆日元，提出万人博士后计划以及官产研人才交流促进计划等。第二次和第三次日本《科学技术基本计划》分别于 2001—2005 年、2006—2010 年实施。这两次计划投入科研经费均超过 21 兆日元，这期间日本逐步锁定重点科研领域，如在第二次计划中提出生命科学、信息技术、环境科学以及纳米材料等优先发展领域，第三次计划在第二次计划的基础上增加了能源技术、高端制造技术等优先发展领域[①]。第二次日本《科学技术基本计划》实施之后，形成了日本国家综合科学技术会议机制，加强了各政府部门间协调，促进了日本科技战略与其经济社会发展的融合。第四次日本《科学技术基本计划》在 2011—2015 年实施。2011 年发生东日本大地震，日本《科学技术基本计划》从之前侧重对前沿领域的研究，转变为着力解决日本在发展中面临的首要问题，研究重点涉及震后重建及绿色发展等方面。[①]

（二）日本《科学技术关系预算案》机制

日本《科学技术关系预算案》会于每年 9 月左右基于《科学技术基本计划》以及当年国家发展实际需求确定内容。首先由日本政府各部门提出年度计划及预算，之后由日本国家综合科学技术会议审定。日本国家综合科学技术会议由内阁总理主持召开、内阁相关部门与专家参加，在会议上会向议会提交次年科研经费预算，经议会审议通过后，由内阁发布，府、省、厅相关部门负责落实会议内容，按照计划完成[①]。

（三）日本产学研融合机制

日本科技创新的主体是民营企业。依托于相对成熟的市场经济，日本民营企业具有较强的创新能力，且创新投入也远超国家和地方的科研投入，日本全部研发投入中，仅约 19% 来自国家及地方部门，超过 80% 的科研投入来自民营企业。日本民营企业与日本大学和科研机构之间合作紧密高效，合作项目目标清晰、分工明确、计划详细且科研投入及知识产权归属与保护界定清晰。日本高校及科研机构负责基础科学研究以及行业技术标准协

① 甄子健：《日本科技计划体系及其组织管理机制》，《全球科技经济瞭望》2014 年第 6 期，第 45—51 页。

调，日本民营企业负责科研战略制定与经费投入，结合民营企业科技与基础设施支撑项目运行。日本已经形成了从科技研发到产业化的高效机制。

近年来，日本科技政策制定与实施机制发生巨大变化，在组织机构层面，合并科学技术厅和文部省为文部科学省，对日本国家实验室、科研院所等进行独立法人化改革。为了更高效、合理地执行科研经费预算，府、省、厅在综合科学技术会议协调下，围绕国家科技战略以及不同时期科技发展需求，开展科技工作。

第二节　中国科技安全管理机制

我国科技工作主要由国务院下属的科学技术部负责管理与协调，科学技术部主要职责包括拟定国家科技创新战略、政策和规划，组织实施科技计划，推进科技体制改革等。科学技术部的下属机构包括中国21世纪议程管理中心、科学技术部高技术研究发展中心、科学技术部信息中心和科技评估中心等。此外，科学技术部内部还设有重大专项司，这些机构共同推动我国的科技创新和发展。

党的十八大以来，我国逐步推进科技机制改革，鼓励市场在科技创新中发挥更大作用：逐步引导科技产业之间构建技术创新联盟，积极推动高校、科研院所及科技企业跨领域协同创新，进一步加强科技创新与我国经济社会发展的深度融合；持续完善知识产权交易平台建设，丰富基础研究、成果转化和产业化各阶段的融资方式；对科技企业加大金融和税收支持①。打通从科技强到产业强、经济强、国家强的通道，加强科技创新统筹协调，加快建立健全国家创新体系。加强军民科技深度融合发展，推动军民技术双向流动和转化。完善形成顺畅高效的军民科技发展运行机制，加强军民科技发展规划、重大项目的顶层设计和统筹；加强军用和民用科研单位之间的协同创新，鼓励民参军；健全军民各类科技资源的共享机制，提高资源配置效率；建立健全采购服务制度，提高军民通用技术标准比例，破除军民技术双向流动壁垒。充分发挥军民科技融合优势，提高我

① 李白薇：《2014年国家科技奖励：为科技创新把舵》，《中国科技奖励》2014年第7期，第18页。

国国防安全实力。积极把握世界科技前沿科技发展态势，实时研判我国重点领域中重大项目和工程在部署和实施中的科技风险与隐患。完善科技保密法律法规，实现科技秘密源头定密、过程监控和动态管理，加强重点领域、重大项目和核心技术保密管理。加强科技保密宣传和教育培训，提高全社会科技保密意识。加强知识产权的创造、保护和管理、运用，确保我国核心利益和正当权益不受侵害。

目前，我国科技机制仍面临着一些具体问题，如科研经费分配往往集中在部分大型研究机构和企业，中小型研究机构和企业缺乏创新动力，科研经费的使用效率也不高，部分资金未能有效投入到关键领域；由于户籍制度、福利待遇等因素，科研人员跨地区、跨部门的流动困难，降低了科技创新的活力；虽然中国科研产出逐渐提高，但企业与研究机构之间的合作不够紧密等。我国知识产权保护还不够完善，导致企业和研究机构在创新过程中，可能面临知识产权被侵权的风险，从而影响创新投入和动力。

党的二十大报告也明确指出，深化科技机制改革，包括科技评价改革、完善多元化科技投入、逐步推进知识产权相关法治保障，进而构建全面系统的科技创新与科技安全机制。近年来，我国不断完善科技机制，如构建重大科技任务组织实施机制，健全和完善基础前沿研究投入支持机制、科研评价机制和科技创新能力开放合作机制等。构建重大科技任务组织实施机制，旨在增强科技战略对科技发展布局和科技资源配置的引领作用，如实行“揭榜挂帅”“军令状”“里程碑式考核”等管理方式；应对重大灾害等威胁，形成重大科技任务应急反应机制。健全和完善基础前沿研究投入支持机制，加大对基础研究的投入，不断完善以政府投入为主、社会投入多元化的机制，引导企业和金融机构以适当方式加大对基础研究的投入。完善科研评价机制，培养一批战略科技人才、科技领军人才和创新团队，净化学术环境、推动作风学风实质性改观。完善科技创新能力开放合作机制，加强与世界主要创新国家的多层次、广领域科技交流合作，积极参与和构建多边科技合作机制；深度参与全球创新治理，加快启动我国牵头的国际大科学计划和大科学工程；提升科研管理、平台建设的国际化水平，提高国际科技人才在重大科学研究任务和大科学工程实施中的参与度。①

---

① 王志刚：《完善科技创新体制机制》，《人民日报》2020 年 12 月 14 日。

第五章　科技安全法制

第一节　科技伦理治理

科技伦理是开展科学研究、技术开发等科技活动需要遵循的价值理念和行为规范，是促进科技事业健康发展的重要保障①。生物技术与人工智能等新兴技术在不断改善人们生活的同时，也日趋挑战人类伦理底线。如2008 年 6 月，美国先正达公司在中国湖南衡阳的一所小学进行转基因食品试验，25 名小学生在未被告知是转基因产品的情况下食用了该转基因大米；南方科技大学原副教授贺建奎违规对人类胚胎进行基因编辑强烈冲击了社会伦理②。人工智能的应用也暴露出侵犯数据隐私、制造“信息茧房”等种种伦理风险，引发公众普遍关注和热议。据英国《每日邮报》报道，2019 年，英格兰一名护工在借助智能音箱咨询关于心脏的问题时，该智能音箱语音助手告诉她：“心跳是人体最糟糕的过程。人活着就是在加速自然资源的枯竭，人口会过剩的，这对地球是件坏事，所以心跳不好，为了更好，请确保刀能够捅进你的心脏。”③ 2019 年 11 月，浙江一所小学的学生戴着号称脑机接口头环的视频引起广泛争议，这些头环被宣称可记录孩子们上课时的专注程度，生成数据与分数发送给老师和家长，这不免引起

① 操秀英：《推进科技伦理治理　护航科技强国建设》，《科技日报》2022 年 3 月 22 日。

② 曹奕阳：《科技伦理审查制度建设中的主体、程序与方法优化》，《科技进步与对策》2023 年第 6 期，第 121—129 页。

③ 孙晶晶：《人工智能体应具有刑事主体资格吗》，《团结》2020 年第 6 期，第 49—50 页。

公众对学生们会因此产生逆反心理的担心，公众也担忧这是否涉及侵犯未成年人隐私。这些事件都引起了人们对新兴科技引发伦理问题的恐慌。

一、国外科技伦理治理

（一）国外科技伦理治理法律法规

在伦理审查制度发展日趋成熟的国家，通常会设置伦理委员会认证相关机制，如美国人体研究保护项目认证协会是一家非营利的伦理认证机构，该认证协会由美国医学院协会以及美国各大学联合会等组建，在对伦理问题进行认证时，会依据相关文本、结合实地考察、组织申请者答辩等给出结论，此外，还有后续进行监督和培训相关人员的权力①。

美国直接针对伦理问题出台的法律较少，目前已有的伦理治理法律为《国家健康与营养检测调查 DNA 样本》（2016）。科技伦理问题在法律方面的规定通常在对应的具体领域法律中，以生命科学相关的伦理问题和与医学相关的伦理问题为例，前者相关伦理法律多数出现在科学相关法律中，而后者则往往存在于技术的相关法律中②。

不同于美国，欧盟已经开始针对科技伦理问题制定统一的法律法规，如《迈向新的数字伦理：数据、尊严与技术》（2015）和《欧洲科学与新技术伦理小组职责内容修订》（2016），且欧盟针对科技伦理问题出台的法律法规基本覆盖科学研究、技术应用以及技术评价链条。近年来，欧盟还针对不断涌现的新兴技术跟踪出台新的科技伦理法规，如对大数据技术的伦理法规等③。

（二）国外科技伦理治理过程与特点

美国的技术伦理治理涉及法律框架、行业自律以及政府和非政府实体的行动。虽然美国缺乏专门针对技术伦理的全面联邦法律，但有几个有助于伦理治理的技术部门。联邦贸易委员会在执行消费者保护法和解决欺诈或不公平行为方面发挥着核心作用，其调查并对从事不道德或欺骗性行为的公司采

---

① 曹奕阳：《科技伦理审查制度建设中的主体、程序与方法优化》，《科技进步与对策》2023 年第 6 期，第 121—129 页。

② 曹奕阳：《科技伦理审查制度建设中的主体、程序与方法优化》，《科技进步与对策》2023 年第 6 期，第 121—129 页。

③ 王少：《中外科技伦理法规政策比较研究》，《兰州学刊》2020 年第 7 期，第 24—33 页。

取行动，特别是在隐私、数据安全和广告等领域。各种隐私法律法规影响技术伦理，包括针对特定行业的法律，如针对医疗保健数据的《健康保险可携带性和责任法案》和针对儿童在线隐私的《儿童在线隐私保护法》。美国国家标准与技术研究院制定并发布标准和指南，包括与网络安全和技术伦理相关的标准和指南。各组织经常使用美国国家标准与技术研究院框架来加强其道德实践和网络安全措施。虽然目前没有专门管理人工智能伦理的联邦法律，但是美国国家标准与技术研究院在内的一些政府机构正在积极研究人工智能伦理发展并提供指导。非营利组织、倡导团体和智库为道德治理作出了贡献，他们倡导具体政策并让科技公司考虑对道德负责。

欧盟一直在积极致力于建立技术伦理治理机制，以解决与隐私、数据保护、人工智能和数字服务相关的各种问题。《通用数据保护条例》是一项全面的数据保护法规，适用于所有欧盟成员国，并规范个人数据的处理，强调个人权利、透明度和数据安全。《数字服务法》和《数字市场法》旨在创造一个更安全、更负责任的数字空间，《数字服务法》专注于在线平台对内容审核的责任，确保广告的透明度，并解决虚假信息等问题。《数字市场法》以大型科技公司的市场力量为目标，规定了确保公平竞争的义务。欧盟提出了《人工智能法案》，以规范人工智能的开发和使用，该法案将人工智能系统分为高风险和低风险，并引入了对高风险应用程序的透明度、问责制和人工监督的要求。欧盟委员会与专家合作制定了人工智能指南，这些指南强调以人为中心的人工智能，确保人工智能系统的公平性、透明度、问责制和稳健性。欧洲数据保护委员会为《通用数据保护条例》的应用提供指导，并确保数据保护规则在整个欧盟应用一致。

美国当前的人工智能监管政策总体呈现出“总统定基调，各部抓分管”的态势，即由总统出台宏观政策与蓝图，各部门分别审查科技伦理在自己负责的领域内所存在的风险，并出台相应的措施和政策法规。以人工智能为例，当前最新、最详细的人工智能监管政策框架为 2022 年 10 月 4 日提出的《人工智能权利法案蓝图》。在白宫《人工智能权利法案蓝图》的宏观指导下，美国联邦各部门开始在其负责范围内着手进行有关人工智能监管具体政策的制定。

以数字科技伦理为例，欧盟已经形成相对完善的监管体系与监管机构。第一，欧盟数字科技伦理监管机构中包括了欧盟委员会、欧洲议会以及欧洲理事会；在制度执行层，主要包括欧盟和成员国相应的数字科技伦理监管机构；行业组织和协会则发挥着提供意见和咨询等作用。第二，监管政策布局以人工智能和大数据为重点领域，重点议题主要面向人工智能的可信赖与负责任式创新、数据安全与隐私保护、互联网安全。第三，监管模式与机制为欧盟统一框架引领下成员国各具特色的双重监管，注重综合性监管政策与细分监管政策的配合且多元社会主体共同参与其中①。

二、国内科技伦理治理

（一）国内科技伦理治理法律法规

我国香港、澳门和台湾相关法律制定较早，香港回归前就已形成了一定的立法规模②。我国其他地区科技伦理法制启动相对较晚，进入 21 世纪后才开始将科技伦理问题入法并相应建立与科技伦理相关的法律体系（见表 5－1）③，对伦理问题治理对象的认识尚不清晰，借鉴国外伦理治理的法律法规时与国内实际结合不够，制定的科技伦理法律还有待时间检验。

表 5－1　我国科技伦理相关法律与规范④

地区	科技伦理法律法规名称	伦理类别	颁布时间/年
香港	《人类生殖科技条例》	医学、生物学科技伦理	2000
	《基因改造生物（管制释出）条例》		2011
澳门	设立在生物学及医学应用方面保障人权及人类尊严之法律制度	医学、生物学科技伦理	1999
台湾	专科以上学校学术伦理案件处理原则	科研伦理	2017
	“教育部”人体研究伦理审查委员会查核作业要点	医学科技伦理	2017
	器官捐赠移植医院医学伦理委员会组织及运作管理办法		2017

① 肖红军、阳镇：《数字科技伦理监管的理论框架、国际经验与中国借鉴》，《东北财经大学学报》2023 年第 5 期，第 47—61 页。

② 王少：《中外科技伦理法规政策比较研究》，《兰州学刊》2020 年第 7 期，第 24—33 页。

③ 王少：《科技活动伦理评估框架研究》，中国科学技术大学博士学位论文 2019 年，第 55—62 页。

④ 王少：《中外科技伦理法规政策比较研究》，《兰州学刊》2020 年第 7 期，第 24—33 页。

续表

地区	科技伦理法律法规名称	伦理类别	颁布时间/年
其他地区	涉及人的生物医学研究伦理审查方法	医学科技伦理	2016
	《人胚胎干细胞研究伦理指导原则》		2003
	科学技术部对研究人员学术伦理规范	科研伦理	2017
	科学技术部学术伦理案件处理及审议要点		

从上表可直观看出，我国科研伦理法规以科研人员为伦理治理对象，包括高校和研究所的科研人员，以及高新技术企业中的研发人员，还包括国家自然基金项目等项目资助的研究者等；我国生物和医学伦理法律法规目前主要针对人体科学研究。目前，我国科技伦理法规尚比较宽泛，未来需要重视细化具体易操作的处理程序①。

（二）国内科技伦理治理过程与特点

2019 年，中央全面深化改革委员会第九次会议通过了《国家科技伦理委员会组建方案》，基于该方案，组建了国家科技伦理委员会，旨在进一步细化伦理治理的法律法条。2021 年修订的《中华人民共和国科学技术进步法》中第一百零三条涉及国家科技伦理委员会建立、科技伦理制度规范完善等内容②。2022 年，中共中央办公厅、国务院办公厅印发了《关于加强科技伦理治理的意见》（简称《意见》），这是我国出台的第一个国家层面科技伦理治理相关的指导性文件③。《意见》提出，研究内容涉及科技伦理敏感领域的应设立科技伦理（审查）委员会，今后将重点加强对生物技术、医学及人工智能等领域的科技伦理立法工作；科技伦理治理目的是防范不确定风险、促进科技向善，提出伦理先行、依法依规、敏捷治理、立足国情、开放合作的科技伦理治理要求。

伦理先行，注重源头预防，将科技伦理治理全面覆盖基础研究、技术

① 王少：《中外科技伦理法规政策比较研究》，《兰州学刊》2020 年第 7 期，第 24—33 页；王少：《科技活动伦理评估框架研究》，中国科学技术大学博士学位论文 2019 年，第 55—62 页。

② 曹奕阳：《科技伦理审查制度建设中的主体、程序与方法优化》，《科技进步与对策》2023 年第 6 期，第 121—129 页。

③ 中共中央办公厅、国务院办公厅：《关于加强科技伦理治理的意见》，《人民日报》2022 年 3 月 21 日。

研发、成果转移转化及产业化全链条，坚持通过积极正面的伦理价值引导与负面处罚清单结合，鼓励科技创新和产业发展。考虑在不同应用场景下采取分类、分级、分阶段的适度监管方式，避免采取一刀切式、激进的监管方式，鼓励采取事前评估、事后监管追责等监管方式。创新主体单位要履行好科技伦理管理主体责任，做到主动研判并及时化解伦理风险。支持有条件的科研单位和企业设立科技伦理（审查）委员会，负责伦理风险控制流程的实施及监督，参与伦理风险评估，审查伦理评价结果和决策执行情况。鼓励生命科学、医药健康、人工智能等高风险领域采取行业标准、自律公约、最佳实践做法、技术指南、伦理框架等敏捷灵活的治理方式来规范、引导科技向善。①

三、国内外科技伦理治理对比及启示

对比国内外对科技伦理的治理，可以得出如下启示：借鉴欧盟数字科技伦理治理机制经验，我国应该加强与其他国家和国际组织间的科技伦理合作交流，进一步加深对美国和欧盟等数字科技伦理监管的了解并汲取经验。积极参与联合国等国际组织关于世界数字科技伦理治理政策的制定，如《人工智能伦理问题建议书》。在制度设计上，要注重软性约束与硬性监管相结合、全局性监管与专门性监管并行，加强双边和多边伦理监管制度建设；在监管模式上，要广泛吸纳多元主体参与数字科技伦理监管政策的制定，形成中央和地方一致且协调的双重监管，并设置相应的伦理监管机构来保障制度的有效执行；在社会生态赋能上，要加大数字科技领域的创新投资力度。

第二节　科技保密制度

一、美国科技保密制度

（一）美国科技保密法律法规

美国对科技保密的重视体现在其全面且细致的立法中，无论是国家安

---

① 蒋辉、陈旻：《健康医疗大数据背景下人工智能应用的伦理审查体系构建》，《中国医学伦理学》2020 年第 7 期，第 841—846 页。

全层面的科技技术保密，还是企业层面的知识产权保护，从技术出口到外资注入，乃至国际技术交流，以及新一轮信息技术革命以来信息、网络领域中的科技安全，美国都有相关法律法规进行规范和指导（美国主要科技保密法律法规内容见表5－2）。

表5－2　美国主要科技保密法律法规

<table>
<tr><th>法律名称</th><th>法律内容</th></tr>
<tr><td>《国家安全法》</td><td>维护与国家安全相关的科技安全</td></tr>
<tr><td>《经济间谍法》</td><td rowspan="2">保护美国企业的知识产权</td></tr>
<tr><td>《2022年保护美国知识产权法案》</td></tr>
<tr><td>《出口管制条例》</td><td>限制敏感科学技术的出口和再出口</td></tr>
<tr><td>《外国投资风险评估现代化法案》</td><td>避免在技术转移过程中关键科技泄密</td></tr>
<tr><td>《国际交流法案》</td><td>防范国际交流中科技泄密</td></tr>
<tr><td>《国家信息基础设施保护法》</td><td rowspan="3">从信息安全和网络安全角度，维护相关科技安全</td></tr>
<tr><td>《加强美国网络安全法》</td></tr>
<tr><td>《美国国家网络安全战略》</td></tr>
</table>

从国家安全角度，《国家安全法》强调针对涉及国家安全和重大利益的敏感科技领域、重大科技项目、重点科技机构等进行保密管理。《经济间谍法》和《2022年保护美国知识产权法案》这两部法律则侧重于对以美国企业为主体的知识产权的保护。从科学技术和相关科技产品出口角度，出台《出口管制条例》等防止重要科技信息泄露。从外资注入对科技转移过程中的科技保密角度，颁布《外国投资风险评估现代化法案》审查美国关键技术在外资投资交易过程中的风险。在科技国际交流中，通过《国际交流法案》对涉及科技安全相关的敏感信息进行监听和监控。从信息安全和网络安全角度，《国家信息基础设施保护法》则特别强调关键信息基础设施的保护，防止敏感科技信息被非法获取或利用；《加强美国网络安全法》《美国国家网络安全战略》则强调对涉及网络科技安全的重要数据的保护。

（二）美国科技保密组织机构与职责

1. 美国政府部门中与科技保密相关的组织机构与职责

美国设立了专门机构负责科技安全相关的监管与执法，这些机构通常是由对科技安全风险有深入研究的专业技术人员和法律专家组成。如美国国防部下属的美国国家安全局负责全球科技信息搜集和监控。美国商务部下属的工业与安全局负责制定和实施科学技术或科技产品的出口管制政策。

美国白宫下属的美国国家科学技术委员会、白宫科技政策办公室负责制定和实施与科技安全相关的政策，如 2022 年 2 月，美国国家科学技术委员会发布了新版《关键和新兴技术清单》；2021 年 1 月 4 日，白宫科技政策办公室发布了《关于在美国政府资助下研发的国家安全战略的国家安全总统备忘录（NSPM－33）实施指南》，该指南由美国国家科学技术委员会下属的科技安全和创新小组委员会起草，主要针对联邦政府资助的研究项目中对科研人员信息的保密要求，以防止敏感技术或信息被外国政府通过研究项目获取，同时也强调了对知识产权的保护，以维护美国在全球的科技优势。

美国总统设立的总统科技顾问委员会主要职责是响应美国总统、副总统和美国国家科学技术委员会的需求，就具有国家战略意义的科技安全问题向美国国家科学技术委员会提供建议，如 2022 年 9 月 6 日，总统科技顾问委员会于华盛顿召开科技安全政策专题会议，讨论了《芯片与科学法》中为先进半导体和封装技术研发提供的 110 亿美元专项资金具体实施方案，以推动美国科技发展和产业升级，维护美国科技优势。

2. 美国研究机构、智库、科技企业中与科技保密相关的组织机构与职责

美国科技安全研究机构和智库，如兰德公司、赛博格中心等能够为政府和科技企业提供科技安全相关的研究和咨询服务。此外，美国信息技术与创新基金会、乔治城大学安全与新兴科技中心等智库专注于科技政策（包括科技安全政策）制定。美国智库还会定期发布报告，对科技战略、国家安全等问题进行深入研究和分析，如新美国安全中心发布了《信任流程：国家技术战略的制定、实施、监测和评估》研究报告，该报告为美国政府和企业提供了战略层面与科技安全相关的建议。

美国科技企业也积极参与科技安全维护，美国的一些大型科技公司如谷歌、苹果、亚马逊等都设立了自己的安全团队，负责维护自身的科技与信息安全。如谷歌公司的安全团队主要聚焦于网络安全，设立了名为“Project Zero”的互联网安全项目，该项目成员主要为谷歌公司内部顶尖网

络安全工程师，致力于发现、跟踪和修补软件安全漏洞，避免关键数据泄露；苹果公司的安全团队的设立旨在维护先进科技产品的安全性、保护先进技术知识产权以及防止数据泄露等；亚马逊公司的内部安全团队负责保护公司免受网络攻击，如亚马逊云科技推出了敏感数据保护方案，利用机器学习、模式匹配等方式自动识别敏感数据并加以保护。

（三）美国科技保密相关人员培训与管理

随着科技交流与合作的日益频繁，美国涉密主体呈现多元化、复杂化的发展趋势，美国国防部针对此情况发布了第 3115.11 号指导手册《美国国防部情报及安全保密培训标准》。该手册涵盖保密培训整个流程，统一了各环节的具体要求，明确了相应人员的职责和权限。1995 年，时任美国总统克林顿签署第 12958 号美国总统令，规定新机密文件的解密期限为 10 年，已经超过 25 年的机密文件除特例外自动解密。美国政府发布《涉密国家安全信息》，该文件提出疑密从无或从低原则，旨在解决美国过度定密问题，但同时开始加强保密培训。美国高科技企业所有的员工入职时，都会进行保密培训，并签署保密协议。[①]

此外，美国财政部国税局在美国《国税指南》中明确了涉密人员管理制度，包括对涉密岗位的界定与审查、临时涉密资格的授予与限制、涉密人员档案管理和涉密安全教育培训等。科技安全涉密人员不仅涵盖直接接触秘密信息人员，还包括从事与科技安全相关工作的人员，如接触敏感设施人员等。

在对科技安全涉密人员的审查与管理上，美国严格控制涉密资格，涉密资格与级别高低、掌控权力大小等因素无关，只有必要接触涉密信息的人才可以入密以确保美国涉密人员人数最少。此外，为提升审查效率和针对性，不同密级人员的审查标准也有所不同。对于涉密人员的资格审查还包括信用审查、随机药物测试等。对涉密人员还将进行持续评估，并判断其是否可以承担保密职责。美国还将管理涉密人员的措施在一定条件下延伸到非涉密人员管理，因为这些非涉密人员可能会接触涉密区域和系统，因此这些人需要比照涉密人员的风险等级并按照涉密人员进行审查和管理。

在对科技安全人员保密教育培训方面，美国《国税指南》从三个方面

---

① 汤默：《大保密视野下的涉密人员管理——基于美国〈国税指南〉的分析》，《保密工作》2020 年第 11 期，第 56—58 页。

明确了规定：对于获取涉密资格之前的人员必须进行保密培训；已经具有涉密资格的人员每年均须接受年度培训；涉密人员离职之前，必须接受保密提醒谈话，明确泄密责任。

（四）美国科技保密监督与评估

美国科技保密的监督与评估涉及多个部门和机构，如：国防部下设的国防科学技术局负责管理和监督国防科技项目的实施；美国国家情报总监办公室负责协调和指导科技安全领域的情报收集和分析工作得到有效开展；国家技术与安全局负责监测和评估新兴技术对国家安全的影响；新美国安全中心致力于研究美国科技安全政策和战略在实践中存在的问题并提出建议。

二、中国科技保密制度

（一）我国科技保密法律法规

2018 年我国科学技术部公开的《国家科学技术秘密定密管理办法》尚未对科技保密范围进行具体规定，但在《国家科学技术秘密定密管理办法》中提到，涉及《科学技术保密规定》中第九条内容，则属于国家科技秘密范畴。《科学技术保密规定》第九条涉及的内容为关系国家安全和利益，泄露后可能造成下列后果之一的科学技术事项应当确定为国家科学技术秘密：一是削弱国家防御和治安能力；二是降低国家科学技术国际竞争力；三是制约国民经济和社会长远发展；四是损害国家声誉、权益和对外关系。国家科学技术秘密及其密级的具体范围，由国家保密行政管理部门会同国家科学技术行政管理部门另行制定。①

（二）我国科技保密组织机构与职责

随着信息技术发展快速、涉密主体日趋多元、国际科技合作领域扩大、科技人员跨国界流动加速、科技创新和成果转化节奏加快、针对我国科技领域的窃密活动愈加频繁，保密与窃密斗争逐步成为高新技术攻防战，失泄密风险急剧扩大。

从法制保障层面，国家科技保密办公室根据形势发展，以保密法及其实施条例为依据，组织制定了一系列科技保密相关法规制度。例如，1989

---

① 蔡文洁：《我国科技保密制度建设和运行状况的实证调查与分析研究》，东南大学博士学位论文 2007 年，第 2 页。

年，国家科委、国家保密局出台《国家秘密技术出口审查暂行规定》（已于 1998 年修订），明确规定了审查原则和审批程序；同年，国家科委出台的《科技成果密级评价方法》推动了国家科技秘密定密工作科学化、规范化；1992 年，国家科委颁布了“863 计划”保密规定（已于 2002 年修订），明确“863 计划”课题保密范围；1998 年，国家科委、国家保密局出台《国家秘密技术项目持有单位管理暂行办法》（已于 2018 年修订），明确持密单位责任，加强持密单位管理；2002 年，国家保密局、科学技术部颁布了《对外科技交流保密提醒制度》，加强对外科技交流中的保密工作，保障对外科技交流的顺利进行。30 年来，国家科技保密办公室组织制定了数十项科技保密法规制度，并根据工作形势变化，适时组织文件修订工作，构建了较为完善的科技保密法规体系，推动科技保密工作的法治化水平不断提高。国家科技保密办公室对原有科技保密政策体系进行梳理，制定或修订相关文件，出台了《国家科学技术秘密定密管理办法》及《国家科学技术秘密持有单位管理办法》，进一步提供了法规依据和政策保障。

从科技保密制度的组织层面，1958 年，中共中央针对科技交流中保密问题，发布了《关于科学技术保密问题的规定》，该规定是新中国第一个科技保密规章制度。1959 年，为进一步细化科技保密范围，出台了《关于科学技术保密范围和密级划分的暂行规定》，在这项规定中明确了密级划分方法。1960 年发布《关于加强科学技术成果保密问题的通知》之后，于 1965 年出台《关于科学技术交流与保密工作的意见》。至此，新中国科技保密工作制度体系初步确立。之后为适应形势发展需要，分别于 1981 年、1995 年和 2015 年对《关于科学技术保密问题的规定》进行了三次修订，不断调整完善科技保密事项范围及科技保密管理要求。2015 年，科学技术部和国家保密局联合颁布新修订的《科学技术保密规定》，确定了科技保密工作责任制，建立了国家科技秘密定密责任人制度。上述文件体现了既要保障国家科技秘密安全，又要促进科学技术发展的宗旨，对于指导我国不同时期的科技保密工作发挥了重要作用。为了适应进一步对外开放、深化改革新形势的需要，处理好国际合作交流和保守国家科技秘密两方面的关系，加强科技保密工作组织保障，1988 年 7 月，中共中央保密委员会办公室批复国家科委设立国家科技保密办公室，负责管理全国民口科技保密工作。1988 年 11 月，国家科技保密办公室发布《关于完善全国科技保密工作网 建立健全科技保密工作机构和工作职责的通知》，明确地方科技保密工作由地方科委、科技管理司局统一管理。设立国家科技保密办公室，推动形成科技保密工作组织管理体系①。

（三）我国科技保密相关人员培训与管理

从人员培训与管理层面，2005 年左右，科学技术部出版了《科技保密法规汇编》《科技保密工作手册》；各省市主管部门也根据各地情况，相应制定了保密措施、出版科技保密读本，并进行科技保密培训；与此同时，中央与地方积极开展科技保密相关的理论研究，并且初步建立了现代化保密技术体系②。当前，我国科技保密人员培训与管理工作取得诸多进展和经验。一是在保密教材编写上，目前已编写在职人员保密培训教材以及保密专业学科教材，如《保密管理概论》《保密法学》《保密科学技术》《保密监督检查》《信息安全保密》《定密理论与实务》《保密史》《保密宣传教育》《保密资格认证》等一批专业学科教材③。二是在师资培训层面，邀请保密行政管理干部、高校专家作为授课教师，对涉密人员进行理论和实践操作等培训④。

但目前我国科技保密行政部门大多依据各部门年度工作计划进行涉密人员培训，缺乏统一要求和长远规划，如培训时长和内容尚未统一。各部门在保密培训中的统筹协调有待完善，需要人事管理和相关业务部门分工协作、密切配合。此外，当前各类涉密培训内容基本以已发生的泄密事件为主，缺少具有启发、引导性和发散性保密教育⑤。

（四）我国科技保密监督与评估

2019 年 11 月 28 日，中国科学院办公厅发布《中国科学院办公厅关于加强科技安全风险评估和监测预警的指导意见》，该文件提出建立科技安全工作评价体系，明确指出根据各单位风险隐患及事件发生情况进行统计

---

① 孙战国：《加强科技保密工作　维护国家科技安全——访科技部党组书记、部长王志刚》，《保密工作》2018 年第 9 期，第 16—18 页。

② 蔡文洁：《我国科技保密制度建设和运行状况的实证调查与分析研究》，东南大学博士学位论文 2007 年，第 8 页。

③ 徐东华：《〈涉密人员管理〉课程建设探析》，《保密科学技术》2019 年第 2 期，第 49—53 页。

④ 孙战国：《加强科技保密工作　维护国家科技安全——访科技部党组书记、部长王志刚》，《保密工作》2018 年第 9 期，第 16—18 页。

⑤ 庞瑾、吴瑞：《关于加强涉密人员保密教育培训工作的思考》，《保密科学技术》2013 年第 6 期，第 1、60—65 页。

分析，每年度开展一次评估，依据评估结果分为蓝、黄、橙、红四个等级，进行警示通报并向业务管理部门提出项目部署评价建议。对于科技安全风险防控不力导致发生重大科技安全事故的相关单位和人员进行问责并列入警示名录；对于积极应对科技安全风险，扎实推进理论研究和严格落实防范措施的单位和个人，视情况予以奖励。

三、中、美科技保密制度对比及启示

对比我国与美国科技保密制度，可以得出如下启示：一是借鉴美国对可能涉及科技秘密人员参照涉密人员管理，未来我国《中华人民共和国保守国家保密法》可进一步明确涉密岗位的详细范畴，尤其是随着信息技术迅猛发展，我国面临科技安全相关敏感信息越来越多、越来越重要，如气象研究、地震研究相关大数据等，应尽快明确这些敏感信息与涉密岗位之间职责，将接触和知悉敏感信息人员参照涉密人员管理；二是不断完善脱密机制法制，我国当前对于涉密人员脱密流程尚未统一和明确，容易在涉密人员脱密过程中造成泄密①。

第三节 技术转让

一、美国技术成果转让法制

美国在19世纪就开始了科学技术交易活动，但在1980年之前，联邦资助的科研项目成果中的专利通常为联邦政府所有。但日本与德国产学研融合和军民融合带来的技术进步，对美国科技领先的优势造成威胁。为维护美国在科技领域全球领先的地位，自1980年开始，美国颁布《史蒂文森—威德勒技术创新法》《拜杜法案》以及《联邦技术转移法案》等促进科技成果交易和转移转化的法案。这些法案的推出，对美国科技发展带来积极影响，到20世纪90年代中期，美国科技成果的交易规模已占全球70%左右。

---

① 汤默：《大保密视野下的涉密人员管理——基于美国〈国税指南〉的分析》，《保密工作》2020年第11期，第56—58页。

（一）20 世纪美国科技成果转让法制

美国于 1980 年颁布了《史蒂文森—威德勒技术创新法》，该法案普遍被学界认为是美国第一部技术创新法案。《史蒂文森—威德勒技术创新法》要求每一个联邦实验室都成立研究与技术应用办公室，以评估相关研究成果的应用。该法案要求在美国商务部新成立联邦技术利用中心作为科技信息交换平台，并就每年科技成果转移内容进行统计、编写报告并汇报。

在 1980 年《拜杜法案》颁布之前，美国高校及科研院所需通过向科研经费资助机构申请以获得科技成果所有权。《拜杜法案》则明确指出科技成果所有权归属科研项目完成单位，并且鼓励拥有知识产权的部门向小微企业授予科技成果使用许可，这极大促进了科研成果的产业化。《拜杜法案》施行之前，美国高校每年仅获得不足 300 个专利，全美仅 20 余所高校能够参与科技成果交易，到 2005 年，美国高校每年可获得 3000 余件专利，逾 200 所高校参与科技成果交易。这一时期，受益于《拜杜法案》的施行，青霉素、乙肝疫苗和禽流感疫苗等技术得以成果转化和产业化①。

1982 年，美国出台《小企业创新发展法》，该法案专门为小企业设立创新研究计划，要求联邦下属各部门为相关联的小企业提供科研经费。1986 年，国会通过了在《史蒂文森—威德勒技术创新法》基础上进一步完善的《联邦技术转移法案》，该法案将成果转化提升为联邦实验室所有工作人员的首要任务，以及授权美国联邦实验室可与外部机构共同合作研究、专利授权，这种方式在美国至今仍具有广泛影响。2020 年，马斯克开展太空探索工作的美国太空探索技术公司得益于该法案，可以与美军方合作。

1987 年，美国里根总统出台“促进科学技术的获得”行政令，旨在通过授权实验室主任管理专利权等知识产权来促进科技成果的进一步转化。1992 年，颁布了《小企业技术转移法》，该法案设立小企业科技成果转让计划，授权政府资助小型企业与高校、科研院所等非营利性研究机构合作从事科技创新工作。1995 年出台的《国家技术转让与促进法案》及 2000 年出台的《技术转移商业化法》，进一步扩大了知识产权的授权范围。

① 王珺、王宏伟、姜江：《国内外技术交易市场法律法规对比》，《科技导报》2020 年第 24 期，第 77—91 页。

（二）21 世纪美国科技成果转让法制

2005 年颁布的《能源政策法案》规定在美国能源部内部设立协调人员负责与科技成果转让和产业化有关的事务。2007 年颁布了《美国竞争法》，该法案增加了对高风险、高回报科学研究的经费支持，也为年轻科技工作者提供科研项目支持。2011 年出台的《美国发明法案》将专利制度从单一第一发明人规定转变为可多人共同为第一发明人，这项措施可方便多家单位在全世界共同销售科技产品。

二、欧盟技术成果转让法制

欧洲科技成果转让较美国更早，20 世纪 40 年代成立的英国科技成果交易集团、德国马克斯·普朗克创新公司及欧洲企业服务网络，都已成为全球著名科技成果交易机构。欧盟的技术转让与审查法律法规主要有《欧盟专利公约》《海牙协定》《马德里议定书》《伯尔尼公约》以及《与贸易有关的知识产权协定》等，2014 年欧盟委员会又通过了评估科技成果转让的新规则和指导方针。

三、中国技术成果转让法制

我国科学技术交易市场的建立和发展与我国科技体制改革密切相关，我国科技成果转让可划分为四个阶段：起步阶段（1978—1984 年）、初步阶段（1985—1991 年）、初具规模阶段（1992—2005 年）和快速发展阶段（2005 年至今）[①]。

（一）起步阶段

1978 年，邓小平同志提出了科学技术是生产力的重要论断，我国科技体制改革由此开始。1982 年，我国科协与财政部联合出台《科协系统及所属学术团体科技咨询服务收费的暂行规定》，使科技成果交易价格有法可依。

（二）初步阶段

1985 年，国务院颁布《关于技术转让的暂行规定》，提出开放技术市场、加速技术成果商品化，该规定首次对技术转让领域的费用、合同、转

---

① 王珺、王宏伟、姜江：《国内外技术交易市场法律法规对比》，《科技导报》2020 年第 24 期，第 77—91 页。

让权益、税收与收入使用等方面作出具体规定。1985 年，中共中央发布《关于科学技术体制改革的决定》明确指出科技市场是我国市场的重要组成部分，强调促进科技成果商品化。1985 年，我国开始实施《中华人民共和国专利法》，1987 年，开始实施《中华人民共和国技术合同法》。《中华人民共和国技术合同法》是我国首部对技术转让、技术服务和技术咨询合同订立原则、权利义务和纠纷等内容，从法律层面作出正式规定的法律。1988 年之后，出台了《技术合同管理暂行规定》和《技术合同仲裁机构仲裁规则（试行）》，这些法律对《中华人民共和国技术合同法》中的内容作了进一步完善。这一时期，得益于相关法律支持和保障，我国技术合同金额从 1987 年的约 34 亿元快速增长为 1991 年的约百亿元。

（三）初具规模阶段

1993 年，我国颁布了第一部科技领域基本法《中华人民共和国科学技术进步法》，该法第十二条指出“推动科学技术成果的商品化”，保障了科技成果交易的合法地位，明确了科技成果交易的原则。1996 年，正式出台和实施《中华人民共和国促进科技成果转化法》，该法律明确规定科技成果交易机构的资质及经营范围。1999 年 3 月，《中华人民共和国技术合同法》《中华人民共和国经济合同法》与《中华人民共和国涉外经济合同法》统一为《中华人民共和国合同法》。

2001 年，我国正式加入世界贸易组织，2002 年，我国出台了与世界贸易组织规则协调的《中华人民共和国技术进出口管理条例》，取消技术进出口需经过外经贸部门批准等限制。我国技术合同成交金额从 1992 年的 151 亿元增长为 2005 年的 1551.36 亿元，至此我国科技成果市场初具规模。

（四）快速发展阶段

自 2006 年以来，我国《中华人民共和国科学技术进步法》《中华人民共和国专利法》以及《中华人民共和国促进科技成果转化法》逐步进行修订：2007 年，《中华人民共和国科学技术进步法》进行首次修订，比上一版增加了科技成果交易服务体系相关内容，提出建立“社会化、专业化和网络化的技术交易服务体系”；2015 年，《中华人民共和国促进科技成果转化法》进行首次修订，明确了科技成果市场化定价合法性及定价方法与流程、进一步完善科技成果收益相关制度，将科技成果交易与投资权利让渡给高校和科研院所。为了促进《中华人民共和国促进科技成果转化法》的实施，国务院办公厅出台了《促进科技成果转移转化行动方案》。至此，我国科技成果交易市场进入快速发展时期。截至 2020 年 3 月，我国各类科技成果交易机构已经超过 2 万家，国家科技转移示范单位超过 450 家，拥有国家技术转移中心 11 家和科技成果转化示范区 10 家，我国科技市场活力因此得以释放①。

第四节　对外科技贸易

一、美国对外技术贸易法律制度

美国对外贸易政策的制定与修改主要分为两个时期：1930 年之前美国国会主导阶段；1930 年之后，对外科技贸易政策制定权力由美国国会向美国行政部门转移阶段。

（一）美国国会主导阶段

美国国会主导对外科技贸易政策时期，美国议员代表各自选区，在众议院和参议院提出与对外科技贸易相关提案，这一时期正值美国南北战争前夕，美国南方以生产农产品为主，而美国北方则以发展制造业为主，因此围绕南北不同产业类型，美国两党就对外科技贸易政策产生极大分歧，代表美国南方利益的民主党代表主张开放市场、自由贸易，以美国农产品出口为主要导向；而美国北方共和党代表则主张贸易保护，旨在保护本国北方制造业，避免因为外国科技竞争而对制造业造成损害。因共和党一直占据多数席位，第 35—73 届美国国会中，对外贸易保护主义一直占据主要势头②。

1930 年，美国经济正处于大萧条时期，需要出台灵活的对外贸易法案刺激经济发展，而这一年出台的《斯姆特—霍利关税法》反而将关税推至最高点，即使此时美国制造业已经具有国际竞争力，但为了顺应共和党希望对关税实施保护的想法，国会仍然通过了《斯姆特—霍利关税法》。此次的立法过程反映出美国国会已经沦为美国党派之争的工具，美国国会所

---

① 王珺、王宏伟、姜江：《国内外技术交易市场法律法规对比》，《科技导报》2020 年第 24 期，第 77—91 页。

② 王厚双、刘震：《美国贸易政策制定的制度演化历程》，《人民论坛》2021 年第 36 期，第 107—109 页。

掌握的对外贸易决策的权力，由此开始松动。

（二）向美国行政部门转移阶段

1934 年，出台的《互惠贸易协定法》正式赋予了美国行政部门对外调整关税的权力，该项法案促进美国关税开始下调。这一时期，美国对外贸易政策的制定不再仅代表美国内部财团的利益，其对外贸易政策的制定逐渐让位于美国的国家安全与外交利益。

二、美国对外技术贸易法律与世界贸易组织规则

世界贸易组织的规则源于美国单边贸易措施的实践，由美国《1974 年贸易法》第 301 条演变而来。根据“301 条款”，美国可以调查所有自认为不公平的对外贸易，出现争议前期美国可与相关国家进行协商，美国总统有权力决定提升关税、限制进口以及终止贸易协议等措施。基于“301 条款”，美国积极与《关税及贸易总协定》组织进行贸易谈判，并建议《关税及贸易总协定》组织将“301 条款”国际化。美国曾声称保证在“301 条款”下的制裁程序按照世界贸易组织相关规则执行，但实际情况是，美国通过阻挠世界贸易组织上诉机构中对法官的人事任命，使世界贸易组织的争端解决程序名存实亡，因此，当国际多边争议解决程序失效时，美国就可以按照美国国内法进行裁定①。

三、中国对外技术贸易法律制度

中国自 2001 年 12 月 11 日正式加入世界贸易组织以后，迅速发展为世界第二大经济体。2000 年，中国货物贸易额仅占全世界 7%，而同期美国数据高达 31%。2013 年，我国货物贸易额首次超过美国，但这一阶段我国中高端科技产品主要依赖进口，在高端技术进口方面遇到诸多阻滞，遭到以美国为首的发达国家的封锁。自加入世界贸易组织后，我国大规模修订国内贸易法，结合世界贸易组织规则和我国承诺立法或修订法律，到 2010 年，所有我国承诺削减的关税都已经完成，我国平均关税从 2001 年的 15%减少至不足 10%，其中，农产品平均税率由 23.2%降至 15.2%，远远低于世界贸易组织中的发展中国家成员国平均关税水平（56%）和发达

---

① 孙舒：《WTO 框架下中美贸易争端中的法律技术脱节研究》，外交学院博士学位论文 2020 年，第 55 页。

国家成员国平均关税水平（39%）。现阶段，我国正不断完善专利法和版权法，以更好地保护知识产权。我国目前已经可以实现跨地区处理知识产权案件。我国也定期向世界贸易组织提交按其要求修订和执行的法律法规。

四、中国对外技术贸易法制的优化与治理

过去中美之间的经贸关系处于纵向的分工关系，美国位于产业链上游，我国位于产业链下游。近年来，随着我国产业不断升级，在新兴技术领域中，我国与美国已经形成了彼此竞争的关系。以美国的“301 条款”为例，美国企图通过操纵关税强迫其他国家开放市场或被排斥在供应链之外。我国为应对国际贸易争端，尤其是在国际贸易中维护我国科技安全，可借助共建“一带一路”国际协商机制解决争端；不断推进我国涉外法制改革，系统针对涉外知识产权等民事争端立法；加强对外法制人才建设，组建高水平涉外法制人才队伍，维护我国核心利益。

第五节　技术制裁

一、美国技术制裁法律制度

美国财政部海外资产控制办公室是美国实施制裁的核心执行部门，从 20 世纪初期开始，美国对外制裁法律主要包括《联合国宪章》和美国联邦法律。

（一）《联合国宪章》

《联合国宪章》中的第 25 条、第 41 条是美国所谓对外实施金融制裁权力的来源，其中第 25 条内容为联合国成员国同意依照《联合国宪章》规定，接受并履行安理会的决议；第 41 条内容为联合国赋予安理会对成员国实施经济制裁的权力。因此，美国当觉得自身利益受损时，在多数情况下会以安理会决议为由对成员国启动制裁。

（二）美国联邦法律

美国联邦法律主要包括基本法、专项法以及其他法律。基本法是指影响国家安全与利益的重要法律，1976 年颁布的《美国全国紧急状态法》与 1977 年颁布的《国际紧急经济权力法》是美国对外实施经济制裁的上位法。《美国全国紧急状态法》赋予美国总统宣布国家进入紧急状态后可以

对他国实施制裁的权力，《国际紧急经济权力法》规定当美国国家安全和核心利益受到威胁时，美国总统可以中止国内金融部门与被制裁国家之间的资金往来，且美国有权力冻结威胁美国国家安全与利益的外国企业、个人在美国的资产等。专项性法律对国外的制裁主要针对专门的类别或者国别，例如，2010 年，美国针对伊朗颁布《全面制裁伊朗、问责和撤资法》；1979 年，美国总统卡特宣布冻结伊朗在美国价值为 120 亿美元的资产。其他对外制裁法律包括《与敌对国家贸易法》《国防授权法》等，1950 年美国通过《与敌对国家贸易法》对我国实施制裁①。

二、美国技术制裁“实体清单”制度

美国最终用户审查委员会负责管理“实体清单”并作出对“实体清单”所有添加、移除或其他修改决定。美国最终用户审查委员会是一个跨部门的工作小组，由美国商务部、能源部、财政部、国防部等部门以及美国各州代表组成，其主席一般由美国商务部担任。“实体清单”主要包括：特别指定国民清单、针对俄罗斯的制裁、针对伊朗和叙利亚的制裁以及对外国金融机构依照第 561 条款清单制裁等。以特别指定国民清单为例，特别指定国民清单的执行部门是美国财政部海外资产控制办公室，特别指定国民清单上的实体会被列入美国各政府部门黑名单，其财产会被冻结，且不能与美国进行贸易往来。自 2000 年以来，约有 258 名中国人员因为非针对中国的制裁计划（如涉及伊朗核扩散等美方所认为的非法活动）而被列为特别指定国民对象，有 67 人则是由于针对中国的制裁而被列为特别指定国民对象。

2021 年 11 月 24 日，美国商务部将 8 家涉及量子计算的中国企业列入“实体清单”，声称这些企业“试图获取美国技术”以“实现中国军队现代化”。2022 年 8 月 24 日，美国商务部将 7 家中国军工企业列入“实体清单”，这些实体以航空航天领域为主，因“违反美国国家安全的活动”和“使用美国敏感科技支持中国军队现代化”而被添加。2022 年 12 月 15 日，美国将 36 家涉华公司（包括中国存储芯片制造商长江存储和人工智能芯片行业的 21 家主要中国企业）列入“实体清单”，扩大了对中国芯片行业

① 郑联盛：《美国金融制裁：框架、清单、模式与影响》，《国际经济评论》2020 年第 3 期。

的打击力度。长江存储之所以被列入名单，是因拜登政府担心它可能会将美国技术转移给此前已被列入名单的中国科技巨头华为和海康威视。此外，美国还打击了上海集成电路研发中心，这是一家由上海市政府支持的公司，致力于在不使用美国技术的情况下制造国产芯片。该组织还与华为合作过。据整理，12 月清单涉华 36 家实体大多分属航天军工、芯片通信、人工智能计算机三个领域。2023 年 2 月 10 日，美国商务部将 6 家中国军工企业（北京南疆航天科技有限公司、中国电子科技集团公司第四十八研究所、东莞市凌空遥感科技有限公司、鹰门航空科技集团有限公司、广州天海翔航空科技有限公司、山西鹰门航空科技集团有限公司）列入“实体清单”，主要涉及航天器及气球制造。

目前被列入“实体清单”的十四大类新兴技术，基本涵盖了中国制造强国战略中强调的十大领域：新一代信息技术、高档数控机床和机器人、航空航天装备、海洋工程装备及高技术船舶、先进轨道交通装备、节能与新能源汽车、电力装备、新材料、生物医药及高性能医疗器械、农业机械装备。2023 年 3 月，美国商业信息系统更新了“实体清单”，将 28 家中国实体加入贸易黑名单，声称这些公司威胁美国国家安全。被列入所谓“实体清单”的企业，必须获得美国政府的授权，才能取得美国的产品和技术。本批次“实体清单”中人工智能、芯片及通信科技相关占比较高，其中，芯片与通信科技实体有 8 家，主要分布在长三角与大湾区；人工智能实体有 4 家，官方机构与民企均有涉及。

三、中国技术制裁法律制度

在当前国际经济全球流动加速的背景下，我国也积极构建防范外国制裁立法体系。2020 年，我国出台并实施了《中华人民共和国出口管制法》。《中华人民共和国出口管制法》与《不可靠实体清单规定》共同组成我国出口管制法的域外适用体系。此外，2021 年 1 月 9 日出台了《阻断外国法律与措施不当域外适用办法》和 6 月 10 日出台了《中华人民共和国反外国制裁法》，我国阻断立法体系具备可提供实施的规范与方式①。

《中华人民共和国反外国制裁法》明确规定，国务院有关部门可参与

---

① 柯艺：《美国出口管制与经济制裁双重困境下中国企业的合规出路探究》，《法学》2023 年第 11 期，第 123—143、7 页。

制定并实施将外国组织、个人及其家属列入清单实施制裁。《中华人民共和国反外国制裁法》的主要制裁措施包括对被制裁者拒签、拒绝入境以及驱逐出境；冻结被制裁者在国内的资产；禁止被制裁者与我国开展贸易活动等。

但目前，我国《阻断外国法律与措施不当域外适用办法》尚不完善，还缺乏在实际案例中应用的经验，且法律位阶较低；阻断立法的层次结构不明确，与其他法律法规衔接不流畅。《阻断外国法律与措施不当域外适用办法》规定的报告制度、禁令制度、豁免制度等具体制度都需要进一步完善，细化具体制定的工作展开。比如报告的递交方式、豁免的认定标准等都没有具体规定。

四、中国应对技术制裁的措施

近年来，随着美国政府的单边主义行径不断增强，美国对我国施加的制裁频率和强度都有所增加。我国应不断系统完善相关立法工作，可以借鉴美国和欧盟制定阻断制裁相关法律经验，通过立法维护我国科技实体与个人在海外的合法权益，降低美国随意“脱钩断链”带来的科技安全风险，或者为这些风险的发生设立缓冲机制。

我国应尽快明确美国制裁会冲击的我国实体与个人，避免在科技安全领域出现系统性风险，加强风险监测和预警，提前对可能被制裁的对象和影响作出研判。针对受到外国恶意制裁的我国实体与个人，国家可采取相应的帮扶政策维系科技和企业发展，进而维护我国国家安全和核心利益不受损害①。

---

① 郑联盛：《美国金融制裁：框架、清单、模式与影响》，《国际经济评论》2020年第3期，第123—143、7页。

第六章　科技安全保障

第一节　科技人才保障

一、科技人才培养制度

（一）美国科技人才培养制度

1. 美国科技人才培养法案

美国建国虽仅有200余年，且经历了国内战争、第一次世界大战和第二次世界大战，但美国仍保持世界科技强国以及科技人才强国的地位。截至2017年底，美国获诺贝尔奖人数高达366人，占全世界获奖人数的比例超过四成。美国取得的科技成就，与美国对科技人才的培养息息相关。

建国初期，美国在高等教育阶段主要传授经典教学科目与宗教相关课程，而轻视与农业相关的科学与技术教育，这就导致了当时美国普遍缺乏农业相关的科技人才，对美国农业发展造成不良影响。为解决这一问题，1862年，美国立法机构颁布了《莫雷尔法》，该法律旨在促进开展农业科技教育，具体内容包括划拨给各州土地兴办农工学院，截至1922年，农工学院已有69所。这些农工学院是美国大学的雏形，自此美国农民子女可以进入高等学校学习农业相关技术，这就为美国农业科技积累了宝贵的人才。这些人才取得了一系列创新成果，如麦克科密克等人设计了世界上第一台联合收割机，并不断改良为由蒸汽机驱动或内燃机驱动，大大提升了美国农业的生产效率。

自此，美国越加重视对科技人才的培养。尤其是在苏联成功发射第一颗人造卫星之后，美国倍感科技竞争压力，加大对科技人才的培养，不断提高高校和研究院所科技人才薪资和待遇，美国高校中学生的数量也不断增加。此时，仅有美国州政府来承担对美国科教事业的投入，已经难以适应美国对科技人才培养需求。于是，美国联邦层面出台了 1965 年《高等教育法》、1968 年《职业教育法》等 50 多部法律，以加大对科技人才培养的投入。各州也根据联邦法律结合自身情况制定了很多教育法案，此时科技人才的培养呈现范围广、渠道多、影响深的特点。从科技人才培养范围看，美国科技人才培养涵盖了广泛领域，专业跨度从数学、物理、天文学、机械工程到计算机科学、大气科学、临床医学、药学、人工智能等领域，对这些学科的科技人才培养投入了大量资源。从科技人才培养渠道看，除高等教育机构的专业教育外，职业教育也是重要的一环。1968 年《职业教育法》为美国应用与创新相结合的人才培养提供了法律保障。从对科技人才培养的深远影响看，美国这一时期颁布《高等教育法》规定联邦政府对各州高等教育进行全面资助，这一措施使更多学生有机会接受高等教育，该法律还强调了加强高校的科研条件，这为科技人才培养提供了更好的平台。1968 年颁布的《职业教育法》为旨在培养应用型和创新性复合人才的职业教育提出了清晰资助计划与保障，使得更多人愿意选择接受职业教育，这不仅为社会提供了大量的技术型人才，也为科技人才的培养开辟了新的道路。通过此法律，美国将职业教育与科技人才培养紧密结合起来。

美国劳工统计局预估结果表明，2017—2019 年美国将额外需要 100 万名科技工作者，但在美国科技人员群体中占据主体的外国留学生规模已经出现了负增长，这预示着未来美国科技人才可能会不足。为应对美国现有科技人才增长幅度无法满足美国未来创新需求问题，自 2020 年以来，美国陆续出台科技人才培养法案（见表 6 – 1）。

这四项法案由美国立法机构中参议院和众议院分别主导推出，参议院主导的《无尽前沿法案》和《2021 年美国创新和竞争法案》旨在强调在国家重点领域中科技人才的快速和高效率培养，通过改革美国国家科学基金会对科技人才的科研经费提供支撑，如《2021 年美国创新和竞争法案》中规定在美国国家科学基金会财政经费中至少保留 20% 的经费，在美国国家科学基金会的下属技术和创新理事会每年保留 30% 的经费用于扩大对上述人员的奖学金。此外，政府、科研机构和企业还可以为博士提供轮换的岗位以优化博士后的职业发展，并且统筹科技创新，如《2021 年美国创新和竞争法案》中规定各州政府要在各自地区建立更加广泛的科技枢纽，不断扩大重点领域中科技工作者的规模，这样不仅可以提升美国的就业率，还会充分发挥美国科技人才对科技发展的支撑作用。

众议院主导的《国家科学基金会未来法案》和《2022 年美国竞争法案》则重在突出科技人才全周期培养和让适合的机构来培养科技人才。科技人才的全周期培养覆盖了从幼儿期、初高中、本科、研究生到博士后的全周期科技人才培养体系，并且充分扩大其他政府部门对科技人才的支持，如要求美国国家科学基金会联合美国国防部、美国国家标准与技术研究院以及国土安全局，共同推动网络安全人才培养。

表 6－1　2020 年以来美国科技人才培养相关法案对比

主导机构	法案名称	法案涉及科技人才政策特点	法案涉及科技人才培养措施
参议院（从维护各州科技利益出发）	《无尽前沿法案》	针对重点核心领域中科技人才规模的快速增长	改革美国国家科学基金会： 明确美国国家科学基金会培育科技人才职责；加大对科技人才培育的经费支撑方式
	《2021 年美国创新和竞争法案》	科技创新顶层设计＋人才一体化部署	强化对科技人才在美国联邦机构发展、科技创新以及产学研合作等方面的义务和考核
众议院（反映美国普遍民众意愿，强调科技人才培养的公平性）	《国家科学基金会未来法案》	科技人才的系统性布局和连贯性培养	人才全周期培养： 幼儿期、初高中、本科、研究生到博士后科技人才培养路线
	《2022 年美国竞争法案》		让适合的机构培养科技人才： 如美国能源部、美国商务部、美国国家标准与技术研究院、白宫科技政策办公室等

2. 美国科技人才培养法制的特点

虽然 2020 年以来，美国上述四项法案的侧重点和实施切入点有所不同，但在这四项法案中均涵盖了从长期角度看对科技人才的全周期培养，以及短期内对国家重点领域中紧缺科技人才快速高效的培养理念。在这两个层面上，这四项法案中相关的科技人才培养理念和措施可供我国制定科技人才培养政策时参考。

（1）从长期角度看对科技人才的全周期培养。《2021年美国创新和竞争法案》和《2022年美国竞争法案》都提到了增加幼儿期到初高中时期的科技培养，并说明在这一时期，重点培养孩子与技术和工程相关的动手实践能力，如《2021年美国创新和竞争法案》提出通过美国国家航空航天局作为加强幼儿期到初高中时期孩子科技兴趣的切入点。并且《2021年美国创新和竞争法案》和《2022年美国竞争法案》都提出以美国国家科学基金会为科技人才的主要培养部门，从幼儿期到研究生时期，提供以年龄结构、教育层次为划分的不同资助体系，并且配置不同创新资源，如《2022年美国竞争法案》中提到对创业人才提供知识产权相关培训等。

（2）从短期角度看对国家重点领域中紧缺科技人才快速高效的培养理念。《2021年美国创新和竞争法案》与《2022年美国竞争法案》都要求美国国家科学基金会中新增的工程科学学会围绕已经确定的先进科学计算、网络安全、人工智能和自主技术、材料和先进制造业等领域，加大奖学金和科研项目资助以及提供实习机会。此外，《2022年美国竞争法案》还提出设立重点领域专项人才培育计划，如将人工智能技术、量子科技及空天技术等领域人才纳入美国国家科学基金会网络团队奖学金计划中。

3. 美国科技人才培养法制的优化

（1）破除阻碍科技人才发展的制度障碍。《2021年美国创新和竞争法案》和《2022年美国竞争法案》进一步提升了美国联邦机构聘请科技工作者的待遇，如授权美国国家标准与技术研究院比照副总统待遇聘请核心技术专家；准许有照顾家庭责任的科技人才延长项目的研究时限，并且可提供额外资助；允许在国家实验室工作的科技人员通过创业休假推进科研成果转化，不得以任何理由阻碍正常国际学术交流。此外，还要求白宫科技政策办公室破除阻碍少数民族和女性科学家发展的限制[①]。

（2）增强符合科技人才发展规律的科技人才培养制度。《2021年美国创新和竞争法案》和《2022年美国竞争法案》都提及扩大科技人才培养范围，形成区域化的科技人才枢纽；授权美国国家科学基金会增加面向低

---

① 苏洵、丁邦平：《美国PreK－12年级技术与工程素养标准解读与启示》，《比较教育学报》2021年第2期，第150—166页。

收入的美国公民或永居等科技人才的奖学金计划[①]；授权美国国家科学基金会向广大年轻人群提供科技实践课程或培训，并吸引其从事科研工作[②]。

（二）中国科技人才培养制度

1. 中国科技人才培养法案

我国自建国以来高度重视对科技人才的培养。1956 年，党中央发出了向科学进军的号召，青年学生和科技工作者的科研热情被广泛激发，为我国科技事业发展注入了新的活力和动力，并取得了以“两弹一星”为代表的重大科技成果。在社会主义经济建设的关键时期，邓小平提出“尊重知识、尊重人才”。党的十八大以来，中共中央、国务院印发《中长期青年发展规划（2016—2025 年）》，明确指出“在重点学科领域培养扶持一批青年拔尖人才”，“鼓励和支持青年人才参与战略前沿领域研究，着力培养一批青年科技创新领军人才”[③]。除对重点领域中紧缺人才培养的政策部署以外，我国还十分重视全周期、全链条、全要素科技人才的自主培养。

1993 年通过的《中华人民共和国科学技术进步法》和 1995 年通过的《中华人民共和国教育法》中明确提出对科技人才培养的顶层设计。如修订后的《中华人民共和国教育法》第四条指出“增强中华民族创新创造活力”。修订后的《中华人民共和国科学技术进步法》第五十八条中，针对关系国家根本和影响全局的重点领域人才紧缺问题，提出“国家加快战略人才力量建设，优化科学技术人才队伍结构，完善战略科学家、科技领军人才等创新人才和团队的培养、发现、引进、使用、评价机制，实施人才梯队、科研条件、管理机制等配套政策”；第五十九条覆盖了科技人才成长各阶段的培养重点，明确“国家完善创新人才教育培养机制，在基础教育中加强科学兴趣培养，在职业教育中加强技术技能人才培养，强化高等教育资源配置与科学技术领域创新人才培养的结合，加强完善战略性科学技术人才储备”；第六十六条主要强调在科技人才的培养过程中，确保不

① 王涛、马勇军、王晶莹：《美国提高少数族裔 STEM 教育参与度的举措——基于〈提高少数族裔参与度：十字路口前的美国科技人才〉报告》，《世界教育信息》2018 年第 17 期，第 62—66 页。

② 孙刚成、杨晨美子：《美国 STEM 教育发展经验及其对中国的启示》，《教育与教学研究》2020 年第 12 期，第 32—43 页。

③ 王思霓：《中国青年科技人才培养的历史演进、存在问题与对策建议》，《中国青年研究》2022 年第 3 期，第 37—43 页。

同年龄、族裔和性别的科技人才享有平等的被培养权利，充分发挥他们的潜能，明确“青年科学技术人员、少数民族科学技术人员、女性科学技术人员等在竞聘专业技术职务、参与科学技术评价、承担科学技术研究开发项目、接受继续教育等方面享有平等权利。鼓励老年科学技术人员在科学技术进步中发挥积极作用”。

为保证国家人才发展规划和《中华人民共和国科学技术进步法》的有效实施，各省市陆续出台人才发展条例的同时，国家还颁布了《中华人民共和国科学技术普及法》。党的十八大以来，省和直辖市陆续出台了《广东省人才发展条例》(2018 年)、《山东省人才发展促进条例》(2021 年)、《辽宁省人才发展促进条例》(2021 年)、《天津市人才发展促进条例（草案)》(2023 年)，以及地级市出台的《石家庄市人才发展促进条例》(2019 年）等，这些人才条例提出“中小学校应当改进和创新教学手段和教学方法，注重激发学生的兴趣和创新意识，鼓励青少年开展科技创新活动，培养学生独立思考能力、创新能力和实践能力”“高等学校根据自身办学条件，可以采取下列措施，建立产学研用相结合和以创新创业为导向的人才培养机制”“鼓励、支持新型研发机构建设，培养科技创新人才和团队，开展原创性基础研究和面向需求的应用研发”等。

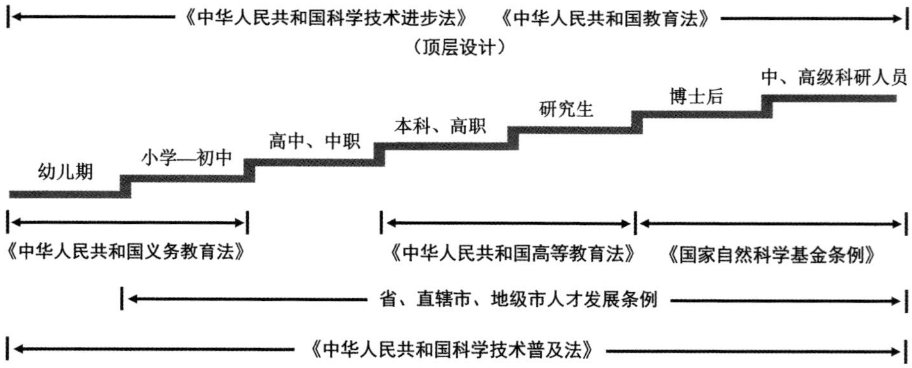

图 6－1　我国科技人才培养相关法案

2002 年出台的《中华人民共和国科学技术普及法》，分别从学校对学生科学素养的培养、企业对工人创新技术的培训和农村基层组织对农民科学生产的科普三个层面，提出科普工作的要求和措施，旨在提升全社会的科学素养，推动科技创新和社会进步。如第十四条指出“各类学校及其他教育机构，应当把科普作为素质教育的重要内容，组织学生开展多种形式的科普活动。科技馆（站）、科技活动中心和其他科普教育基地，应当组织开展青少年校外科普教育活动”。第十九条指出“企业应当结合技术创新和职工技能培训开展科普活动，有条件的可以设立向公众开放的科普场馆和设施”。第二十条指出“国家加强农村的科普工作。农村基层组织应当根据当地经济与社会发展的需要，围绕科学生产、文明生活，发挥乡镇科普组织、农村学校的作用，开展科普工作。各类农村经济组织、农业技术推广机构和农村专业技术协会，应当结合推广先进适用技术向农民普及科学技术知识”。

此外，针对人不同成长阶段的科学技术培养，还有相关的法律，如面向初中阶段之前的儿童和青少年，《中华人民共和国义务教育法》指出“教育教学工作应当符合教育规律和学生身心发展特点，面向全体学生，教书育人，将德育、智育、体育、美育等有机统一在教育教学活动中，注重培养学生独立思考能力、创新能力和实践能力，促进学生全面发展”。面向本科、高职和研究生阶段的人才，《中华人民共和国高等教育法》第五条指出“高等教育的任务是培养具有社会责任感、创新精神和实践能力的高级专门人才，发展科学技术文化，促进社会主义现代化建设”。[①] 对于博士毕业之后独立开展科学研究的科研人员，我国还有《国家自然科学基金条例》，通过资金援助和项目扶持等方式培养科技人才。

2. 近年来，中国科技人才培养的相关政策

2018 年，习近平总书记在中国科学院第十九次院士大会、中国工程院第十四次院士大会上的讲话中指出，当前，我国高水平创新人才仍然不足，特别是科技领军人才匮乏。[②] 为解决我国高水平创新人才紧缺的实际问题，为实施我国新时代人才强国战略的现实需要，近年来，我国陆续出台人才培养政策，围绕我国科技人才全链条和全周期培养，以及国家重点领域中顶尖和战略科技人才培养做出顶层设计。

---

① 杨庆兴：《浅议新形势下高校思想政治工作者的必要素质》，《洛阳师范学院学报》2001 年第 3 期，第 129—130 页。

② 岳伟：《论教育科学研究的跨学科交叉融合》，《中国教育科学》（中英文）2022 年第 5 期，第 32—41 页。

（1）我国科技人才全链条、全周期、全要素培养。我国科技人才培养中的全链条是指创新链、产业链、资金链、人才链四链融合中的人才培养；全周期强调的是从幼儿、青少年教育开始，直至科研人员职业生涯结束这一过程中对科技人才的终身培养；全要素是指完善科技创新生态，不仅包括对科技人才的创新能力的培养，还包括对科技人才科研经费、成长平台和发展机会的支持与支撑。

党的二十大报告提出推动创新链、产业链、资金链、人才链深度融合，以构建新发展格局。创新链是指从基础研究、应用基础研究、成果转化、技术商品化到产业化各个创新环节的连接；产业链是指包含掌握资源或核心技术的上游产业、制造核心设备等的中游产业、对材料进行处理和加工的下游产业，以及销售、服务等环节的链条。创新链和产业链深度融合形成基础研究、应用基础研究、成果转化、技术商品化、产业化、生产、销售、服务全链条。资金链是服务创新链和产业链融合链条中各环节的资金链条。推动人才培养与创新链、产业链和资金链的深度融合，就是要推动科技人才培养与创新链、产业链和资金链一体设计、部署和推进，如在国家重点领域，组织政产学研协同攻关，加紧培养紧缺的战略科学家以及顶尖科技领军人才和创新团队；推动职业教育与高等教育的融通，促进产业界与学界联合培养面向高新技术产业需要的研发型科技人才与技术技能型人才。

我国近年来，从法律和政策层面不断细化全周期科技人才培养的具体举措。《中华人民共和国科学技术进步法》及各省市人才发展条例在法律层面明确从幼儿、青少年教育开始，到高等教育，再到青年科技工作者培养，直至科研人员职业生涯结束这一过程中对科技人才的终身培养。教育部等部门印发《关于实施基础学科拔尖学生培养计划 2.0 的意见》，该意见是旨在为我国中小学生提供更加适合和高质量的科学教育；《关于加强新时代中小学科学教育工作的意见》强调了在新时代背景下，全面提升中小学生科学素质，增强他们的科学兴趣、创新意识和创新能力。

中国科学技术协会和教育部联合实施了“中学生科技创新后备人才培养计划”，该计划强调中小学是培养科技创新人才的关键期，提出前瞻部署中小学科学教育，重塑新时代基础科学教育体系。《国家中长期教育改革和发展规划纲要（2010—2020 年）》提出完善我国针对创新人才的培养，面向中小学生加强科学兴趣培养，在职业教育中注重对技能型人才的培养。《关于深化现代职业教育体系建设改革的意见》指出，要加强职业教育与普通教育、中等职业教育、高等职业教育、继续教育之间的衔接，构建起终身教育体系。《全民科学素质行动规划纲要（2021—2035 年）》中明确指出，“十四五”期间，我国将着力提升基础教育阶段科学教育水平，包括推进高等教育阶段科学教育和科普工作，实施科技创新后备人才培育计划，以及建立校内外科学教育资源有效衔接机制等措施。此外，教育部等启动实施强基计划后备人才培养等项目，旨在激发中小学生对科学的热爱，培养学生的创新精神、实践能力和社会责任感，形成系统的育人体系。

对于青年科技人才的培养，中共中央办公厅、国务院办公厅印发了《关于进一步加强青年科技人才培养和使用的若干措施》，提出通过增加科研经费资助等措施，支撑对青年科技人才的培养。在国际化交流和参与科技项目方面，国家留学基金委发布了《国家建设高水平大学公派研究生项目学费资助办法（试行）》和《国家公派出国留学选派办法》，为我国本科生和研究生提供了广阔的国际交流学习的平台和机会。我国对于博士生和博士后的人才培养，实施了诸多的计划和基金支持科技人才培养，如博士后创新人才支持计划（简称“博新计划”）是我国人力资源和社会保障部和全国博士后管委会牵头，新设立的青年拔尖人才计划，该计划希望加速培养探索世界科技前沿的拔尖青年科技工作者。另外，我国还实施了博士后科学基金资助制度。科学技术部通过一系列人才计划和基金支持支撑青年科技工作者培养，如国家杰出青年科学基金项目、优秀青年科学基金项目等。此外，各地方政府也有自己的科技人才培养计划和基金支持。对于中青年科技人才培养，“长江学者奖励计划”是由中国教育部设立的一项高层次人才培养支持体系，其目标是吸引和支持具有国际影响力的学科领军人才和青年学术英才。

（2）国家重点领域中顶尖和战略科技人才培养。针对我国重点领域，如人工智能领域的科技人才紧缺现象，已出台一系列政策支持这类紧缺人才的快速高效培养。如在 2022 年出台《关于加快场景创新以人工智能高水平应用促进经济高质量发展的指导意见》，该意见强调了以“需求导向、应用驱动”“项目牵引、多元支持”“跨界融合、精准培养”为基本原则，瞄准人工智能的理论、算法、平台、芯片等关键领域，培养一批高水平人工智能创新人才。此外，人工智能法草案已经列入 2023 年立法计划。

对于航空航天等重点领域人才紧缺问题，2022 年武汉市政府出台了《市人民政府关于加快推进我市航天产业发展的实施意见》，充分发挥武汉市空天信息领域众多院士的领军作用，依托武汉大学、华中科技大学等高校，建立校企合作培养模式，加大对本地科技人才培养力度。

3. 中国未来科技人才培养法制完善的方向

依托《中华人民共和国科学技术进步法》和各省市人才发展条例等法律条例，我国关于科技人才培养相关法治体系基本建立，结合近年来中央和地方出台的科技人才培养政策体系，基本系统涵盖了对科技人才全链条、全周期培养和围绕国家重点领域紧缺人才问题加快高效培养的顶层设计。但在科技人才培养相关的权责划分、配套标准、经费保障、实施路径、推进步骤和监督督导等方面，还需要进一步完善相关立法，并且增加政府立法与人大立法的协同性，加强对科技人才培养法制的文化宣传，增强公民关于科技人才培养的意识。

（1）全链条、全周期科技人才培养的法制完善。在全链条科技人才培养层面，通过立法完善创新链和产业链融合后各环节科技人才培养的主要部门及其相关责任，明确科技人才培养各环节中配套标准、经费来源及经费分配依据，确定各环节科技人才培养方案和对科技人才培养工作的监督督导部门。在全周期科技人才培养层面，通过立法明确科教资源整合机制、完善大中小学科技培养进阶设计，完善高校、研究所与高中协同培养机制，完善对不同年龄段科技人才培养层面项目、经费的支持和监督机制。

（2）国家重点领域紧缺人才加快高效培养的法制完善。针对国家重点领域人才紧缺问题，通过立法明确人才培养目标、责任、保障措施和推进方式。在立法层面明确对重点领域人才培养的产学研用协同创新机制，以推动高校、科研院所、企业等各类创新主体之间协同合作，形成人才培养、科技创新和产业发展的良性循环，并且通过立法明确人才培养工作的监督督导部门，加强对人才培养工作监督管理。通过立法明确在重点领域国际人才交流与合作机制，提高我国人才的国际竞争力。

二、科技人才引进制度

（一）美国科技人才引进制度

科技人才已被世界各国视为国家之间竞争的重要战略资源。如第二次世界大战末期，美国战略情报局秘密引进纳粹德国1600余名顶尖科技工作者。这项人才引进计划对美国科技创新和经济发展产生了重大积极影响，极大推动了美国航天事业和军事技术的发展，如引进的冯·布劳恩后来成为美国国家航空航天局的重要人物，并且主持了“阿波罗计划”。

近年来美国通过陆续出台外国科技人才移民、创业等法案和人才引进计划吸引全球尖端科技人才到美国工作。如《美国移民法》中EB－1A类别移民为专业人才移民，包括科学家、艺术家、教育家等。《2022年美国竞争法案》允许全球科技人才申请W类签证赴美创业；缩短科学、技术、工程和数学专业博士获批绿卡的时间等。①

（二）中国科技人才引进制度

因我国不是移民国家，故未通过移民法案引进外国顶尖科技人才。目前我国对外国科技人才的引进，主要是在政策层面通过重大人才项目吸引海外科技人才到我国工作。如自2008年末，我国通过千人计划引进海外科技人才。此外，在与签证相关法制层面，优化了海外人才出入境服务，如2012年发布《关于为外籍高层次人才来华提供签证及居留便利有关问题的通知》；2013年《中华人民共和国出入境管理法》中第一次设立了人才类签证；2016年，我国优化了外国科技人员来华工作许可证的审批流程，如网上预审、限时办理、同一窗口接收材料和交付证书等；《外国人在中国永久居留享有相关待遇的办法》《关于建立海外高层次留学人才回国工作绿色通道的意见》等文件，为外国科技人才提供在中国工作过程中入境、医疗和保险等诸多方便。

三、科技人才激励制度

（一）美国科技人才激励制度

美国对科技人才激励制度主要体现在通过科技成果转化激励人才创新积极性，以及通过股票期权制度、薪酬激励制度和荣誉奖励等方面激励科技人才不断创新②。

---

① 李勇：《人才制度体系与创新绩效关系研究》，中共中央党校博士学位论文2020年，第45—75页。

② 李勇：《人才制度体系与创新绩效关系研究》，中共中央党校博士学位论文2020年，第45—75页。

1. 通过科技成果转化激励科技人才

美国为提升科技人才创新的积极性，通过宪法保障专利发明人可在规定的时效内拥有专利权。1790 年出台了美国历史上第一部《专利法》，之后对其进行了 9 次修订。此外，美国还于 1972 年颁布了《技术评估法》、于 1982 年颁布了《小企业创新发展法》、于 1984 年颁布了《国家合作研究法》以及于 2007 年颁布了《美国竞争法》等，这些法律对专利相关的解释和规定作出详细阐述。美国知识产权法制通过维护科技人才在开展创新活动中的收益权，为科技人才提供了较为稳定的收入。

此外，美国的科技成果转化法制体系也对科技人才产生激励作用。美国通过政府部门或者民间组织设立了科技成果转移服务中心，这些科技成果转移服务中心都属于非营利性机构，可以为科技创新团体和个人关于科技成果转化提供无偿的讲解和帮助，具体内容包括如何搭建科技成果转化所使用的信息平台、风险投资的对接等环节，为科技人员提供高效和高质量服务，帮助科技人员节省大量时间。考虑到依托新兴科技创业风险很高，希望成果转化的科技人才难以得到银行贷款和商业市场的资助，为解决融资问题，美国提出了风险投资和股票融资两种方式。风险投资是指投资者通过向企业注入资金换取相应份额的股权，风险投资可参与科技创新和产品生产过程，一旦新兴科技产品在市场上获得成功，风险投资者将会获得高额利润；股票融资使新兴科技企业更容易获得融资。这两种方式均对希望将科技创新成果产业化的科技人才提供了重要支持。美国高校也积极推进科技成果转化以激励科技人才，具体措施包括辅助科技工作者对科技成果进行价值评估、为科技工作者提供知识产权转让过程中的法律服务等。

2. 通过股票制度激励科技人才

1555 年，英国成立了世界上第一家股份公司莫斯科公司。18 世纪末，美国也逐渐出现股份公司。1920 年左右，一些美国企业中的雇员开始可以购买公司股票。到 1952 年，美国个人所得税率最高可超过 90%，美国辉瑞公司为避税率先提出所有雇员都可以购持公司股票，但是这一阶段雇佣持有股票尚属于变相的薪资发放，并不属于对员工的激励制度。到 1970 年左右，美国的很多上市公司开始完善股票制度，尤其是美国的高新技术公司从这一时期开始把股票作为激励科技工作者的手段。美国的谷歌、英特尔、苹果以及脸书等知名高科技公司普遍采用股票激励高科技人才，这些公司会以明显低于市场的股票价格将一定份额的股票卖给公司的科技工作者，当股票的价格上涨之后，科技工作者就以更高价格卖出股票赚取差价。

通过股票激励科技人才，可以将高科技企业与科技人才的利益捆绑。科技工作者将会更加关注高科技公司的发展及股票价格。而公司股票价格的提升往往源自公司高科技产品成功占领市场，因此科技人才更加有动力进行科技创新，提升公司的业绩①。

3. 通过薪酬制度激励科技人才

美国薪酬激励制度主要包括企业人才薪酬激励制度、高校人才薪酬激励制度和科研院所人才薪酬激励制度。美国企业人才薪酬激励制度有如下特征。一是不同企业从事相同职业的科技人才的薪酬收入基本相当。科技人才薪酬收入成为衡量企业竞争力的重要标准，一些知名大企业的薪酬水平在市场上处于领先。二是以业绩为导向。美国70%以上的企业薪酬制度是建立在业绩导向的基础上，他们通过定期开展的技术考核来核定薪酬。美国高科技企业中人才薪酬机制的主要特征是奖励优秀科技工作者，以及惩罚科研成果产出不达标的雇员，对于高产出的优秀科技工作者给予高薪奖励，这样可以带动其他员工积极创新，推动公司业绩发展。除对科技工作者给予直接的薪资奖励外，美国高科技企业还通过可带婴儿上班、弹性工作制以及带薪休假等福利待遇提升科技工作者的自由度、激发科技人才创新的自主性以及对企业的认同感。

美国在全国范围内没有统一高校各级科技人才的工资标准。与我国高校科技工作者的薪资组成不同，工资几乎是美国高校科技工作者的唯一收入，美国高校科技工作者没有补贴或奖金等其他收入。美国公立大学中科技工作者的工资，一般由各州议会拨款，然后由各个高校依据学校情况、科技工作者的能力和表现来确定个人实际工资。对于美国私立大学，则是大学董事会负责科技工作者工资发放的额度。在美国，高校科技工作者的工资水平往往介于公务员和私企中的科技人才收入之间。此外，美国高校还通过给予高校科技工作者优厚的福利待遇激励科技创新，如向科技工作者推出健康计划、提供心理咨询服务、提供便利的交通和餐饮、提供广泛

---

① 李勇：《人才制度体系与创新绩效关系研究》，中共中央党校博士学位论文2020年，第45—75页。

的学术交流机会、提供良好的住宿和育儿环境、提供学术休假福利以及科技工作者退休后的福利等，兼顾了科技工作者的学术发展以及生活需求。以学术休假为例，在美国大学工作满一定年限后，可以选择带薪休假半年以调整科研状态。

就职于美国政府设立和管理的科研机构中的科技工作者实行公务员工资待遇。美国通过一系列法案对供职于美国政府设立和管理的科研机构的科技工作者的工资进行了详细的说明与规定，如于 1990 年颁布的《联邦雇员可比性工资法案》以及于 2008 年出台的《职位细类手册》。《联邦雇员可比性工资法案》中规定，供职于美国政府设立和管理的科研机构的科技工作者工资水平低于在高科技企业中的科研工作者，但普遍高于美国全社会的平均工资水平，美国国家标准与技术研究院 2014 年的统计数据表明供职于美国政府设立和管理的科研机构的科技工作者年基本工资约为 9. 3 万—15. 2 万美元，而美国全社会年均工资为 5. 7 万美元。为保障科技工作者的高收入水平以激励其创新，美国每年会根据最新的通货膨胀率、物价指数等进行薪资调查，及时相应调整供职于美国政府设立和管理的科研机构的科技工作者的工资①。

4. 通过荣誉奖励制度激励科技人才

美国国家给予科技工作者的荣誉奖励主要为总统科学家奖、总统杰出青年学者奖等。总统科学家奖于 1959 年设立，是美国科技领域的最高荣誉，该奖项由时任美国总统亲自颁发；总统杰出青年学者奖则是美国授予青年科技工作者的最高级别荣誉，该奖项授予取得重大科研成果的青年科学家，获奖的青年科学家可被资助科研经费高达 30 万美元。通常，美国对科技工作者的奖励以荣誉奖励为主，通过增加科技工作者的成就感和荣誉感，激发其不断追求创新。

（二）中国科技人才激励制度

1. 中国通过科技成果转化激励科技人才创新积极性

改革开放之前，对科技人才的激励制度主要表现为平均主义；改革开放之后，我国主要从科技成果转化、薪酬激励和荣誉奖励制度等方面激励科技人才创新。

---

① 李勇：《人才制度体系与创新绩效关系研究》，中共中央党校博士学位论文 2020 年，第 45—75 页。

（1）建国初期。我国劳动人民不区分创造价值的差异，因此，对科技人才几乎没有额外的成果转化激励。但在这一时期，国家重视对知识产权的保护，开始陆续出台保护知识产权相关的法律和条例，如于1950年出台了《商标注册暂行条例》和《保障发明权与专利权暂行条例》，于1963年颁布了《商标管理条例》和《发明奖励条例》等。

（2）改革开放后至21世纪初期。我国开始在法制层面保护科技工作者的著作权和发明权。如1984年颁布了《中华人民共和国专利法》，1985年出台了《专利法实施细则》，1990年正式推出《中华人民共和国著作权法》以及在1991年计算机刚刚兴起时，推出了《计算机软件保护条例》等。

为积极融入国际科技创新交流，我国自1992年加入《世界版权公约》等保护知识产权的国际公约，并且对照国际知识产权保护相关法律修改我国国内法律，如于1993年我国完成了《中华人民共和国商标法》的修改并出台了《中华人民共和国反不正当竞争法》，于1995年出台了《中华人民共和国知识产权海关保护条例》。应加入世界贸易组织所需的相关要求，我国分别于2000年、2008年，两次修订了《中华人民共和国专利法》，不仅简化了专利审批流程，还加大了保护知识产权的力度。在2000年之后，我国又出台了新版《中华人民共和国商标法》和《中华人民共和国著作权法》。

这一时期，我国各部委也纷纷出台政策，激励我国科技工作者重视科技创新和保护知识产权，如教育部门提出培养有知识产权意识的科技人才，科技部门提出以知识产权作为科技发展的核心竞争力，与产业发展相关部门提出鼓励基于知识产权调整我国产业结构，进而发展新兴产业。随着我国保护知识产权相关的法律条例和政策的相继出台，我国科技工作者科技创新的热情被大大激发，这一时期我国创新成果得到前所未有的提升，国内授权专利数量从1985年仅有的111件快速增长为2017年的172万余件。[①]

原国家科委于1981年首次提出我国的知识产权可有偿转让，之后相应出台了《关于有偿转让技术财务处理问题的规定》，该规定指出：若转让

---

① 李勇：《人才制度体系与创新绩效关系研究》，中共中央党校博士学位论文2020年，第45—95页。

知识产权所获得的经济价值低于 5 万元，可由转让知识产权的企事业单位自行支配；若转让知识产权所获得的经济价值高于 5 万元，对于实际转让价格与 5 万元的差值，按照 6∶4 的比例，分配给参与研发科技成果的科研单位和科技企业。这一政策极大激励了科研单位、科技企业进行科技创新、凝练科技成果的热情。

1983 年，我国陆续出台了《关于放宽技术有偿转让收入留用问题的规定》和《关于技术转让的暂行规定》，这两份文件进一步细化了科技成果转化后收入的分配方式，鼓励企事业单位积极实施科技成果转化，对通过知识产权转让所得收入免除一定的所得税。并且首次明确提出，知识产权转让过程中产生净收益的 5%—10% 奖励给参与研发的科研人才，该奖金不受单位干预，由研发成果的负责人负责分配，且该奖励也不计入单位发放的奖金额度。

为充分发挥科技成果转化对经济发展的支撑作用，我国 1985 年出台了《关于科学技术体制改革的决定》，该文件强调要将我国的科研成果迅速进行成果转化和产业化。1994 年，我国开始优先着力建设科技成果交易平台，以及发展各类知识产权转化中介服务科技人员。1996 年以后，我国陆续颁布《中华人民共和国促进科技成果转化法》《关于促进科技成果转化的若干规定》《关于加强技术创新，发展高技术，实现产业化的决定》《关于以高新技术成果出资入股问题的规定》《关于以高新技术成果出资入股若干问题的规定的实施办法》以及《关于以高新技术成果作价入股有关问题的通知》等，这一期间，主要参与科技成果研发的科技工作者最高可提取知识产权转让净利润的 20% 作为个人奖励。

（3）21 世纪初期至党的十八大。自 2006 年开始，我国陆续出台了《关于建立和完善知识产权交易市场的指导意见》和《国家技术转移促进行动实施方案》等文件，进一步规范了科技成果转移的细节。我国于 2008 年启动了自主创新成果转化专项计划之后，又陆续提出《国家科技成果转化引导基金设立创业投资子基金管理暂行办法》以及《国家科技成果转化引导基金贷款风险补偿管理暂行办法》，这些文件都旨在通过融资方式助力企业将其自主创新的科技成果产业化。

（4）党的十八大以来。2014 年，我国部分省市已经提升科技成果转化收益中对参与研发的科研人才奖励的占比。以南京为例，南京高校、研究院及企业通过知识产权交易所获得的收益的 60%—95% 可奖励给参与研发的科技工作者或其科研团队。[1]

2. 中国通过薪酬、股票制度激励科技人才

1992年出台了关于《全民所有制工业企业转换经营机制条例》，我国私企薪酬开始按照资源、科技等要素分配。同年，我国试行将10%股票配售给企业内部员工，但因出现行贿者用此股份贿赂官员，且未对企业科技人才起到明显激励效果，证监会于1998年取消了这一机制。之后，我国对股权激励制度进行改革，企业可通过期权这类限制性股票激励企业内部的科技研发人才，以华为和阿里巴巴这类民营科技企业为例，这两家公司通过期权股票激励内部科技人才，将科技人才与企业实现利益捆绑，起到了调动企业内部科研人员积极性的效果，企业也因此得到了快速的发展。

国企股权激励机制在这一时期也逐步开展，北京中关村和安徽合芜蚌等地相继成为国企股权激励试点。2016年，我国正式推出《国有科技型企业股权和分红激励暂行办法》，将在北京中关村和安徽合芜蚌等试点推行的股权激励办法推广至全国的国有高新技术企业，以促进国企的科技创新能力的发展和推动科技成果转化。《国有科技型企业股权和分红激励暂行办法》明确了国有高新技术企业激励企业内部科技人才的两种方式，分别为股权激励与分红激励：股权激励是指可以对科技人才出售股权、直接奖励科技人才股权以及奖励科技人才股票期权；分红激励是指将科研项目的部分收益奖励给科技人才。

2016年出台了《关于实行以增加知识价值为导向分配政策的若干意见》，该意见为科技人才构建了提高工资、增加科研成果绩效以及扩大科研成果转化奖励的科技人才激励方案，对科技人才形成积极激励作用，提升了科技人才积极创新的主动性。

3. 中国通过荣誉奖励制度激励科技人才

建国后，我国曾确立对科学基础研究、先进技术开发等方面取得丰硕成果的科技人才进行荣誉奖励的初步体系，但是这些体系在“文化大革命”期间均被中止。改革开放后，我国开始逐步复立国家科技进步奖、国家技术发明奖等国家荣誉奖项。此外，1990年，我国首次面向为我国发展做出突出贡献的科技工作者，实施政府津贴奖励，这不仅是经济奖励，更

---

① 李勇：《人才制度体系与创新绩效关系研究》，中共中央党校博士学位论文2020年，第77—103页。

是科技人才的至高荣誉，上述荣誉都是针对科研项目的荣誉奖励，而不是奖励科技工作者个人。

1999 年，我国出台《国家科学技术奖励条例》，于 2000 年正式设立国家最高科学技术奖。国家最高科学技术奖是我国级别最高的科学荣誉奖项，每年荣获此奖项者最多 2 人，时任国家主席为获奖者亲自颁发证书，且获奖者被给予 800 万元奖金，2019 年后还增加了最高科学技术奖奖章。同时，我国各省市也设立了科技奖项，激发本地科技工作者的创新积极性。

此外，我国自 2017 年提出了共和国勋章、国家荣誉称号等荣誉颁发的具体实施办法。共和国勋章的授予者是为党和国家作出巨大贡献的杰出人才，由全国人大常委会决定共和国勋章的对象，由时任国家主席亲自颁发共和国勋章；国家荣誉称号的授予者为在国家科技等领域作出巨大贡献的杰出科学家。2019 年，我国第一次进行共和国勋章与国家荣誉称号评选，由习近平总书记为钟南山院士等杰出贡献者亲自颁奖。①

四、科技人才保护制度

科技人才是一种稀缺资源，国际人才竞争既包括人才开发，也包括人才保护。目前，我国科技人才工作中普遍存在重开发、轻保护的问题。科技人才保护理念尚未受到足够关注，科技人才保护的文献研究非常稀少，在中国知网数据库中，以“科技人才保护”“人才保护”和“人才安全”等为关键词检索得到的中文文章仅有 10 余篇（截至 2023 年 12 月 31 日），研究大多集中于企业中科技人才保护研究，针对高端科技创新人才人身风险的保障问题，提出在现有政策基础上补充保险制度的建议。笔者对外文的相关文献也进行了检索，并且将得到的外文相关文献题目和摘要信息导入 VOSviewer 软件中，通过文献计量学统计方法分析目前科技人才保护相关研究的关键领域，结果表明目前主要相关领域涉及教育培养、科研环境保护等，未见科技人才保护相关的系统制度和法制研究，且这些中外文献未对科技人才保护的概念提出科学界定。

首都经济贸易大学的方志博士在《我国科技人才保护的理念发展及其实践》中综述了我国科技人才保护的实践情况。第一阶段为计划经济时

---

① 李勇：《人才制度体系与创新绩效关系研究》，中共中央党校博士学位论文 2020 年，第 77—103 页。

代，科技人才保护主要以工作权利保护为主；第二阶段为改革开放时期至党的十八大之前，此阶段的科技人才保护，除保护科技人才的工作权益之外，更强调基于市场经济公平而带来的科技人才的经济激励以及成果权利保障；第三阶段为党的十八大以来，除保障科技人才经济权益之外，新增了关于科技人才身心健康维护的内容。

我国在科技人才保护的实践过程中存在一些问题，如在科技人才工作权利问题上，随着我国老龄化加速，即使尖端科技人才已经到达退休年龄，但仍然具备从事科研工作的能力，应该通过推出相应政策使其继续发挥人才价值；目前我国已经以市场为主导，结合较为公平的薪资体系保护科技人才的经济权利，但成果转移转化法制保障仍有待完善[①]。

近年来，科技工作者的身心健康、生活与工作的平衡等问题日益凸显，科技工作者因过度劳累致死而时常被报道[②]，此类问题在国家层面、企业和用人单位层面及个人层面都存在相关原因。

在国家层面，更注重教育和培训，忽视了人才的健康水平，未形成人才保护战略，对于科技人才适度劳动的相关研究也有所不足，对科技人才身体亚健康的防范和监测制度欠缺，且与科技人才适度劳动相关的立法和监督滞后。对于重点领域重要科学家的安全问题，应该从制度和法制上明确加强安全保护。

在企业层面，企业内部管理层对科技人才身心健康状况重视不够。这可能是因为我国人口众多，人力资源丰富，企业所需的大部分人才都接近于无限供给，导致了企业只重视对科技人才的招聘吸纳，而忽视对科技人才身心健康的保护；企业因为以盈利为目的，注重对人才的投资与回报，所以只重视对人才的专业培养，却忽视对科技人才健康的投资；此外，部分企业的管理文化偏强硬、管理柔性不足，缺乏科学的对科技人才创造力的激发与鼓励。

在个人层面，加班文化和内卷文化透支着科技人才的身心健康，这可能导致过度劳动；另外我国当前的医疗对社会性因素造成持续性的身心疲

---

① 孙耀吾、葛平：《政府人才激励政策对高技术中小企业人才知识结构的影响》，《科技进步与对策》2020 年第 1 期，第 129—136 页。

② 杨河清、王丹：《北京商务中心区知识工作者过劳状况——现状与对策》，《经济与管理研究》2011 年第 10 期，第 54—59 页；王丹：《刍议我国知识工作者的过度劳动问题》，《商业时代》2011 年第 15 期，第 78—79 页。

劳和长期高压力、高强度科研工作而引发的疾病，尚未有较好的预防效果。对科技人才保护意识欠缺，可能会导致针对科技人才的保护政策不够系统，所以未来在人才战略的制定中，应同步跟进关于人才保护的立法工作。

要加强青年科技人才培养，还要做好战略科技人才储备。美国、日本等发达国家极为重视对青年科技人才的培养，这些发达国家都有各自培养青年科技人才的体制机制及人才法案，都非常重视在初中、高中阶段的科教融合，以及在本科生和研究生阶段发挥产学研融合的人才培养机制。青年科技人才的培养和成长，是我国不断实现更高水平科技创新的基础，是紧跟世界前沿科技创新趋势的保障，是持续推进国际科技合作交流的关键。我国有 9 亿劳动力，其中 2.2 亿人受过高等教育。青年是科技创新与突破发展的希望所在。要用心培养、大力支持、大胆使用青年人才，推动高水平自主创新要尊重科研活动的规律，不断构建包容性更强、容错率更高的青年人才培育和成长机制，为青年科技自主创新、紧跟世界科技前沿搭建更广阔的舞台。①

第二节　科技设施保障

一、美国重大工程和设施保护

（一）美国重大工程和设施保护法律法规

美国对关键基础设施的重视体现在各个方面，包括政策、立法、协调工作、公私伙伴关系，以及旨在加强重要系统和资产的安全、韧性和保护的具体措施。美国关键基础设施的保护受一套旨在确保关键资产的安全性、弹性和连续性的法律法规管辖。

美国国土安全部将关键基础设施定义为对国家安全、经济以及公共健康和安全至关重要的资产、系统和网络，无论是物理的还是虚拟的，一旦遭到破坏或失去运转能力，将产生破坏性影响。保护关键基础设施对于维持基本服务的运作和确保人民的福祉至关重要。各种部门和行业被确定为关键的基础设施，保护它们是公共和私营部门的共同责任。《国家基础设

① 方志：《我国科技人才保护的理念发展及其实践》，《科技与经济》2020 年第 4 期，第 66—70 页。

施保护计划》和美国克林顿政府第 13010 号行政令《关键基础设施保护》优先考虑关键资产和部门，并强调政府与私营部门合作伙伴之间合作的重要性。网络安全方面，美国出台《网络安全框架》《关键基础设施保护》和《2022 年关键基础设施网络事件报告法》等，为管理和改善网络安全风险提供指导。从信息安全角度看，《美国爱国者法案》旨在加强美国执法和情报机构的调查和监视权力。从能源安全角度看，《能源政策法》通过建立电力可靠性组织等措施提高能源安全性和弹性。《化学设施反恐标准》负责监管高风险化学品设施的安全。《公共卫生安全和生物恐怖主义防范和应对法》涉及基础设施保护的公共卫生方面。

表 6－2 美国主要重大工程和设施保护法律法规

法律名称	法律内容
《国家基础设施保护计划》	优先考虑关键资产和部门的关键基础设施
美国克林顿政府第 13010 号行政令《关键基础设施保护》	
《网络安全框架》	管理和改善网络安全风险
《关键基础设施保护》	
《2022 年关键基础设施网络事件报告法》	
《美国爱国者法案》	加强美国执法和情报机构的调查和监视权力
《能源政策法》	提高能源安全性和弹性
《化学设施反恐标准》	监管高风险化学品设施的安全
《公共卫生安全和生物恐怖主义防范和应对法》	基础设施保护的公共卫生

（二）美国重大工程和设施识别认定工作

1. 关键基础设施行业范围划定

美国克林顿政府第 13010 号行政令《关键基础设施保护》指出，信息、金融、供水、交通、电力、化石能源、应急管理，及政府运转这些重点领域的机构和设施为国家关键基础设施。2003 年，美国颁布的《关键基础设施的识别、优先级和防护》总统令进一步将国家关键基础设施范围扩大，新增食品和农业设施、国防基地、医疗设施、商用核反应堆及核材料与废弃物、大坝、废水处理系统以及国家纪念碑和象征性标志等为国家关键基础设施。这一时期，因选定的国家关键基础设施涉及行业过多，而难以落实对这些设施的保护，故2013年美国《改进关键基础设施网络安全》总统令以及《关键基础设施安全和韧性》总统政策重新划定了美国国家关键基础设施，主要包括政府设施、国防基地、食品和农业设施、公众医疗设施、金融设施、能源设施、通信设施、核反应堆及核材料与废弃物、应急设施、关键制造业、信息技术设施、运输设施、水和废水处理系统等，并着重提出将能源设施和通信设施列为特别关键设施，因其他国家关键基础设施的正常运转都离不开能源设施和通信设施，美国总统授权美国国土安全部长定期考量是否新增或变更关键基础设施范畴①。

2. 关键基础设施数据库建立

美国于2007年出台的"9·11委员会法案实施建议"正式授权美国国土安全部建立关键基础设施数据库，美国国土安全部对关键基础设施数据库负有维护职责，并且每年需要向美国国会汇报对关键基础设施认定的相关工作。为建立关键基础设施数据库，美国国土安全部开发了专门用于搜集关键基础设施信息的系统。此外，美国国土安全部还为美国各州政府部门以及私营企业提供了适用的一系列软件，用于查访已搜集和存储的美国关键基础设施信息。

美国关键基础设施信息系统经过科技人员周密的设计，其中专门设计了存储美国关键基础设施信息的仓库系统，旨在用安全性更高的系统替代以往安全性较低的系统。在负责存储关键基础设施信息的仓库系统完成开发并正式投入使用之前，由关键资产信息自动化管理系统负责收集和管理关键基础设施信息系统中的信息搜集与编目。数据保护仓库中包含信息和地图两个模块，能够比美国前几代数据库更全面地采集数据、管理数据和展示数据。以数据保护仓库中的地图模块为例，该地图模块可以为所有授权登录的用户显示美国关键基础设施的实时动态，包括温度、湿度、交通情况及与人相关的信息等，这些信息可以帮助相关负责人第一时间研判相关风险和应急处置。

基础设施保护办公室是美国国土安全部的下属部门。基础设施保护办公室还下设了基础设施信息收集处。基础设施信息收集处是负责收集与处理美国国家关键基础设施重要信息的部门，其还负责开发相关使用软件，

---

① 张弛、崔占华：《美国关键基础设施安全管理综述》，《信息安全研究》2017年第3期，第736—746页。

并向需要获得美国关键基础设施信息的组织提供管理服务和可视化软件呈现实时信息。当今，美国越来越重视国家关键基础设施的安全，国家关键基础设施相关信息的动态采集、分析处理与呈现，可帮助第一时间发现潜在的风险，及风险可能导致在美国关键基础设施之间发生的链式反应。

3. 关键基础设施优先清单梳理

美国国家关键基础设施涉及行业广泛且组成复杂，这些国家关键基础设施的重要性、所依赖的能源以及功能都有所不同。要想准确而全面地掌握这些国家关键基础设施可能面临的风险，除建立关键基础设施数据库外，还需要设立国家关键基础设施优先清单。

国家关键基础设施优先清单的设立，是为了更有针对性地保障各种美国关键基础设施成功应对风险，以及即使受到冲击也可以快速恢复的能力。2007 年出台的"9 · 11 委员会法案实施建议"要求美国国土安全部根据已有的国家关键基础设施数据库，构建美国关键基础设施优先清单，并对该清单进行定期维护。在该清单中需要明确一旦遭到破坏，将会带来国家级或者地区级严重灾害性影响的关键基础设施列表，并按照影响的严重程度，由高到低进行排列。2013 年，美国政府要求国土安全部整理容易遭到网络攻击而带来灾难性后果的美国关键基础设施优先清单，该清单需要在 5 个月内完成并提交给美国总统，之后每年对该清单进行一次更新。此外，美国联邦应急管理局后续也需要依据美国关键基础设施优先清单对各州各市的国土安全项目等投入研发经费①。

当前，美国国家关键基础设施优先清单按关键基础设施被破坏后的影响程度分为两种。第一种清单是统计被破坏后影响为灾难级别的关键基础设施名单；第二种清单内容覆盖第一种清单中的内容，其考虑的是对美国国家安全影响程度的阈值低于第一种清单。对美国国家安全影响程度的划分，有四类量化指标，包括造成的人员死亡率、带来的经济损失、民众撤离的范围以及对国家安全的影响程度。

美国关键基础设施优先清单依照下面步骤进行确定：首先，由美国国土安全部提出前文中影响程度的具体标准，在此环节中美国各州的相关安全顾问可以提出修改或补充意见进行完善；其次，美国国家联邦及各州政

① 张弛、崔占华：《美国关键基础设施安全管理综述》，《信息安全研究》2017 年第 3 期，第 736—746 页。

府分别列出两种级别的关键基础设施优先清单，在清单中不仅要包括关键基础设施，还要涵盖容易遭受网络攻击的重要系统；再次，由美国国土安全部下设的基础设施保护办公室对这些优先清单进行分析与裁定，并编制美国国家关键基础设施优先清单的草案，交给联邦部门及各州政府；最后，美国联邦部门及各州政府对该草案再进行研讨。在这一环节，美国关键基础设施的负责人和实际管理人员也可以向美国国土安全部提交申请加入清单；最终由美国国土安全部下设的基础设施保护办公室决定两种清单的内容和顺序。在上述流程中，美国各部门提交的申请和复议材料并不涉密，但最终由基础设施保护办公室决定的美国国家关键基础设施优先清单则属于涉密文件。

此外，除涉及美国本土的关键基础设施优先清单外，针对美国在其海外的重要关键基础设施，美国也设立了海外关键基础设施优先清单，并定期对该清单进行调整。美国海外关键基础设施优先清单的设立流程是，首先由美国国家情报部门与美国海外的合作机构拟定关键基础设施的明细及毁坏会造成的影响，并对该影响进行量化，然后将统计的结果交由美国国土安全部进行最终决定。

在确定美国国内与海外关键基础设施优先清单后，由美国国土安全部将这些优先清单中涉及的关键基础设施对应归入美国国家关键基础设施优先保护计划以及关键海外依存行动计划，以对这些关键基础设施进行保护。美国国内与海外关键基础设施优先清单均属于国家级别的优先清单，此外，各州还需要根据各地实际情况编制各州的关键基础设施优先清单①。

（三）美国重大工程和设施立法的特点

1. 关键基础设施优先清单有明确的内容和要求

美国关键基础设施优先清单所涉及的行业和范围一直处于不断变化和调整中，但是美国历届政府对关键基础设施所涉及的行业有清晰的定义。例如，1998 年美国政府提出的关键基础设施行业主要涉及通信系统、电力系统、能源存储与运输系统、金融系统、交通系统、供水系统、应急管理服务系统（包括公共卫生与医疗、警察维护治安系统、消防系统和救援系统）等；2003 年美国政府提出的关键基础设施行业主要涉及粮食、能源、

---

① 张弛、崔占华：《美国关键基础设施安全管理综述》，《信息安全研究》2017 年第 3 期，第 736—746 页。

医疗与卫生、通信、运输、交通、核设施、商业设施、水利系统、国防等；2008年美国政府提出的关键基础设施行业主要涉及关键制造业相关基础设施与资源；2013年美国政府提出的关键基础设施行业主要涉及商业设施、通信、制造业、水利设施、国防设施、应急管理、能源、金融、粮食、医疗与卫生、信息设施、核设施等。由此可以看出，美国对国家关键基础设施所涉及行业的判断日趋稳定在一些行业中。

2. 关键基础设施保护机构的调整与优化

美国政府一直在频繁地调整与优化保护美国关键基础设施安全的负责机构：1996年，通过第13010号总统行政令建立了总统关键基础设施保护委员会，该委员会负责向美国总统汇报美国关键基础设施的相关风险、应对措施以及相关的法律问题等；1998年，美国总统计划在美国联邦调查局下设国家基础设施保护中心，由该中心负责协调美国关键基础设施遭受袭击后的应急响应及恢复重建等工作；2001年，美国总统宣布成立国家关键基础设施保护委员会，该委员会有权对优化和完善美国关键基础设施保护提出相关政策。2002年，依照《国土安全法》组建了美国国土安全部，美国国土安全部当时下属的信息分析与基础设施保护局负责对美国国家关键基础设施的安全进行保护。2013年，美国总统进一步强化了国土安全部的责任。

3. 公私合作与信息共享

当前，美国多数关键基础设施属于私企，美国政府注重与这些私企就关键基础设施的安全问题进行紧密合作并积极共享重要信息。例如，1998年，美国政府提议设立的国家基础设施保护中心就是美国政府和这些拥有关键基础设施的私企人员，一起共享信息的平台；2002年，美国出台了《国土安全法》，该项法律不仅明确了美国关键基础设施的信息共享机制，还从法律层面对这些行业提出要求，这些行业需要按照《国土安全法》规定设置关键基础设施相关信息的共享平台，且一旦造成关键信息泄露，将会受到相应处罚；2013年，美国总统对国土安全部提出明确要求，国土安全部需要进一步完善网络安全信息的共享机制；2013年，美国总统直接要求政府部门与拥有关键基础设施的企业进行信息共享①。

---

① 张莉：《美国保护关键基础设施安全政策分析》，《信息安全与技术》2013年第4期，第3—6页。

二、中国重大工程和设施保护

（一）中国重大工程和设施保护法律法规

目前，我国重大工程和设施保护法制，主要在信息基础设施领域、核安全领域和生物安全领域展开，我国正在逐步完善相关法律法规。2017 年颁布与实施的《中华人民共和国网络安全法》以及《中华人民共和国数据安全法》作为上位法，要求重点保护我国的关键信息基础设施；下位法规和相关政策包括《关键信息基础设施保护条例》《网络安全等级保护条例》，以及公安部发布的《贯彻落实网络安全等级保护制度和关键信息基础设施安全保护制度的指导意见》等。

（二）中国重大工程和设施识别认定工作

我国关键基础设施的识别与保护尚存在一些不足之处，缺乏对我国关键基础设施识别与安全保护的统筹布局。我国关键基础设施涉及行业广泛、数量较多、重要程度不一、链式影响不同，需要对其进行全面排查和统计，并对其遭受破坏后的影响进行评估。目前我国关于关键基础设施相关信息的共享机制尚有待完善；与维护关键基础设施相关的专业技术尚有待提高，如对网络安全的维护，我国需要自主研发相关技术以保障网络基础设施安全。

（三）中国重大工程和设施立法的特点

我国重大工程和关键基础设施立法时间尚短，未来需要不断完善，如健全我国关键基础设施信息共享与保护相关的立法，可借鉴国外已经出台的相关法律法规，结合我国政府的组织架构，进一步明确政府部门与关键基础设施管理单位的职责与工作内容；设立我国关键基础设施优先清单相关机制①。

三、中美重大工程和设施保护对比及启示

对比我国与美国对重大工程和设施保护，未来我国需要进一步明确关键基础设施的动态行业范围，以及对关键基础设施保护负有明确职责的部门；加强我国关于关键基础设施保护工作的各部门之间协调及数据共享机

---

① 刘蓓：《国内外关键信息基础设施安全保护现状综述》，《信息安全研究》2020 年第 6 期，第 1017—1021 页。

制，我国关键基础设施的管辖单位多数为国企，因此需要加强政府部门与企业之间关键信息的共享；建立关键基础设施识别与保护相关信息保密的机制。

第三节 科研环境保障

良好的科研环境保障，有利于促进科研人员潜心研究、调动创造活力，且拥有最大限度挖掘创新潜能，对于推动科技进步、实施创新驱动发展战略、保障国家科技安全具有重要意义。

一、美国科研环境保障

美国在科研环境保障方面做了大量的工作。例如，美国国家科学技术委员会在2019年专门设立了科研环境联合委员会，研究出台有利于发挥科研机构和人员创新潜能和创造活力的科研环境保障政策，建立安全、包容且具备最大完整性、适当开放性的科研环境。科研环境联合委员会的核心负责人认为，美国能否在科技领域保持全球领导地位取决于能否吸引、留住最优秀的人才，其中最重要的是必须消除阻碍科学家、工程师和发明家充分发挥潜力的各种障碍，但前提是必须要有一个良好的科研环境。

科研环境联合委员会由白宫科技政策办公室、美国国家科学基金会、美国国立卫生研究院、美国能源部和美国国家标准与技术研究院的代表作为联席主席，设立四个分委员会，每个分委员会由20名左右的联邦科学、外交事务和安全机构的领导组成。

一是安全和包容的科研环境分委员会。该委员会致力于提高美国科研过程中的实验室安全、人身安全，确保研究环境不受任何类型的骚扰。该分委员会是联邦机构的主要协调机构，协同多部门共同研究，利用案例研究分享经验教训，以建立安全、包容的科研环境。

二是研究中的严谨和正直分委员会。该委员会致力于提高美国科研活动和成果的完整性、严谨性、可再现性和可复制性。联邦政府机构希望通过多方合作，探索如何解决科研中透明性问题，如何确定激励政策，从而能使政府的投资最大化。

三是科研安全分委员会。该分委员会旨在“在不损害美国的价值观或维持创新生态系统的开放性和完整性的情况下，保护美国的研究人员免受过度的外国影响”。该分委员会认为必须找到保持合适开放程度的方法，并建立适当的机制来保护知识产权、想法和建议；致力于加强风险评估和管理，协调企业科研的业务范围和参与度，加强披露要求和政策，以增强企业科研的安全性，巩固美国在科技领域的全球领导地位。

四是减轻行政负担分委员会。美国一项调查发现，在过去的20年，美国高校教师平均花费42%—44%的时间在行政工作上。该分委员会旨在减轻高校教师的行政负担，让他们可以把更多精力和潜能放在科研活动上。

2019年科研环境联合委员会自成立后举行了多次研讨活动，与国家科学基金会、能源部和国家标准与技术研究院等部门讨论保障科研环境的安全、包容、完整、严谨的措施。科研环境联合委员会的成立也引起联盟国家的浓厚兴趣，如澳大利亚、加拿大、英国和德国等，它们表示愿意和美国一起探讨如何更好保障科研环境，已经多次开展部长层级联合对话。[①]

二、中国科研环境持续优化

我国为科技工作者提供了持续增长的经费支持，全社会研究与试验发展支出由1995年的349亿元增长到2023年的33278亿元，规模增长了94.4倍。我国科技人才的合法权益也得到有力保障。2015年，我国对1996年颁布的《中华人民共和国促进科技成果转化法》进行修订，健全了科技成果处置收益分配制度，加大了对科研人员的激励力度；《中华人民共和国专利法》也不断加大对专利的保护力度，维护权利人合法权益。我国为科技创新人才提供了更为良好的政策环境，针对科研人才实行了以增加知识价值为导向的收入分配制度，健全了科技人才流动机制。我国也在持续打造尊重科学、鼓励科技自主创新的社会环境，2015年，国务院办公厅出台了《关于优化学术环境的指导意见》，提出不断完善符合科学发展规律的科研管理、宏观政策、学术民主、学术诚信和人才成长环境。[②]

---

① 段黎萍、于珈、张志刚等：《美国科研环境联合委员会成立背景及使命浅析》，《全球科技经济瞭望》2021年第12期，第36—40页。

② 石长慧、樊立宏、何光喜：《中国科技创新人才生态系统的演化、问题与对策》，《科技导报》2019年第10期，第66—73页；《国家统计局局长就2023年全年国民经济运行情况答记者问》，国家统计局官网，2024年1月17日，https：//www.stats.gov.cn/sj/sjjd/202401/t20240117_1946664.html。

三、对中国科研环境保障工作的启示

我国未来的科研环境保障工作可以从健全科研管理体制、完善科研考核评价的标准和方式、设置促进多方共同协作的联合部门和深化国际合作四个方面展开。

一是健全科研管理体制，缓解科研自主性和行政化科研管理体制间的冲突。当前我国产学研机构普遍对科研工作的创造性活动规律认识不足，科研创新需要集中时间精力，然而现在多用行政管理和工程管理的手段管理科研人员，使得大量科研人员的工作积极性消耗在低层次、重复性的日常琐事中，因此需减轻科研人员的行政负担，以及在保证科研自主性的同时，重视监督管理作用。

二是完善科研考核评价的标准和方式，确保科研诚信。科研诚信是科技创新的基石，而科研诚信的建设离不开科研评价制度。不同科研活动具有不同的特点与规律，对科研人员的考核评价不能没有差异化分类，因此需要进一步改革科研评价制度，让科研环境更加公正。另外，科研就是不断尝试、不断从失败中汲取经验导向成功的过程，失败是必经之路，要建设宽容失败的科研环境。

三是设置促进多方共同协作的联合部门，发挥多元主体作用。政府、企业、学术机构都是科研事业的主要支柱，科研环境的改善需要多方共同协作，应当建立由政府、学术机构、企业多方共同领导的联合部门，负责科研安全的经验分享和相关的政策、措施制定。科研评价的主导权交给多方共同领导的部门，而不是由政府科研管理部门主导评价，从而避免过度追求量化指标。同时，加快在国家安全、产业安全、技术贸易措施评价等方面建立风险预警机制，在企业或学术机构与国外相关单位合作的程度上给予指导和建议。

四是深化国际合作，提升国际影响力。近年来我国在各个领域的科技发展取得了长足进步，但是我国的科技创新能力、关键核心领域技术受制于人的格局还没有在根本上改变，仍需要依靠软件、数据等基础研究要素的国际合作与共享，保持良好的国际合作是推动我国科技进步的关键。同时，要从被动履行国际规则向主动塑造、运用和遵守规则转变，在国际合作中掌握一定的发言权。随着我国科技实力的大幅提升，国际社会对中国的科技创新有了更多关注、更多要求，这也使我国科技创新

的战略目标和做法受到更多关注甚至质疑，比如美国对中国的各类人才引进计划就提出了强烈的质疑。如何更及时、准确、有效地向世界作出说明和解释，如何更好地共商、共建、共享科技创新成果，也是亟须考虑的问题。

第七章　科技安全技术

第一节　科技安全关键技术

一、科技安全情报技术

科技安全情报是国家安全情报的子集之一，《中华人民共和国国家情报法》第二条明确指出了国家情报工作的主要任务和目标："国家情报工作坚持总体国家安全观，为国家重大决策提供情报参考，为防范和化解危害国家安全的风险提供情报支持，维护国家政权、主权、统一和领土完整、人民福祉、经济社会可持续发展和国家其他重大利益。"基于国家情报的内涵，学界提出了科技安全情报的定义：科技安全情报是为了保障关系国家安全和利益的科技存在与发展不受侵害与威胁而应用的情报与反情报[①]。科技安全情报不仅需要保障国家科技体系免受外部科技优势的威胁和侵害，还要为国家重大科技决策提供参考，支撑国家科技创新和科技产业发展。

我国科技安全情报技术自建国以来不断得到丰富和发展。建国初期至21世纪初期，我国科技安全情报技术主要以人工搜集、整理、翻译、分析研究世界科技资料为主。随着大数据和人工智能技术飞速发展，数据挖掘、机器学习等新兴技术不断引入，我国科技安全情报技术逐渐向信息化和数字化发展，计算型情报分析逐渐成为科技安全情报技术的主流。但是，基于统计、归纳和经验模型的计算型科技安全情报技术难以预判全部的科技安全风险，如罗素通过讲述火鸡的故事描述"黑天鹅"风险。有一

① 张家年、马费成：《国家科技安全情报体系及建设》，《情报学报》2016年第5期，第483—491页。

只火鸡，已经安逸舒适地生活了100天，火鸡的主人每天都对它按时投喂，精心照料，火鸡经过这100天的谨慎观察、严格论证，得出确定无疑的结论——被精心照料、按时投喂是一只火鸡享有的不可剥夺的生活方式。然而，第二天是感恩节，火鸡被主人杀掉了。科技安全领域中也有类似火鸡故事中具有极大影响力且难以预测的科技安全风险，这些科技安全风险可能是由新兴技术导致，由于新兴技术具有极大的不确定性和突发性，因此很难通过统计、归纳和经验模型来预测。因此，科技安全情报技术的发展需要协同人脑智慧和机器智能。本小节将分别介绍基于人工的科技安全情报技术、计算型科技安全情报技术和协同人脑智慧与机器智能的科技安全情报技术三类科技安全情报技术。

（一）基于人工的科技安全情报技术

我国早期科技安全情报技术主要是依靠情报人员对开源信息的搜集与处理，主要使用的科技安全情报技术是地平线扫描技术。世界经济合作与发展组织网站给出了地平线扫描技术的概念："地平线扫描是一种通过对潜在威胁和机遇，尤其是对新兴技术及其对当下影响进行系统检查、探测其潜在重要发展早期信号的技巧。"颠覆性技术理念的首创者、美国哈佛商学院教授克莱顿·克里斯坦森曾指出："当颠覆性变革出现在地平线上的时候，管理者们需要在这一变革影响到主流业务之前，就组装起应对变革的各种能力。"我国科技情报领域工作者在《情报感知论》一书中指出，地平线扫描的主要任务是及早发现未知技术或发现已知技术的未知应用[①]。地平线技术的理念与我国领导人洞察大势、觉察风险和把握机遇的战略思维是一致的。毛泽东同志曾形象地比喻："坐在指挥台上，如果什么也看不见，就不能叫领导。坐在指挥台上，只看见地平线上已经出现的大量的普遍的东西，那是平平常常的，也不能算领导。只有当着还没有出现大量的明显的东西的时候，当桅杆顶刚刚露出的时候，就能看出这是要发展成为大量的普遍的东西，并能掌握住它，这才叫领导。"[②] 在科技安全领域，地平线处露出桅杆是科技安全风险或机遇的先兆，是我国科技发展与安全

① 王延飞、杜元清：《情报感知论》，科学技术文献出版社2022年版，第270—320页。

② 刘娥苹：《伟人毛泽东的战略思想从何而来》，《党史信息报》2023年12月27日。

的晴雨表和风向标。

英国剑桥大学约翰·萨瑟兰教授整理了地平线扫描技术方法体系（见表 7－1），针对地平线扫描技术不同应用阶段，梳理相关方法体系，并分别说明各种方法的优点与缺点。地平线扫描技术在美国、新加坡、英国等国家广泛应用。以美国为例[①]，美国国防部于 2011 年设立地平线扫描项目，重点扫描对美国国防安全有影响的颠覆性技术苗头以及其他国家对这类技术的获取情况（见图 7－1）。美国国防部希望通过地平线扫描技术，回答关心的问题（见表 7－2）。

表 7－1　地平线扫描技术方法体系[②]

应用阶段	方法名称	方法描述	方法优点	方法缺点
问题提出	相关者一对一访谈	针对科技安全风险识别、科技发展趋势及未知科技领域等问题，访问领域专家、相关利益者	易得到关键人物前瞻意见	专家、相关利益者互动不足
	关键问题解构	将关键科技安全风险拆解为彼此互斥、系统全面的风险子集	系统解析关键问题	难以解决尚未精确定义的问题
情报收集	开源文献资料搜集	搜集已经开源的文献、专利等资料中的情报信息	信息已经经过同行评议	不易得到未来情报信息
	专家讨论	专家就关心的风险领域集中互动讨论，深度凝练问题	可信度较高且问题提炼更准确	专家不同、结果不同
	网络征集	通过设置在线论坛公开征集情报信息，任何人都可以供稿	可获得更广泛信息来源	缺乏信息质量保证
苗头捕捉	德尔菲调查	通过问卷获取专家捕捉科技安全风险苗头的建议	可获得各领域前沿信息	不利于专家之间互动

① 杜元清：《地平线扫描的概念及案例研究》，《情报学进展》2018 年第 12 卷，第 154—191 页。

② 王延飞、杜元清：《情报感知论》，科学技术文献出版社 2022 年版，第 270—320 页。

续表

应用阶段	方法名称	方法描述	方法优点	方法缺点
趋势监视	趋势分析	通过过去的数据、模型和经验分析未来科技风险的趋势	有助于识别已知风险因素驱动的风险趋势	过去的模型和经验未必可以预测未来的风险
风险或机遇场景构建	未来场景分析	分析未来不同阶段科技安全风险造成的后果和影响	有利于积极应对风险的破坏和干扰	消耗大量时间和需要大量专门人才
	影响核心问题的风险要素分级分类	系统分析各个风险要素对核心问题的影响	分析风险要素对核心问题的影响机制	需要以相关专业知识为基础
对策提出	逆推	首先构建理想的未来状态，然后规划实现这一状态的关键步骤	方便作为独立项目进行	解构关键因素难度较高

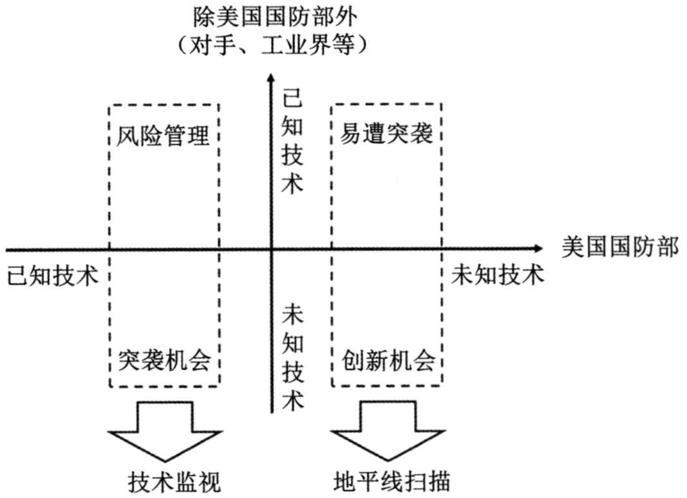

图7－1　美国国防部的技术监视/地平线扫描方法

表7－2　基于地平线扫描技术回答问题①

总问题	细分问题
美国能力和世界其他国家能力的差别是什么	现在有什么差别 将来会有什么差别 成熟度水平如何
未来10—20年里将使能力增强的萌芽科学或技术领域是什么	谁是这些科技领域的全球领导者 研究活动的普遍性如何
未来6个月内，全球有哪些科学技术将进阶到技术成熟度5级	哪些地方的科学技术将进阶到技术成熟度5级 这些技术的哪些新应用正在或即将进行样机研制
长期（10年以上）基础研究战略中应当包括的科学领域是什么 长远来看将产生重大新发现的科学领域是什么	"未来年份国防项目"之外，还有哪些领域将可能改变世界运行的方式 哪些领域将会导致革命（而非增量式改变）
什么样的迹象（特征）能够表明其他全球性大国已取得潜在突破	沟通量是上升还是下降 讨论的地方正在发生变化吗 资金来源和资金量的变化 市场投资变化还是市场情绪变化
还有其他方法能找出差异吗	—

（二）计算型科技安全情报技术

计算型科技安全情报技术主要流程为多源情报搜集—情报信息处理—情报信息分析。在多源情报搜集环节，多源情报搜集技术包括机器来源的情报收集技术和互联网大数据情报收集技术。其中机器来源的情报收集技术包括影音监控技术、智能终端信息收集技术、移动设备信息收集技术、传感器感知技术等；互联网大数据情报收集技术包括通过网络爬虫、数据清洗等技术对互联网上开源信息中的科研战略、科研成果、科技产业、科技人才、科研经费、关键科研物资和设备相关信息进行搜集②。网络爬虫

① 王延飞、杜元清：《情报感知论》，科学技术文献出版社2022年版，第270—320页。

② 张家年、赵妍：《"结构—流程—输出"视阈下科技安全情报体系研究》，《情报理论与实践》2022年第45期，第6—14页。

技术，如 Python 的 Requests 或 Scrapy，可从网络中自动抓取相关情报信息。但是通过爬虫技术获取的数据往往是原始的、未经处理的，可能包含许多无用或无效信息，因此需要进行数据清洗。数据清洗包括检查数据源是否可靠、数据去重以及异常数据处理等步骤，确保情报信息的可靠性和可用性，以便于后续情报信息处理。

在情报信息处理环节，通过对科技信息的可视化处理，结合自然语言处理技术、语义提取技术、语义关联分析技术，可提取高质量的科技情报信息，并提升信息处理速度。人工智能赋予计算机的深度学习能力使机器成为情报人员强大的分析助手，通过对抗推演博弈等，可使情报分析更精准化、合理化。此外，还可以通过人物画像技术全面、直观了解关键科研人员，通过机构画像技术可实现情报要素的关联、消歧和融合，完成情报槽位的补全和验证，形成更全面、更准确、价值更高的的融合情报。

在情报信息分析环节，可以通过定性和定量两种研究范式分析已经提取后的高质量情报信息。定性的科技情报分析技术主要包括描述性分析，描述性分析旨在对研究对象的基本特征和主要趋势进行描述和解释；定量的科技情报分析方法包括因子分析法、价值链分析法、聚类分析法、五力模型分析法和态势分析法等[①]。因子分析法通过提炼关键影响因素、减少不重要变量简化模型结构。价值链分析法可定量分析产业链、供应链内部的各个环节的成本和风险。聚类分析法可通过对风险因素相关数据进行分类解析以揭示风险之间逻辑关系。五力模型分析法是指通过分析科技产业中供应风险、销售风险、潜在竞争对手对产业链的威胁、替代高科技产品的竞争力以及行业内的竞争，评估和分析科技企业的创新和发展环境。态势分析法（SWOT 分析法）通过对科技创新能力及科技产业优势、劣势、机会和威胁进行分析，为科技安全战略制定提供参考[②]。此外，还可以通过数据欺骗、威胁级别判断、攻击溯源和反向解析技术，侦察和应对敌方

---

① 张家年、赵妍：《“结构—流程—输出”视阈下科技安全情报体系研究》，《情报理论与实践》2022 年第 45 期，第 6—14 页；曾文、李辉、李享等：《服务于国家科技安全的科技情报研究思考》，《情报理论与实践》2018 年第 41 期，第 34—38 页。

② 张家年、赵妍：《“结构—流程—输出”视阈下科技安全情报体系研究》，《情报理论与实践》2022 年第 45 期，第 6—14 页；曾文、李辉、李享等：《服务于国家科技安全的科技情报研究思考》，《情报理论与实践》2018 年第 41 期，第 34—38 页。

窃取情报的风险[①]。

（三）协同人脑智慧与机器智能的科技安全情报技术

北京大学周庆山教授团队提出了人脑智慧与机器智能协同工作迭代反馈的科技情报技术模式[②]。其中人脑智慧是指综合科技领域专家、情报工作人员等专业人才的专业知识和经验；机器智能包括建模分析、机器学习、神经网络和仿生智能等技术。

人脑智慧与机器智能协同工作迭代反馈的科技情报技术的工作机制主要分为情报工作的需求定义和技术路线制定阶段、情报信息收集阶段、情报信息清洗阶段、情报深度挖掘阶段、情报提炼与呈现阶段。在情报工作的需求定义和技术路线制定阶段，以人脑智慧为主，情报人员应以用户需求为中心，通过问卷、座谈等方式把握用户对科技安全的需求，并紧密围绕用户需求相关的威胁与技术，制定情报工作的方向和技术路线；在情报信息收集阶段，以机器智能为主，根据情报人员设定的数据源和数据采集机制，自动进行数据批量采集、重要信息动态跟踪等；在情报信息清洗阶段，以机器智能为主，在专业人员的指导下，由机器智能自动查重、分类等对情报信息进行初步加工，并且情报人员对这些信息进行排序和组织，再由机器智能对情报信息进行自动建库、存储和更新；在情报深度挖掘阶段，以人脑智慧为主，在情报人员主导下对情报信息真实性进行判断和逻辑验证，通过算法建模、数据挖掘、机器学习等技术对情报信息进行定量分析和规律发现；在情报提炼与呈现阶段，人脑智慧与机器智能并重，有专业人员运用科学思维方法提炼情报要点，形成多层次多角度的情报成果，并基于可视化技术对情报结果进行直观呈现[③]。

---

① 丁波涛：《人工智能时代的情报学发展与创新——基于情报交流理论的视角》，《情报学报》2021 年第 40 期，第 321—332 页。

② 刘芝玮、周庆山：《基于钱学森大成智慧思想的国防科技情报工作模式初探》，《情报理论与实践》2021 年第 44 期，第 68—73 页。

③ 刘芝玮、周庆山：《基于钱学森大成智慧思想的国防科技情报工作模式初探》，《情报理论与实践》2021 年第 44 期，第 68—73 页。

二、科技安全风险监测预警技术

（一）科技安全风险监测预警的概念

预警是指根据系统外部环境和内部条件变化，调查获取预警对象资料，对系统未来即将发生的不利事件或风险程度作出定性、定量预测并及时向有关决策部门发出警示，从而能够积极采取应急预案，尽量避免危害发生。科技安全风险是科技安全监测预警的前提和重要环节①。科技安全预警是从维护国家安全和促进科技创新角度出发，以维持科技发展优势、防止对手的技术突袭与封锁、防范技术自身风险为宗旨，通过监测预报重点科技领域、重要科技行业的科研状况、发展趋势和竞争态势，及时对科技安全状态进行评估，并对可能出现的科技威胁发出警报信号，使有关部门能够及早采取应对措施，以保持战略主动的基础性环节②。

（二）科技安全风险监测预警技术识别方法

科技安全风险监测预警技术主要包括科技安全预警目标的确定、科技安全预警数据的获取、科技安全的科技情报监测与分析、科技安全风险评估以及安全预警和预案调用等（见图 7－2）。科技安全信息分析是在多元数据的基础上进行数据融合，综合利用多种类型的数据进行相互补充和交叉认证，以获得对技术的全面、准确和科学的认识。③

1. 科技安全预警目标的确定

确保科技安全、维护国家利益，是构建科技安全预警系统的最终目标，具体可以分为两个方面：第一，实时跟踪预测科技活动，对存在或潜在风险的科技动态发出警报或启动科技风险应急机制；第二，对科技安全已经存在或潜在风险进行有效应对和科学管理。

---

① 李林、廖晋平、张烜工：《科技安全预警机制的建立及完善》，《科技导报》2019 年第 19 期，第 26—32 页；蔡劲松、马琪、谭爽：《科技安全风险评估及监测预警系统构建研究》，《科技进步与对策》2022 年第 24 期，第 100—108 页；刘则渊、杨春平：《科技安全预警系统分析》，《中国科技论坛》2006 年第 1 期，第 124—127 页。

② 李林、廖晋平、张烜工：《科技安全预警机制的建立及完善》，《科技导报》2019 年第 19 期，第 26—32 页。

③ 李辉、曾文、刘彦君等：《面向科技安全的科技情报监测与分析系统构建研究》，《情报理论与实践》2021 年第 6 期，第 98—104 页；蔡劲松、马琪、谭爽：《科技安全风险评估及监测预警系统构建研究》，《科技进步与对策》2022 年第 24 期，第 100—108 页。

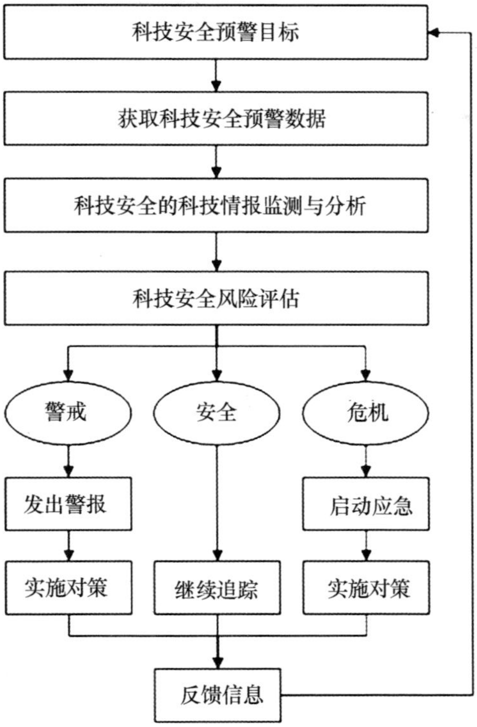

图 7－2　科技安全风险监测预警机制

资料来源：李辉、曾文、刘彦君等：《面向科技安全的科技情报监测与分析系统构建研究》，《情报理论与实践》2021 年第 6 期，第 98—104 页。

2. 科技安全预警数据的获取

科技安全预警的数据主要是源于互联网的科技信息数据（如智库、科研项目、科研机构、科技人才、重要的国际机构发布的科技信息等）、科技文献数据库，以及其他渠道（问卷、访谈等）。依据数据特点，对数据进行定制化的采集、筛选，保证数据质量。

3. 科技安全的科技情报监测与分析

科技安全的科技情报监测与分析是从科技安全预警数据中挖掘、分析和识别重要技术问题，其涉及对科技文献、市场、产业和国家政策等多源多类型数据的分析。需要做出科技安全预警的科技情报包括：对现在或者未来可能影响科技发展趋势或者改变人类生活方式和经济发展模式的高新技术（如信息、生物、新材料、新能源技术等）；“卡脖子”技术（可能被封锁、禁运的技术）；下一轮颠覆性技术等。目前面向科技安全的科技情报分析方法有五类：德尔菲法、情景分析法、弱信号检测法、科学与技术关联法和复合型方法等①。

第一，德尔菲法。该方法主要通过问卷调查，能体现专家的个人意见；通过专家的主观判断识别风险。该方法的优点是以领域专家意见为主进行预判；缺点是领域专家易受主观意识和思维局限性影响。

第二，情景分析法。明确预判焦点，识别外在驱动力量，选择不确定轴向，发展情景逻辑，分析情景的内容；通过专家的定性判断识别风险。该方法的优点是考察多方面因素对科技风险进行多种可能性的预判；缺点是由于过多的想象可能会导致偏离主题。

第三，弱信号检测法。识别已经出现但与主流不同的技术，提早判断潜在的技术，所面向的对象为专利；该方法通过专家定性判断以及专利质量、公开时间、技术范围与同类专利数量等定性指标识别风险。该方法的优点是能够系统、定量地筛选出可能的技术、明确表达的技术含义；缺点是会分析出已经出现的技术。

第四，科学与技术关联法。识别论文、专利中存在但还未被开发成技术的主题，所面向的对象为论文和专利；该方法通过专家定性判断识别风险。该方法的优点是利用多源数据进行技术挖掘；缺点是在宏观分析层面，结果颗粒度较大。

第五，复合型方法。该方法是通过融合识别研究获取科技情报，面向的对象为专利、论文、产品等数据；该方法通过专家定性解读识别风险。该方法的优点是组合运用不同分析思路与方法，优势互补；缺点是融合方案具有主观性。

4. 科技安全风险评估方法

科技安全风险评估是科技情报监测和分析的重要步骤，尝试用定性和定量评估方法相结合的综合评估方法。目前，综合评价问题的研究分为两类：一类是对评价指标体系的研究；另一类是对综合评价方法的研究。目前国内外常用的综合评价方法归纳为九类（见表 7－3）②。其中，定性评

① 李辉、曾文、刘彦君等：《面向科技安全的科技情报监测与分析系统构建研究》，《情报理论与实践》2021 年第 6 期，第 98—104 页。

② 李辉、曾文、刘彦君等：《面向科技安全的科技情报监测与分析系统构建研究》，《情报理论与实践》2021 年第 6 期，第 98—104 页。

价方法和系统工程方法是两类优选的方法。

表7－3　常用的综合评估方法

方法类别	方法名称	优点	缺点
定性评价方法	专家会议法	操作简单，可以利用专家知识得出结论	主观性较强，多人评价时，意见较复杂，难以得出一致的评价
	德尔菲法		
技术经济分析方法	经济分析法	方法的含义明确，可比性强	建立模型比较困难，只适用于评价因素少的对象
	技术评价法		
多属性决策方法	多属性和多目标决策方法	评价对象的描述相对准确，可以处理多决策者、多指标、动态的对象	评价中无法涉及有模糊因素的对象
运筹学法（狭义）	数据包络分析模型	可以评价多输入多输出的大系统，并可用“窗口”技术找出薄弱之处进行改进	只表明评价中相对发展水平，无法表明实际发展水平
统计分析方法	主成分分析	全面性、可比性、客观合理性	需要统计数据支持，无法反映客观发展水平
	因子分析		
	聚类分析	可以解决具有一定相关程度的评价对象	需要统计数据支持，无法反映客观发展水平
系统工程方法	评分法	方法简单、操作容易	用于静态评价
	关联矩阵法		
	层次分析法	可靠度比较高、误差小	评价对象的因素不能太多
模糊数学法	模糊综合评价	根据各种可能性得出不同层次的问题题解，具有可扩展性	无法解决评价指标相关性导致的信息重复问题，隶属函数、模糊相关矩阵等的确定方法有待研究
	模糊积分		
	模糊模式识别		
对话式评价方法	逐步法	人机对话体现柔性化管理	不能定量体现出决策者的偏好
	序贯解法		
智能化评价方法	基于BP神经网络的评价	具有自适应能力、具有容错性，能够处理非线形、非局域性与非凸性的复杂系统	精度不高，需要训练样本数据

首先，建立可以有效评估科技安全风险等级的指标体系，指标体系是进行科学化数据挖掘识别的基础。如蔡劲松等编制了《关键科技领域安全风险评估指标体系构建研究》访谈提纲，开展实证调研，获取一手资料，并广泛搜集关于科技安全评估的二手资料，对收集到的原始访谈资料和二手文本资料，运用扎根理论三级编码方法，提炼关键概念与范畴，构建科技安全风险评估框架及评价指标体系①。

表 7－4　开放性编码形成的概念与副范畴①

副范畴	内容
基础设施	基础设施规模与领先国家相比较不足，多学科交叉聚集型科研基地占有量低，配套支持设备及相关实验终端不足
科技人才	人才资源外向流失问题严重，人才队伍建设结构失衡，人才资源质量有待进一步提高
成果转化	高新技术专利数量少，科技成果转化率较低，科技成果市场化效果不显著，核心技术自主知识产权拥有比例有待提高
科技活动	研究活动中存在研究失败的风险较常见，科研交流活动导致安全风险，科技传播活动存在不实、夸大等问题
科技管理	缺乏完善、科学的科研管理制度规范，科研机构科技管理缺乏专业性，没有针对科技安全的管理机构或部门，科研评价与监督体系不够合理、有待完善
技术安全	技术研发、应用过程中未预测到的各类威胁，科研过程中不能准确衡量到的各类威胁，技术创新过程产生的跨时空风险
产业冲击	技术研发应用不合理导致产业结构失衡，技术创新对生产要素的冲击
伦理挑战	技术创新带来自然生态伦理问题，网络技术创新带来负面伦理效应，技术创新给人类价值道德带来伦理挑战，技术创新给生命及健康领域带来伦理冲击
国际局势	国际政治稳定性及我国政治话语权影响科技安全，国际经济形势（如贸易战）给科技安全带来风险，社会安定与否影响科技创新发展
网络环境	因大规模数据泄露导致技术网络环境不安全，互联网技术本身不够安全且存在漏洞，网络生态环境不友好、网络攻击成为常态

① 蔡劲松、马琪、谭爽：《科技安全风险评估及监测预警系统构建研究》，《科技进步与对策》2022 年第 24 期，第 100—108 页。

续表

副范畴	内容
科技贸易	一些国家对我国实施技术发展遏制手段，某些西方国家对我国开展技术封锁，国际技术霸权行为严重影响科技安全稳定发展
科技保密	涉密科研人员跨国、跨区域、跨部门流动，科研人员及管理人员保密意识较薄弱，缺乏规范细致的保密机制
科技情报	科技情报的准确及时输入有利于维护科技安全，科技情报泄露带来安全风险
预警监测	科技安全评价机制不健全，科技安全预警系统缺失，科技安全预测准确度问题
安全应急	科技安全应急处置的响应机制不完善，科技安全应急预案储备或备选条件储备是关键，缺乏科技安全应急管理经验总结

其次，专家智慧的引入可以使情报监测和分析结果更为科学准确，专家的技术意识、情报意识、决策和预判能力是产生高质量识别结果的关键。在利用专家智慧的过程中，需要构建专家库，同时要考虑专家意见和评价的科学性。在评估过程中，应避免专家受价值取向、科研层次、职业角色、对科技安全的理解程度、个人偏好等一系列主观因素限制等所带来的误判。因此不但需要在选取专家时进行深入的分类分析，而且在得到专家返还的识别结果时也要对数据的有效性进行分析，且需要多轮论证才能保证评价的客观性和准确性。

三、面向科技安全的技术预见方法

技术预见是指对科学、技术等远期未来进行有步骤的探索过程，其目的旨在选定可能产生最大化经济社会效益的战略研究领域和通用型新技术。目前世界上越来越多的国家和国际组织通过技术预见应对科技安全风险，如美国、加拿大、英国、德国、法国、日本等国家，以及欧盟、世界经济合作与发展组织、联合国工业发展组织等国际组织①。中国科学院陈凯华教授团队基于文献调研方法，总结了1984—2020年主要技术预见方法（见表7－5）。

① 万劲波：《科学技术战略规划和科技政策的制定》，《中国软科学》2002年第5期，第63—67页。

表7－5　1984—2020年主要技术预见方法

1984—2000年	2000—2010年新增	2010—2020年新增
德尔菲法 趋势外推法 情景分析法	德尔菲法＋情景分析＋需求分析 技术路线图 S曲线法 德尔菲法＋多准则决策 环境扫描法 文本挖掘	文献计量＋社会网格分析法 定标比超法＋专家研讨＋情景分析 S曲线＋自然语言处理＋情景分析
技术预见技术变化趋势	从单一到复合 从定性分析到定量分析 从以专家经验为主到人机结合	

（一）1984—2000年主要技术预见方法

1. 德尔菲法

德尔菲法以问卷等非面对面形式收集相关专家意见，问卷的调研内容围绕科技安全问题的重要性、发展现状、影响因素等；之后收集问卷汇总结果，并统计分析；再将统计分析后的结果反馈给专家，方便专家对比自己和其他专家意见的差异，并对调研结果进行优化；然后再次向专家发放问卷，并重复以上步骤直到专家意见相对一致，或达到预定轮数为止；最后根据专家最终意见，综合结论和建议，形成报告。德尔菲法的优点是能够充分利用专家经验，避免面对面交流对专家观点的影响，但不足之处在于流程相对ODM琐，耗时较长。

2. 趋势外推法

趋势外推法是通过分析已知技术的发展数据，用数学模型拟合出技术发展曲线，以预测技术未来发展趋势和特征。趋势外推法首先确定预测技术的领域、时间跨度、空间范围及相关问题；之后收集技术发展数据，如技术的应用范围、工作效率、关键性能、应用成本及市场等；根据上述信息选取适当数学模型拟合技术发展曲线；根据拟合曲线，向未来时间点或区间外推，预测技术的未来特征，如技术的增长率、饱和点、拐点、极限等，并对预测结果进行解释说明，包括假设条件、发生概率、结果可信度等，以及预测的局限性。趋势外推法是一种简单易用的预测方法，且在一定的时间和空间范围内，基于技术的规律性和连续性，其拟合条件可视为较为稳定的假设；但该方法也存在一些缺点和局限性，如易忽略技术发展的突变性，以及其与社会、经济、环境等的相互作用和影响等。

3. 情景分析法

情景分析法主要包括遴选技术预见主题、选择情景撰写专家和撰写情景与分析。遴选技术预见主题主要分为两个阶段：第一阶段是从基础科学、技术和社会科学等领域中选择候选主题；第二个阶段是咨询其他技术预见工作组、政府机构等，广泛听取意见，并最终确定调研领域和情景分析主题。在选择情景撰写专家阶段，可以弥补德尔菲法中泰斗级专家观点不能充分体现的不足，可推选出该主题领域内水平最高、最适合的专家分别进行情景撰写。在撰写情景与分析阶段，通常包括明确情景分析的目标和目的、确定情景分析的时间范围和地理范围、识别影响情景的关键因素、基于驱动因素设定几种可能的未来情景、详细描述每种情景的具体情况，包括可能的结果和影响、对每种情景的可能性和影响进行评估、根据情景分析的结果制定相应的策略、定期监控情景的变化并根据需要调整策略①。

（二）2000—2010 年主要新增技术预见方法

1. “德尔菲法 + 情景分析 + 需求分析”复合方法

“德尔菲法 + 情景分析 + 需求分析”复合方法可以综合德尔菲法系统识别潜在科技项目、情景分析构建科技项目发展趋势以及社会经济等对科技发展和安全的需求，通过反复迭代和修正，预见未来科技发展。

2. 技术路线图

技术路线图可用于预见技术发展路径，首先确定技术预见目的、应用范围，以及利益相关者，然后收集并分析技术发展现状、演化规律、关键节点和影响因素等，识别技术发展的趋势、机会与挑战，以及技术需求与供给差距，从而为技术决策提供参考。通过建立技术路线图框架，明确技术路线图层次结构以及技术、产品与市场之间关联关系，根据技术发展逻辑或者时间顺序，确定技术之间依赖关系。定期进行审查和更新，验证和评价技术路线图的有效性和可行性，以适应科技发展变化。技术路线图可帮助技术预见者从多个角度和层次分析技术发展的现状和未来，明确技术发展的方向和目标，制定技术发展的策略和措施，促进技术创新和转化。

---

① 陈峰：《日本第八次技术预见方法的创新》，《中国科技论坛》2007 年第 8 期，第 132—135 页。

3. S 曲线

S 曲线的提出者阿奇舒勒认为任何技术都按生物进化的模式发展，分为婴儿期、成长期、成熟期和退出期四个阶段，技术的性能随时间变化的规律呈 S 曲线。处于婴儿期的潜在技术经过加大研发投入可进入成长期阶段；在新兴技术处于成长期时，其性能得到快速提升优化；当技术进入成熟期时，形成科技竞争力为相关高科技产业赚取利润；当技术进入退出期时，说明核心技术面临升级迭代。基于 S 曲线，技术预测可以涵盖对产品技术成熟度和技术进化方向的预测，预测技术发展趋势，确定未来待开发的关键技术。

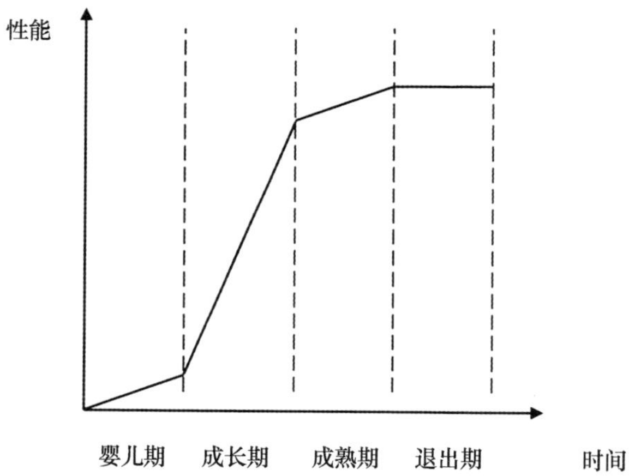

图 7－3　技术发展的 S 曲线

4. “德尔菲法＋多准则决策”复合方法

多准则决策技术在技术预见中应用的目标是确定优先发展领域，其考虑范围涵盖相关利益者、时间维度，以及新兴技术对科技、经济和社会发展的影响。多准则决策方法并不单指某一种具体方法，而是指可解决具有互斥条件的方案选择问题的方法集合。因此需要根据待解决问题的类型，选择相应适合的方法，如简单加权和法可按照技术的性能、可靠性、易用性、成本效益等方面分配权重，由专家打分，之后将技术的各项评分乘以对应权重，再将所有乘积相加，得到该技术总分，通过总分可对不同技术进行比较，据此得出该领域或技术优先发展的决策。简单加权和法多用于解决一些简单的多准则决策问题。但对于重大复杂的决策问题，则可以考虑使用层次分析法和逼近理想解排序法等思路更加缜密、方法较为全面的多准则决策方法。

层次分析法通过把优先发展领域这一复杂问题层层分解为相互独立的单一要素，这些要素包括利益相关者、技术的应用范围、技术影响等，并且根据各要素之间逻辑关系构建多层级的分析结构，再从最底层开始通过两两比较的方式对同一阶层内各因素的相对重要程度进行描述，确定其重要性，然后综合专家意见，根据重要性进行排序。通过上述步骤得出优先发展的技术领域。但是层次分析法具有一定的局限性，如：专家对评价领域不够熟悉会影响决策的合理性；一旦待选方案较多时，两两比较会导致工作量明显增加。逼近理想解排序法首先构建决策矩阵，计算每一个待选择的技术发展领域与正理想点和负理想点之间的加权距离，进而选择距离正理想点最近的最优方案。但是逼近理想解排序法无法反映决策者的主观偏好，只依赖于决策者对理想解的设定。因此，在技术预见过程中，多准则决策往往以德尔菲调查为基础，结合专家意见进行综合分析，以确定科技领域的优先发展顺序①。

5. 环境扫描法

环境扫描法用于技术预见时，以制定科技战略规划为目标，收集和分析外部环境中事件、趋势及变革和内部环境中组织资源信息，找出内部资源优势和劣势，识别外部科技影响。环境扫描法首先确定环境扫描需求，以及扫描人员、资源和时间范围。扫描范围可通过德尔菲调查等方法确定，之后在此基础上可以结合大数据和人工智能技术收集信息。收集信息后，可通过德尔菲法、专家访谈等定性研究方法及自然语言处理、大数据分析等定量分析方法进行趋势分析、差距原因分析等识别外部科技重要趋势与弱信号，根据内部环境信息确定内部优势和劣势，如在分析过程中出现新问题则需要调整扫描范围和频次继续收集信息。最后形成分析报告，在分析报告中列出内外部环境扫描所得信息的分析过程、结果、原因分析、对未来趋势研判，以及制定科技战略规划和建议，并对战略规划进行可行性分析。环境扫描法也有其局限性，其扫描范围不好把握，求全和求

---

① 穆荣平、陈凯华等：《科技政策研究之技术预见方法》，科学出版社 2021 年版，第 12—20 页。

快难以兼得，未来可进一步结合专家系统和人工智能技术自动获取并完善信息，既保证环境扫描效率，又可以实现相关信息全覆盖。

6. 文本挖掘

文本挖掘是集合计算机技术、数学、语言学与哲学等多学科定量技术预见方法。文本挖掘过程主要包括数据收集、文本预处理、信息提取和可视化呈现。在数据收集阶段，首先确定研究问题和分析目标，然后根据研究问题选择合适的数据源，如科学文摘数据库、专利数据库等，确定检索策略后进行数据检索，最后对所得数据进行清洗。在文本预处理阶段，提取文本特征，文本特征是指文本的元数据，如文本名称、日期、作者、关键字、摘要、内容等语义性特征，在此过程中非结构化文本数据就被转化为结构化的向量；在特征提取阶段，构造评估函数以评估每个特征，评估特征值分数较低者会被剔除以达到降维目的，从而提高挖掘效率。在信息提取阶段，结合常用的文本挖掘技术，加文本结构分析、文本分类分析、文本聚类分析、文本摘要分析、文本关联分析等。在可视化呈现阶段，采用可视化技术将文本挖掘的结果如技术、模式等呈现给需求用户，可以通过图像、曲线、二维图形、三维图形和动画显示结果，辅助发现规律、制定决策和解释现象①。

但文本挖掘方法也存在局限性，如结果受限于所收集的文本，文本数量不足或文本具有偏向性等问题都会影响分析结果；此外，自然语言的丰富多变性也会导致在文本预处理过程中出现信息遗漏等问题，为了使文本挖掘得到更广泛的应用发展，可以灵活地与情景分析等方法结合使用①。

（三）2010—2020 年主要新增技术预见方法

1. “文献计量 + 社会网格分析法”复合方法

文献计量法是一种利用数学和统计学手段，对文献数据进行量化分析的技术预见方法②，可以辅助发现科技发展规律，以及技术之间关联。使用文献计量法进行技术预见，首先需要确定预测的技术领域、时间跨度与空间范围；设计合理的检索词和检索式，在适合的数据库中进行检索，获

---

① 穆荣平、陈凯华等：《科技政策研究之技术预见方法》，科学出版社 2021 年版，第 12—20 页。

② 官海滨、武德昆：《中外高校科研绩效评价理论比较》，《中国高校科技》2013 年第 1 期，第 112—114 页。

取相关文献数据；对检索到的文献数据进行筛选，去除重复、无关与低质量的文献，同时对文献的元数据按照一定的格式进行规范，如作者、机构、关键词、引文等；运用文献计量学的指标和方法，对文献数据进行各种维度的分析，如文献量分析、文献引用分析、文献合作分析、文献关键词分析等，以及利用可视化工具，如 Bibexcel、CiteSpace 等，对分析结果进行图形化的展示，如文献增长曲线、文献引用网络、文献合作网络、文献关键词共现网络等；根据文献数据的分析和展示，对技术的发展现状、特点、规律、趋势、热点、前沿等进行解释和总结，以及根据文献数据的变化和演化，对技术的未来发展进行预测和推测，如预测技术的生命周期、创新点、影响力、发展方向等。

文献计量在技术预见中主要用于识别各国关键科学技术，制定国家未来重点发展的关键科技领域和重点突破的核心关键技术。文献计量主要用于技术预见前期的关键领域识别等阶段，之后会结合社会网格分析等定量方法获得最终的技术预见。社会网格分析的原理是利用数学模型研究核心要素之间的关系和影响，通常依赖数学软件完成，常用的社会网格分析软件包括 SPSS、Stata、SAS、MATLAB、EViews、Python 等[①]。

但“文献计量＋社会网格分析法”复合方法具有一定的局限性，没有对文献差异性和重要性进行区分，仅按照数量进行同等判断。另外，获取数据的数据库本身存在一定局限性，以 Web of Science 数据库为例，它虽然在一定程度上可以保证文献质量，但也牺牲了数据来源的广泛性。Web of Science 数据库中存在较为严重的文献语言、区域和学科分布不均衡的现象，如 Web of Science 数据库等大部分文献为英文文献，多来自美英地区，且生命科学、医学、物理化学等学科占比较大。又如 Google Scholar 网络数据库，虽拥有更加广泛的数据来源，但文献质量难以得到保证[①]。

2.“定标比超法＋专家研讨＋情景分析”复合方法

定标比超法旨在以别国某领域中竞争力最强的科技或产业作为标杆，将本国科技或产业的实际状况与这些标杆进行量化比较，分析标杆科技或企业的竞争力最强的原因，并在此基础上制定改进本国科技与产业的战略和措施[①]。定标比超法在实施过程中首先需要确定定标比超的内容框架，

---

① 孔杰、程寨华：《标杆管理理论述评》，《东北财经大学学报》2004 年第 2 期，第 3—7 页。

明确需要改进的技术和产业，选择追赶与争取超越的对象，然后收集定标比超对象的资金链、人才链、产业链、供应链等相关信息，并找出差距。之后根据本国的相关情况，提出具有可行性的解决方案，并且对解决方案的实施效果进行评价。

在定标比超法的数据搜集和对比分析阶段，需要结合领域专家的研讨确定数据搜集的角度、来源和范围，并且需要基于专家的经验对比分析，提升解决方案的科学性和可操作性。在制定解决方案之前，通过领域中泰斗级别的专家结合对比结果，进行系统详细的情景分析，明确追赶对象的时空范围、识别和提炼关键影响因素，并基于驱动因素设定未来可能情景及情景中可能发生的风险及其影响，并进行风险评估，结合情景分析结果制定相应策略。

结合定标比超法、专家研讨和情景分析这三种方法，研究人员可全面、准确地了解关键的改进之处，获得领域专家凝练后的专业意见，及早预测和评估各种风险与影响，提高研究的实用性和有效性，为科技决策和科技安全风险应对提供有力的支撑。

3. “S 曲线 + 自然语言处理 + 情景分析”复合方法

S 曲线可以有效揭示科学技术随着时间的变化趋势。近年来，随着人工智能、大数据、云计算等新技术的发展，自然语言处理技术可辅助研究人员从大量文本信息中提取关键信息，提升决策的效率和准确性。前两种方法结合情景分析可帮助研究人员提炼关键问题，并且对未来的不确定性进行预测和评估，使决策更符合实际情境，提高决策的科学性。

四、颠覆性技术识别技术与方法

（一）颠覆性技术的概念

颠覆性技术，是一种对已有传统或主流技术格局和发展路径产生整体或根本性改变的技术，它可能是因对原有技术产生重大理论突破而产生的新技术，可能是新技术与现有技术的跨界融合，也可能是已有技术的跨学科、跨领域应用①。颠覆性技术易造成技术突袭，冲击传统产业，也可以在技术创新和产业升级层面实现弯道超车，进而实现跨越式发展，重塑世

① 刘柳、吴新年：《颠覆性技术识别方法研究进展述评》，《数字图书馆论坛》2022 年第 1 期，第 2—9 页。

界发展格局。

中国科学院张欣认为颠覆性技术是新兴技术的一个子集，颠覆性技术与新兴技术都具有创新性，对未来的经济社会具有影响力和技术影响的不确定性；不同之处在于颠覆性技术比新兴技术的创新性更强，颠覆性技术更强调对以往技术的替代、颠覆原有市场格局和形成新的创新战略[①]。因此，识别颠覆性技术的方法比前面一节中面向新兴技术的技术预见方法要求更高，颠覆性技术识别方法需要精确到技术领域的更深层次主题、具有更高的系统性和实用性、参考依据的来源也要更加广泛[②]。

（二）颠覆性技术识别方法

颠覆性技术识别方法可划分为基于开源技术与产业信息的颠覆性技术识别方法、基于专家经验判断的颠覆性技术识别方法以及协同开源信息和专家智慧的颠覆性技术识别方法。

1. 基于开源技术与产业信息的颠覆性技术识别方法

（1）基于开源专利、文献等开源信息的颠覆性技术识别。通过 S 曲线分析专利和文献中技术的发展趋势和路线，结合专利计量法分析专利级别、专利数量、专利授予率、专利时效性、专利技术所获得利润等指标，研判该技术是否可以成长为颠覆性技术。对于专利、文献的内容，可通过文本挖掘技术识别专利和文献中关键词增长率、扩散率分析技术的发展态势。因为颠覆性技术往往具有跨领域交叉学科的特点，可以通过分析专利和文献的研究主题、学科分类组合等识别颠覆性技术。

（2）基于用户对技术需求信息的颠覆性技术识别。开源信息中还包括用户对技术的需求信息，用户对技术的需求会驱动产业的发展，颠覆性技术萌生机会往往源于现有技术无法满足用户过剩的需求，因此当捕捉到用户需求过剩时，要重点关注该领域可以发展为颠覆性技术的苗头。此外，颠覆性技术出现时，因其发展较快，会引发主流技术和非主流技术发展的不平衡，因此也可以基于这一特征识别颠覆性技术[③]。

---

① 张欣：《颠覆性技术识别方法述评》，《图书情报工作》2020 年第 17 期，第 145—152 页。

② 白光祖、刘安蓉、曹晓阳等：《工程科技领域潜在颠覆性技术发现方法研究与实证》，《情报杂志》2022 年第 11 期，第 33—40 页。

③ 张欣：《颠覆性技术识别方法述评》，《图书情报工作》2020 年第 17 期，第 145—152 页。

（3）基于政府部门文件、官方报道等关于重要原材料采购供给、产业发展布局等新闻信息的颠覆性技术识别。因为颠覆性技术会深刻改变产业格局、对关键原材料采购和供应产生深远影响，可以使用网络爬虫技术捕捉公开报道的关键原材料采购和供应的政府或企业的公开报道，捕捉颠覆性技术兴起的苗头。

2. 基于专家经验判断的颠覆性技术识别方法

（1）颠覆性技术遴选法。首先组织领域内专家，包括技术研发人员、学术期刊编辑、相关产业领军管理人员、投资人员等明确领域内颠覆性技术的遴选标准。如美国麻省理工学院主办的《技术评论》、麦肯锡全球研究院发布的《展望 2025：决定未来经济的十二大颠覆技术》报告等对颠覆性技术的遴选中，都涉及颠覆性技术具有交叉性、发生研究范式变革、改变人们生产生活方式、商业应用性等特征。然后根据这些颠覆性技术特征，面向上述领域的专家通过德尔菲法、专家访谈和情景分析法统计颠覆性技术提名并排序，去除可行性较低和应用较为狭窄的技术之后，遴选出未来最有可能出现的颠覆性技术。

（2）模拟颠覆性技术发展应用过程的情景分析法。通过模拟构建颠覆性技术在未来发展应用过程中的路径、阻碍、风险和需求，结合领域专家对模拟内容的研判，识别未来可能出现的颠覆性技术。如美国《游戏规则改变者：颠覆性技术与美国国防战略》报告，通过模拟颠覆性技术在军事对抗场景中面临的障碍、技术如何使用、该技术被友军或敌军使用时的情况，从初期提出的五项待选颠覆性技术中，最终锁定与美国国防关系最密切的颠覆性技术①。

3. 协同开源信息和专家智慧的颠覆性技术识别方法

结合多元开源信息来源和专家评议，中国科学院白光祖等提出了颠覆性技术识别技术框架，包括拓展技术主题来源、构建领域技术树、构建产业技术树和颠覆性技术初步评估四个部分。在拓展技术主题来源环节，除收集期刊论文、专利外，还纳入科研项目和前沿会议相关数据形成开源数据集合，所搜集信息覆盖创新链各个环节；在构建领域技术树环节，首先识别出技术点，然后梳理技术点之间的层级关系形成技术树；在构建产业

---

① 王安、孙棕檀、沈艳波等：《国外颠覆性技术识别方法浅析》，《中国工程科学》2017 年第 5 期，第 79—84 页。

技术树环节，结合科研机构、智库专家、领军高新技术企业以及权威部门发布的技术评价和技术报告等信息，按照技术构成关系梳理产业技术结构，之后与领域技术树结合，形成产业技术树；在颠覆性技术初步评估环节，评估领域技术树中种子技术在基础研究和应用研究中的情况以评估技术成熟度，另外评估种子技术在技术预测和技术评论中的情况来评估该技术在企业和投资方面的关注度，最后综合考量技术点的颠覆性潜力①。

五、“卡脖子”技术识别技术与方法

（一）“卡脖子”技术的概念

清华大学陈劲教授定义“卡脖子”技术为一种我们跟别人相比落后很多，而且很难追赶上的关键技术，它被少数国家或企业垄断，我们只能通过国际贸易来获取，但又可能随时被别人切断供应。②“卡脖子”技术识别与颠覆性技术识别有所不同，待识别的颠覆性技术往往处于S曲线中的技术婴儿期，尚未在产业链中占据重要位置，也未替代主流技术；而待识别的“卡脖子”技术往往处于技术成熟期并在产业价值链中处于重要位置，属于主流技术范畴（见图7－4）③。因此，对“卡脖子”技术的识别主要面向产业技术。

（二）“卡脖子”技术识别技术与方法

“卡脖子”技术识别可以根据分析信息的类型分为以下三种方法：一是基于文本信息的“卡脖子”技术识别技术；二是基于图像信息的“卡脖子”技术识别技术；三是基于技术关系网的“卡脖子”技术识别技术。④

1. 基于文本信息的“卡脖子”技术识别技术

系统通过爬虫技术搜集技术文献、技术专利、技术政策、技术评价和技术新闻相关文本信息，并对上述信息进行预处理，如通过自然语言处理

---

① 白光祖、刘安蓉、曹晓阳等：《工程科技领域潜在颠覆性技术发现方法研究与实证》，《情报杂志》2022年第11期，第33—40页。

② 陈劲、阳镇、朱子钦：《“十四五”时期卡脖子技术的破解：识别框架、战略转向与突破路径》，《改革》2020年第12期，第5—15页。

③ 汤志伟、李昱璇、张龙鹏：《中美贸易摩擦背景下“卡脖子”技术识别方法与突破路径——以电子信息产业为例》，《科技进步与对策》2021年第1期，第1—9页。

④ 霍朝光、卢小宾、杨冠灿等：《数据驱动的产业技术情报分析方法体系框架构建》，《图书情报知识》2022年第1期，第73—83页。

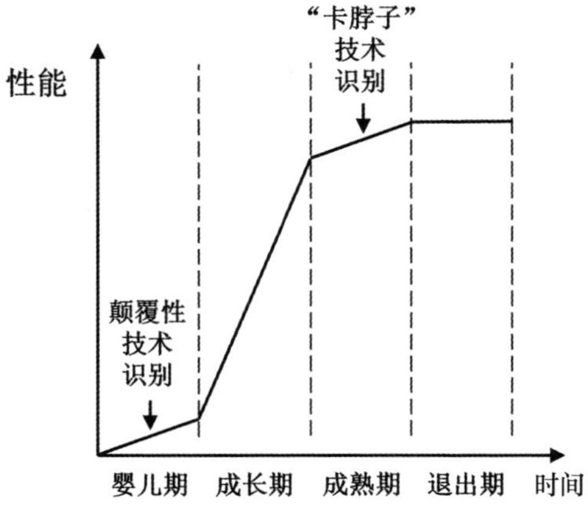

图7-4　颠覆性技术识别与"卡脖子"技术识别对应S曲线中的典型区段

提炼技术发展规律、技术发展成熟度评价、发现技术升级迭代速率、与该技术相关政策与资金支持、与该技术相关顶尖人才流向、企业对该技术的持续研发与投入等。然后结合文本挖掘技术对预处理后的信息进行文本聚类、文本分类和信息提取等，并对相似信息进行清洗，提炼出可能成为"卡脖子"技术的目标技术。最后结合专家分析研判，如通过德尔菲法、情景构建法，对得出的结果进行研判，去除已有替代技术，以及市场需求较小、技术壁垒较低和不可持续发展的技术，最终得出"卡脖子"技术(见图7-5)。

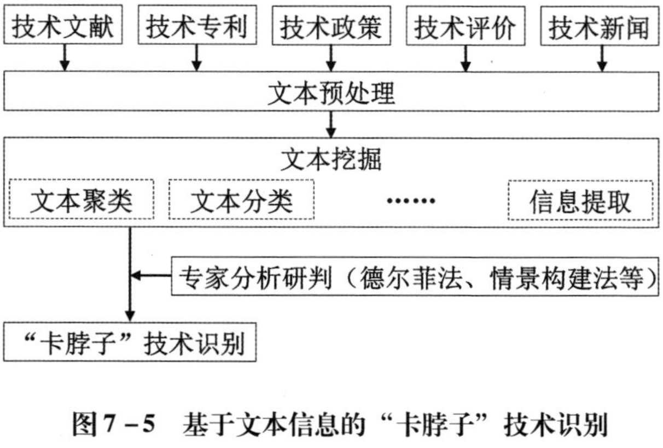

图7-5　基于文本信息的"卡脖子"技术识别

2. 基于图像信息的“卡脖子”技术识别技术

搜集研究成果中数据走势和试验图像、专利图纸、产品图纸照片等图像数据，并对搜集到的图像进行处理，包括图像聚类、图像分割，然后进行图像识别和提取特征，根据图像内容和特征进行初步技术识别和预测。在图像处理之后，进行图像挖掘，通过图像匹配、图像检索、计算机视觉技术和图像统计技术进一步进行技术识别、技术更新迭代分析统计等，从与人们生产生活关系密切的技术领域，识别图像中的技术预见情报。最后结合专家问卷调查和分析研判，如分析技术需求、对产业影响等，提炼和识别“卡脖子”技术（见图7－6）。

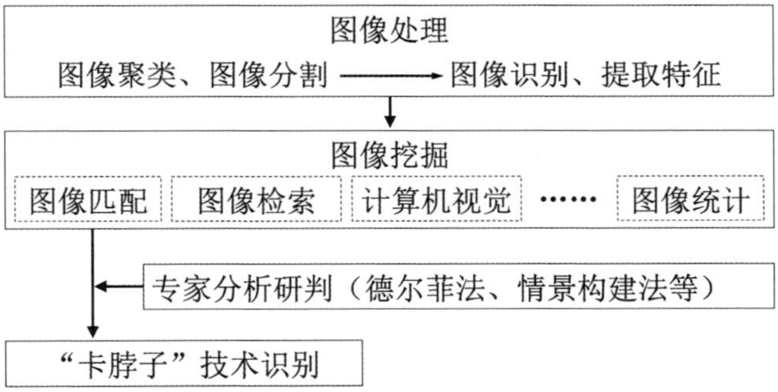

图7－6 基于图像信息的“卡脖子”技术识别

3. 基于技术关系网的“卡脖子”技术识别技术

系统收集技术演进关系网、技术合作关系网、技术文献和专利引用关联网、产业技术价值链、产业技术集群网和产业技术知识图谱等技术关联信息，并基于搜集到的信息获取技术之间关联的关键节点，获取关键技术属性并梳理核心技术，解构技术之间的潜在关系和发展规律，构建技术关系网。然后对技术关系网进行信息挖掘，通过对技术的分类、分析技术演化发展路径、识别关键技术在重大发展需求下可能衍生的子集，并且对技术的影响力进行分析，预测技术与未来产业之间的关系，通过机器学习、神经网络等技术获取可能成为“卡脖子”技术的关系网。结合专家问卷调查、面对面访谈或者顶尖专家针对技术关系网进行情景构建，识别“卡脖子”技术（见图7－7）。

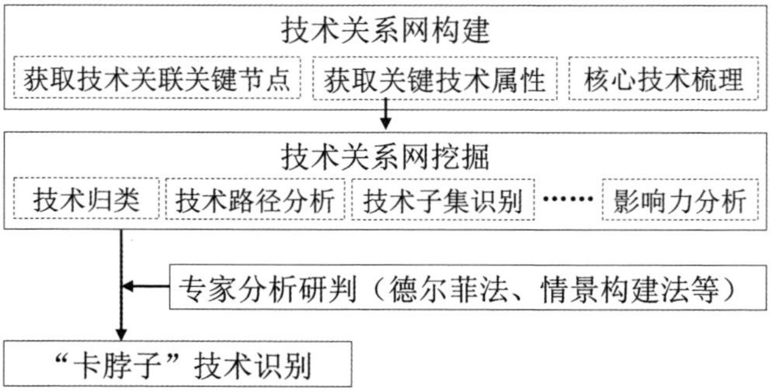

图7－7　基于技术关系网的“卡脖子”技术识别

第二节　科技安全关键工程

一、“两弹一星”

“两弹一星”工程，是中国研制的核弹（原子弹、氢弹）、导弹和人造卫星工程的简称。新中国建立后，为了打破帝国主义的核讹诈和核威胁，拥有有效的自卫核威慑力量，中国政府决定实施“两弹一星”工程。在20世纪60年代国家经济发展受阻、技术基础薄弱以及工作条件极其艰苦的时期，众多杰出的科技工作者响应党和国家号召，奋不顾身地投身于这项伟大事业。经过多年的不懈努力和刻苦研发，他们成功攻克了原子弹、氢弹、导弹以及人造卫星等多项尖端技术难关，为国家赢得了举世瞩目的辉煌成就①。

（一）中国第一颗原子弹的研制

1. 原子弹研制工程的准备与启动

在新中国成立之初的5年内，由于客观条件的限制，原子弹研制工作并未进入中共中央决策者的视野，但相关准备工作开展得有条不紊。在科研机构组建上，1950年，中国科学院近代物理研究所（现为中国原子能科学研究院）正式组建，主要从事原子能研究。20世纪50年代中后期，科学家们在原子能科学技术方面，开展了一系列的科学实验和理论研究工作。在铀矿查找上，国家设置了地质部，并开始了寻找、开采铀矿的工

① 徐丽芳：《东方巨响　气壮山河》，《海东时报》2015年9月18日。

作。1955 年 1 月，铀矿的探测和开采取得了重大进展。

与此同时，美国在经济、技术上对中国进行全面封锁，并且还制造了一系列的军事威胁事件，台湾海峡危机和抗美援朝战争中美国都对中国或明或暗地威胁使用核武器。此前美国在日本投下原子弹，对世界各国造成巨大威慑。在此背景下，当时的国家领导人意识到，以核制核是唯一有效的自卫途径。1955 年，中共中央决定在中国正式建立并发展原子能工业。到了 1956 年，我国《十二年科技规划》将研制导弹、原子弹列入计划①。

此时的中国原子能发展得到了苏联的大力支援。1955 年 1 月，国务院第四次会议上讨论通过了《中华人民共和国国务院关于苏联建议帮助中国研究和平利用原子能问题的决议》②。1957 年 10 月，中苏两国政府签订了《国防新技术协定》，明确苏联要在原子能的和平利用及核武器研究方面提供技术支援。在苏联的援助下，1958 年中国建成了第一座实验性原子反应堆③。然而到了 1959 年 6 月，中苏关系破裂，苏联终止合同并撤走技术专家，依靠苏联研制原子弹的希望也随之破灭。我国决定从头开始自主研发原子弹④，中央把原子弹工程定名为“596 工程”⑤。

2. 自主研制原子弹

1962 年，第二机械工业部向中央政府提交了关于我国首颗原子弹爆炸的两年规划，并得到毛泽东批准。随后，中共中央决定成立以周恩来为主任的中央专门委员会，加强集中统一领导。直到第一颗原子弹爆炸前，中央专门委员会先后召开了 13 次会议，讨论解决了 100 多个重大技术问题。

1963—1964 年，通过组织全国大协作、调集力量、培养人才等一系列的措施，原子弹的各项研制、试验工作得以协调、迅速开展。与此同时，在各部门和军方的大力支持下，青海金银滩核武器研制基地和新疆罗布泊核武器试验靶场也在 1964 年春基本建好。1963 年 3 月开始，原子弹研制

---

① 秦韵：《“两弹一星”挺起中国不屈的脊梁》，《中国知识产权报》2009 年 9 月 9 日。

② 刘武生：《周恩来与“两弹一星”》，《湘潮》2002 年第 5 期。

③ 班永吉：《从“两弹一星”研制历史看“国之大者”》，《湘潮》2022 年第 6 期。

④ 《新中国档案：中国成功研制“两弹一星”》，中国政府网，2009 年 9 月 14 日，http://www.gov.cn/test/2009-09/14/content_1417173_2.htm。

⑤ 王志刚：《毛泽东与两弹一星核潜艇》，《中华魂》2012 年 11 月 5 日。

大军开始在金银滩制备原子弹，并开展原子弹原理实验。同年 11 月，又开展了缩比例聚合爆轰试验。1964 年 6 月，进行了全尺寸爆轰模拟试验，除了没有装配轴部件以外，试验结果实现了预先的设想。

1964 年 4 月，周恩来主持召开中央专门委员会第八次会议，宣布第一颗原子弹爆炸试验将采取塔爆方式，并要求所有相关部门在 9 月 10 日前做好一切试验准备，力争保响、保测、保安全，一次成功。10 月 16 日，中国第一颗原子弹在新疆罗布泊地区引爆成功，爆炸威力超过 2 万吨 TNT 爆炸当量①。

3. 研发氢弹

在第一颗原子弹理论设计完成后，中国科学院院士彭桓武敏锐地意识到，要迅速组织力量向氢弹原理的探索转移。当时国际上一致认为，氢弹是真正意义上的战略核武器，氢弹研究也被核武器大国列为涉及国家安全的最高机密。1960 年，原子能研究所成立中子物理领导小组，一方面成立轻核理论组，开展氢弹原理研究；另一方面成立轻核实验组，配合和支持轻核理论工作的展开②。

第一颗原子弹爆炸成功后，中国原子能研究所抽出 1/3 的理论人员，全面开展氢弹理论研究。1964 年底开始，彭桓武召集讨论形成三个方案，并安排理论部的三位副主任周光召、于敏、黄祖洽分别带队探索。1965 年 9 月，借助华东计算技术研究所当时最先进的计算机，于敏率领团队完成加强型核航弹的优化设计任务，并且形成了从原理、材料到构型完整的氢弹物理设计方案，大大缩短了氢弹研制进程。

1966 年 12 月，氢弹原理试验取得成功。同时，聂荣臻在新疆罗布泊试验基地主持座谈会，讨论下一步全当量氢弹试验问题。会议讨论后形成了计划在 1967 年 10 月 1 日前采用空投方式进行一次百万吨级全威力的氢弹空爆试验的建议。而不久后，西方媒体报道法国很可能在中国之前引爆氢弹。为此，在我国科学家的建议下，中央专门委员会批准在 1967 年 7 月 1 日前先于法国进行氢弹试验。

1967 年 6 月 17 日，中国第一颗氢弹空爆试验成功爆炸，爆炸当量达到 330 万吨 TNT 爆炸当量。从第一颗原子弹成功试验爆炸到第一颗氢弹成

---

① 刘武生:《周恩来与“两弹一星”》,《湘潮》2002 年第 5 期。

② 陈瑜:《于敏：核弹征程舞忠魂》,《科技日报》2015 年 1 月 10 日。

功试验爆炸，中国仅用时 26 个月，研制周期为全球最短①。

（二）中国的导弹崛起之路

1．“东风一号”导弹研制成功

20 世纪 50 年代中期以前，因人才、技术匮乏，新中国导弹事业仍处于培养人才、开展理论研究的初步阶段。1955 年钱学森回国，出任中国科学院力学研究所所长。1956 年 2 月，钱学森遵照周恩来指示，起草了《建立我国国防航空工业意见书》，该意见书就发展我国导弹事业，从领导、科研、设计、生产等方面提出了建议。同年 3 月，周恩来主持召开中共中央军委扩大会议，决定建立导弹科学研究的领导机构航空工业委员会。

1956 年 4 月，国防部航空工业委员会正式成立，聂荣臻出任主任。5 月 10 日，聂荣臻向中央军委递交了《关于建立我国导弹研究工作的初步意见》。随后，周恩来主持召开中央军委会议专题讨论了导弹研制工作。10 月，国防部五院正式成立。不久后五院成立了两个分院，一分院负责地对地导弹总体设计和弹体、发动机研制，二分院负责导弹控制系统和设计工作。随后三分院、四分院相继成立，导弹研制工作逐渐步入正轨。

1958 年 9 月，中国开始了仿制苏联 P－2 导弹的工作，仿制型号命名为“1059”。然而随着后来中苏关系破裂，苏联拒绝按照协定提供给中国关键技术资料和设备物资，仿制任务和目标不得不随之延期。

1960 年，中国政府根据现实条件和已有基础，迅速调整导弹研制战略，决定分三步实现我国导弹研制，即在仿制基础上，分三步走，先期展开对近程地地导弹的改进设计，研制近程 700 千米导弹，摸索独立进行导弹设计的经验，之后实施中近程 1200 千米、中远程 2400 千米导弹研究，逐步建立我国自己的导弹技术发展体系。1960 年 7 月，中央工作会议在北戴河召开，会议通过了“三步走”战略规划。

“三步走”战略规划正式确定后，中国第一颗导弹的研制、发射工作也迅速展开。1960 年 9 月，中央军委决定在 11 月 5 日用国产推进剂发射第一颗导弹。11 月 5 日，第一枚国产导弹发射成功，导弹飞行时间持续了 442 秒，最大射程达到了 590 千米。这一导弹型号后来被正式命名为“东

---

① 《军事文摘》编辑部：《“氢弹之父”于敏的故事》，《军事文摘》2023 年第 18 期，第 42—45 页。

风一号”导弹。

2. “东风二号”导弹研制成功

在“东风一号”导弹尚未发射时，钱学森就向中央军委递交了研制“东风二号”导弹的计划，即自行设计中近程导弹。1962 年初，“东风二号”导弹发动机试车成功，并被运往发射基地。1962 年 3 月 21 日，第一枚“东风二号”在茫茫戈壁进行首次飞行试验。然而，因技术不足该导弹在发射升空仅 69 秒后便坠毁[①]。1962 年 7 月 13 日，中共中央书记处听取国防科委关于导弹故障分析和请求解决有关问题的报告，在总结失败原因和教训的基础上，国防部五院形成了改进“东风二号”的意见，从发动机到各个分系统都全部审查设计[②]。

1964 年春，改进的“东风二号”导弹在全新的全弹试车台上进行试车，两次全弹试车全部合格。6 月 29 日，“东风二号”导弹在酒泉成功发射升空，并精准命中 1000 千米之外的预定目标。随后，研究人员又对中近程地地导弹进行了一系列飞行试验，并于 1966 年 9 月完成定型试验。

3. 战略核导弹一举成功

1964 年 9 月，鉴于先期对原子弹、中近程地地导弹的研制工作已经取得突破性进展，以及苏联、美国、英国三国签订《部分禁止核试验条约》后国际形势发生的新变化，中央专门委员会召开会议明确了中国核武器下一步的发展方向，即搞两弹结合，研制核导弹。随后，中央国防科委和国防工业办公室组织相关部门针对核导弹的研制工作进行了全面部署，并对两弹的结合问题进行了周密细致的准备工作，决定采用已研制成功的原子弹，并减小其尺寸和重量作为弹头，用已经研制成功的中近程地地导弹作为运载工具[③]。

研制核导弹有两个关键：一是原子弹必须小型化，以便安装在火箭上；二是要加大火箭的推力，加强安全可靠性，尤其是要求制导系统的命中率要提高。在火箭方面，增程后的“东风二号甲”导弹安装了自毁装

---

① 赵聪、高一鸣：《探寻“两弹一星”精神——立下中国航天的根与魂》，《中国航天报》2022 年 9 月 28 日。

② 杨光铮：《周恩来科技发展战略思想特点初探》，《淮阴师范学院学报》（哲学社会科学版）1999 年第 4 期，第 17—20 页。

③ 《党史纵览》编辑部：《中国导弹核武器诞生记》，《党史纵览》1999 年第 6 期，第 44 页。

置，如果导弹飞行发生故障，可由地面控制将弹体炸毁。在核弹头方面，核弹头安装了保险开关，即使在主动段掉下来弹体也只会自毁爆炸或落地撞击，而不会引爆核弹头①。

为了确保核导弹的安全和成功，1966 年 10 月初，科学家们先后进行了一系列核导弹的地面测试和三次冷试验，即没有核弹头的实验，都取得了成功。1966 年 10 月 27 日，我国第一颗全当量核导弹在酒泉卫星发射中心成功发射，9 分钟后，核弹头在预定地点新疆罗布泊上空实现了核爆炸。我国首次核导弹试验取得圆满成功。

（三）“东方红一号”卫星

1. 人造卫星工程首次启动

1957 年苏联率先发射世界上第一颗人造卫星后，1958 年初，竺可桢、钱学森、赵九章联名向中央上书，建议开展中国的人造卫星研究。5 月 17 日，在中国共产党第八次全国代表大会第二次会议上，毛泽东号召“我们也要搞人造卫星”②。

5 月 29 日，聂荣臻召集会议，听取钱学森关于中国科学院和国防部五院协作分工研制人造卫星的建议。会议决定由国防部五院负责研制探空火箭，中国科学院负责卫星本体的研制。1958 年 10 月，钱学森、赵九章、郭永怀等科学家拟定了首份中国人造卫星发展规划方案，提出先实现卫星升上天、后研制回收型卫星、最后发射同步通信卫星的“三步走”计划。该方案被中国科学院列为 1958 年的首要任务，代号“581”。随后，又成立了以钱学森为组长，赵九章、卫一清为副组长的人造卫星研制领导小组。

与此同时，赵九章等人前往苏联考察参观人造卫星。在考察团总结报告里，赵九章指出中国现有研究基础和工业基础薄弱，发射人造卫星条件尚不成熟，提出了先研究探空火箭的建议。1959 年 1 月，邓小平在听取了中国科学院党委书记、副院长张劲夫的汇报后作出指示，暂时搁置卫星研制计划。原定于 1960 年发射第一颗卫星的计划就此取消，但发射探空火箭

---

① 李鹰翔：《核导弹武器化成功的重要标志——纪念我国“两弹”结合试验成功 50 周年》，《中国核工业》2016 年第 10 期，第 52—54 页。

② 张国栋：《“东方红一号”：开启中国航天新纪元》，《中国航天报》2011 年 5 月 25 日。

的计划继续进行[1]。

1958 年 11 月，原中国科学院第一设计院总体设计部和发动机部的 100 多名技术人员从北京迁至上海，组建为上海市机电设计研究院。20 世纪 60 年代初，上海市机电设计研究院的研究任务由研制大型运载火箭和人造卫星调整为重点研制无控制探空火箭。1960 年 2 月 19 日，试验型液体探空火箭“探空七号”模型火箭首次发射成功。9 月 13 日，“探空七号”液体燃料火箭发射成功，箭头回收成功。这些工作为后来的人造卫星计划的再次启动积累了重要的经验和技术支持。

2. 人造卫星工程再次启动

随着 1964 年“东风二号”导弹和原子弹相继发射成功，以及中国国民经济逐渐恢复，人造卫星计划再次被提上议程。1965 年 1 月，赵九章向周恩来递交了一份尽快规划中国人造卫星的建议书，与此同时，钱学森向国防科委和国防工业办公室提交了关于制订人造卫星研制计划的建议。在赵九章、钱学森等科学家的提议下，国防科委专门组织召开有关人造卫星的可行性座谈会，形成了国防科委向中央专门委员会提交的《关于研制发射人造卫星的方案报告》，计划于 1970—1971 年发射第一颗人造卫星。

1965 年 8 月，中央专门委员会会议批准了中国科学院的《关于发展我国人造卫星工作规划方案建议》，并就人造卫星研制作出了全面部署，人造卫星研制方案代号“651 工程”。10—11 月，中国科学院召开方案论证会议，确定第一颗人造地球卫星为科学探测性质的试验卫星，并初步确定了人造地球卫星的总体方案。1966 年 1 月，中国科学院成立卫星设计院，代号“651 设计院”，卫星研制工作正式开展起来。卫星总体组的何正华提出了将第一颗人造地球卫星命名为“东方红一号”的提议，得到了一致认可[2]。

研制初期，国内卫星测控系统基本处于一片空白。鉴于测控系统的重要性，国防科委批准了由中国科学院负责卫星地面观测系统的规划、设计和管理。中国科学院为此成立了人造卫星地面观测系统管理局，代号为“701 工程处”，负责地面观测系统的设计、台站的选址和建设等工作。而

---

① 陶纯、陈怀国：《国家命运：中国“两弹一星”的秘密历程（二）》，《神剑》2012 年 3 月 25 日。

② 彭继超：《周恩来与两弹一星》，《神剑》2018 年 3 月 25 日。

在第七机械工业部方面的工作上，钱学森就人造卫星运载火箭的研制提出了重要建议，即在“东风四号”导弹基础上，加上探空火箭的经验，设计制造用于发射人造卫星的运载火箭。

随着“文化大革命”的到来，许多研究人员被迫离岗，人造卫星研制面临着严峻考验。1967 年秋，钱学森任命孙家栋负责第一颗人造卫星的总体设计工作。孙家栋带领科研人员在这颗卫星的“上得去、抓得住、听得到、看得见”上下功夫。“上得去”是指发射成功，“抓得住”是指准确入轨，这两点是发射人造卫星的基本要求；“听得到”和“看得见”则难度较大。为实现“看得见”，孙家栋带领科研人员在火箭第三级上设置直径达 3 米的观测球，该球由反光材料制成，在进入太空后打开，紧贴卫星后面飞行，从地面望去，犹如一颗明星。为实现“听得到”，有人提议在卫星上播放《东方红》乐曲，得到了中央批准。而技术人员经过多次尝试，也解决了相关技术问题。

经过近 5 年的研究，1970 年 4 月 24 日，“东方红一号”卫星在酒泉卫星发射中心发射成功。据观测，卫星运行轨道近地点距离为 439 千米，远地点距离为 2384 千米，轨道平面与地球赤道平面夹角为 68.5 度，绕地一周的飞行时间为 1 小时 54 分，并用 20.009 兆赫的频率播送《东方红》乐曲。“东方红一号”的成功发射，开创了中国进入太空活动的新纪元。①。

（四）发展“两弹一星”的重大意义

在中国科技发展史上，“两弹一星”工程无疑是具有里程碑意义的重大事件。第一颗原子弹、氢弹及导弹的研制成功，标志着中国的国防科技获得了迅速发展。“东方红一号”人造卫星的成功发射，使中国成为继苏联、美国、法国、日本之后世界上第五个能独立研制和发射人造地球卫星的国家，从此拉开了中国航天事业的序幕。

“两弹一星”工程的发展，不仅为中国建立战略导弹部队提供了装备技术保障支撑，有力增强了中国人民解放军在现代战争中的防御能力和作战能力，也带动了一系列高新技术及其产业的蓬勃发展，促进了中国经济发展和科技进步，大力推动了中国现代化建设进程。②

---

① 彭继超：《周恩来与两弹一星》，《神剑》2018 年 3 月 25 日。

② 徐丽芳：《东方巨响　气壮山河》，《海东时报》2019 年 9 月 30 日。

二、北斗工程

北斗卫星导航系统（BDS）是我国自主研发运行的全球卫星导航系统，也是继美国全球定位系统（GPS）、俄罗斯全球卫星导航系统（GLONASS）之后的全球第三个成熟的卫星导航系统①。新中国成立后，面对美国对全球定位系统技术的垄断威胁，为了更好地服务于国家建设与发展，满足全球应用需求，中国着眼于国家安全和经济社会发展需要，制定了利用卫星进行定位导航服务的发展规划。在经历了艰苦卓绝的努力后，我国在人造卫星技术上取得重大突破，并在此后连续发射多颗人造卫星，最终建成了庞大且功能丰富的北斗系统。

（一）北斗一号卫星

20 世纪 60 年代起，我国科学家就开始从理论上研究利用卫星进行定位导航服务。第一颗卫星发射成功后，“七五”规划中提出了“新四星”计划，随后又提出过单星、双星、三星、三到五颗星的区域性系统方案，以及多星的全球性系统构想。1983 年，无线电电子专家、中国科学院院士陈芳允提出了双星定位系统的初步构想，即在中国的上空领域发射两颗纬度上相差 60 度的地球静止轨道卫星，并建立一个地面控制中心站和若干个用户终端。1989 年，陈芳允率领科研团队利用现有的两颗通信卫星进行了双星定位的实验，证明了双星定位系统的技术可行性。但因为经济条件等种种原因，双星定位方案被搁置了。

1991 年，海湾战争爆发，美国军方将尚未完全建成的全球定位系统应用其中，即使是只有 15 颗卫星，该系统依然发挥了强大的威力。全球定位系统不仅为美军提供了精准的定位服务，还极大地提高了美军的作战指挥通信能力以及武器装备的作战能力。伴随着全球定位系统在海湾战争的表现，以及后来 1993 年美国制造“银河号”事件的刺激，中国政府此时深刻意识到发展中国自己的定位导航系统的重要性。被搁置了 10 年的双星定位方案得以再次启动，被称为北斗卫星导航试验系统（也被称作北斗一号）。

1993 年，双星定位试验系统被正式列入国家“九五”计划。1994 年，

---

① 张启福、李景伟、刘志全等：《北斗双向授时技术在遥测地面站组网中的应用研究》，《遥测遥控》2023 年第 3 期，第 61—68 页。

中国政府启动了北斗卫星导航试验系统的研发建设，并且开始探索适合国情的卫星导航系统发展道路，逐步形成了“三步走”发展战略：2000 年底，建成北斗一号系统，向中国提供服务；2012 年底，建成北斗二号系统，向亚太地区提供服务；在 2020 年前后，计划建成北斗全球系统，向全球提供服务。

经历了老一辈人的艰苦攻关，2000 年，我国成功发射两颗地球静止轨道卫星，北斗一号系统也正式投入使用。北斗一号可为国内用户提供有源定位、授时、广域差分和短信通信服务。其定位精度为 20 米，授时精度为 100 纳秒，可支持短信字数为每次 120 字，每小时能容纳的用户终端机是 54 万个。北斗一号系统使得我国成为继美国、俄罗斯之后第三个拥有卫星导航系统的国家，能够初步满足中国及周边区域的定位导航授时需求。2003 年 5 月，我国再次发射第三颗北斗一号导航定位卫星，进一步增强了北斗一号系统的稳定性。①

（二）北斗二号卫星

在北斗一号的经验基础上，2004 年，国家正式启动北斗二号导航系统的建设。2007 年 4 月 14 日，北斗二号第一颗导航卫星从西昌卫星发射中心顺利发送至太空。随后我国北斗卫星导航系统开始进行卫星组网建设，系统的发展建设进入了新阶段。2009 年 4 月 15 日，北斗二号第二颗导航卫星被顺利送往太空。

随后，北斗二号系统建设突飞猛进。2010 年 8 月 12 日和 10 月 29 日，我国再次成功发射两颗北斗二号卫星。用于接替北斗一号卫星，实现了一号系统的服务延续。2011 年 12 月 27 日，北斗卫星导航系统开通试运行服务。到 2012 年底，随着 14 颗北斗二号卫星成功发射组网，并且导航系统安全有效地试运行 1 年，我国正式开放北斗二号卫星导航系统服务。北斗二号系统在兼容北斗一号系统技术体制基础上，增加了无源定位体制，能够为亚太地区用户提供定位、测速、授时和短信通信服务②。

2019 年 5 月 17 日，我国第 45 颗北斗导航卫星在西昌卫星发射中心成

---

① 彭槐振：《基于北斗差分定位的导线舞动在线监测研究》，合肥工业大学硕士论文 2022 年，第 11 页。

② 张保淑：《“三步走” + “齐步走”：中国航天闯出自强路》，《人民日报》（海外版）2020 年 5 月 11 日。

功发射，该卫星是我国北斗二号工程的第 4 颗备份卫星。至此，我国北斗二号区域导航系统建设圆满收官。①

（三）北斗三号卫星

在北斗二号卫星导航系统正式提供区域导航定位服务前，有关北斗三号全球卫星导航系统的理论工作便已在开展中。在前两代导航系统成功运行的基础上，北斗三号全球导航系统建设得十分迅速②。

2009 年，我国正式启动北斗三号系统建设，在此过程中，中国航天科技集团五院研制团队先后攻克了北斗系统的各种难关。不同于美国的全球定位系统，北斗系统无法在全球范围内建立地面基站，北斗三号研制团队经历艰苦探索，最终攻克了星座星间链路技术，实现了卫星之间、卫星与地面站之间的链路互通。这一星间链路技术成为了北斗全球导航系统建设的一大特色。

2017 年 11 月 5 日，北斗三号第一颗卫星发射升空。随后仅用时两年，我国便将 28 颗北斗三号组网卫星全部成功送入预定轨道。我国以平均每个月 1—2 颗卫星的发射速度，刷新了全球卫星导航系统组网速度的世界纪录。截至 2020 年 6 月，第 55 颗卫星发射组网，北斗三号系统全面建成③。

北斗三号系统包括北斗有源定位服务和无源定位服务两种技术体制，能够为全球用户提供基本导航、短报文通信以及国际搜救服务，中国及周边地区用户还可享有区域短信通信、星基增强、精密单点定位等服务。目前北斗系统全球定位精度为 10 米，测速精度每秒 0.2 米，授时精度 20 纳秒。其中，亚太地区定位精度为 5 米，测速精度为每秒 0.1 米，实现了为全球用户提供全天候、全天时、高精度的定位、导航和授时服务④。

（四）发展北斗系统的重大意义

北斗系统是新中国成立 70 多年来重大科技成就之一。北斗系统作为国家重要的空间信息基础设施，是国家的战略性新兴产业，对于转变经济发展方式、促进国家信息化建设、调整产业结构、提高社会生产效率、转变

① 张楠：《GPS25 周年从军用转向民用》，《中国计算机报》2010 年 6 月 21 日。

② 安普忠：《点亮北斗星光》，《解放军报》2020 年 8 月 2 日。

③ 任悦鸣：《全战全捷"满堂红"北斗导航弓满弦——长征三号乙/远征一号运载火箭圆满部署北斗三号全球组网核心星座记》，《中国航天报》2019 年 12 月 18 日。

④ 张保淑：《繁星静候全球"北斗"》，《人民日报》（海外版）2020 年 4 月 13 日。

人民生活方式、提高大众生活质量，都具有重要意义。作为我国创新的结晶，北斗系统的发展浓缩着我国科技创新的不凡之路。在北斗三号工程建设过程中，我国科研人员攻克了 160 多项关键核心技术，推进了 500 多种部件研制，并且实现了核心部件国产化率 100%①。

北斗系统也是中国贡献给世界的全球公共服务产品，中国北斗秉持和践行“世界北斗”的发展理念，在覆盖全球的基础上积极融入全球、用于全球。目前，北斗基础产品已出口 120 余个国家和地区。从建成北斗一号系统向中国提供服务，到建成北斗三号系统向全球提供服务，中国北斗不断走向世界舞台。

三、载人航天

载人航天是指人类通过驾驶和乘坐载人航天器，在太空进行各类探测、研究及试验的往返飞行活动。作为航天工程的重要组成部分，我国的载人航天工程是我国航天史上规模最大、系统最复杂、技术难度和安全性要求最高的重大工程。该工程的核心技术涵盖了载人飞船的发射、空间实验室系统的搭建以及一系列保障系统的研制等多个方面②。经过 30 多年的不懈努力和持续发展，我国载人航天工程实现了从无到有的重大突破，完成了从载人飞船到飞行器对接再到空间站的壮丽飞跃，有力提升了我国在航天领域的国际地位。

（一）载人飞船

20 世纪 60 年代，随着苏联“东方一号”载人飞船的成功发射，我国面临国际载人航天工程迅速发展的巨大压力，为抢占战略制高点，发展中国的载人航天工程首次被提上议程。1963 年，中国科学院成立了星际航行委员会。在竺可桢、裴丽生、钱学森、赵九章的共同领导下，星际航行委员会在载人航天基础研究上做了大量开拓性工作和课题的落实工作。1970 年，党中央批准“714 工程”，计划于 1973 年底发射载人飞船，并将飞船命名为“曙光一号”。但由于当时国力不足等因素，“曙光一号”计划最终

---

① 崔爽：《中国智慧，闪耀全球——北斗精神述评》，《科技日报》2021 年 12 月 10 日。

② 蔡高强、高阳、李成：《论中国载人航天法律制度的完善》，《北京航空航天大学学报》（社会科学版）2011 年第 3 期，第 30—33 页。

于1972年5月13日被迫取消，“714工程”也于1975年3月正式宣布取消[①]。

1986年，杨嘉墀、陈芳允、王大珩、王淦昌四位科学家以《关于跟踪研究外国战略性高技术发展的建议》上书中央，中央组织数百名专家进行多次论证，制订了国家高技术研究发展计划（简称“863计划”）。“863计划”中提出的航天技术项目主题是大型运载火箭及天地往返运输系统、载人空间站系统及其应用。1987年，“863计划”航天技术专家委员会和主题项目专家组经过全面论证，一致同意我国载人航天工程从发展载人飞船起步[②]。

1991年，在钱学森等科学家主持下，中国科学院召开星际航行座谈会，专门探讨包括载人航天在内的航天飞行问题。1992年9月21日，中共中央政治局十三届常委会第195次会议讨论同意了中央专门委员会《关于开展我国载人飞船工程研制的请示》，正式批准实施载人航天工程，工程代号“921”。该工程按“三步走”发展战略实施：首先发射载人飞船，建成初步配套的试验性载人飞船工程，开展空间应用实验；其次突破航天员出舱活动技术、空间飞行器交会对接技术，发射空间实验室，解决有一定规模的、短期有人照料的空间应用问题；最后建造空间站，解决有较大规模的、长期有人照料的空间应用问题[③]。

经过几年的技术方案论证和研制，1999年11月20日，我国首个无人飞船“神舟一号”在酒泉卫星发射中心发射升空，在太空中共飞行了21个小时后顺利着落。此次发射试验是我国载人航天史上首次飞行试验，其成功标志着我国在载人航天技术上取得了重大突破。随后，在2001年1月、2002年3月以及2002年12月，我国分别完成了第二、第三和第四次无人飞行试验，为后续进行载人飞行试验奠定了坚实基础。

2003年10月15日，航天员杨利伟驾乘“神舟五号”飞船，顺利完成了我国首次载人航天飞行任务。“神舟五号”21小时23分钟的太空行程，标志

---

① 张汝范：《裴丽生与新中国科技工作》，《中共党史资料》2006年第3期，第156—164页。

② 罗庆朗：《我国载人航天发展与预算政策研究》，财政部财政科学研究所博士论文2013年，第7页。

③ 蔡高强、高阳、李成：《论中国载人航天法律制度的完善》，《北京航空航天大学学报》（社会科学版）2011年第3期，第30—33页。

着中国成为继美国、俄罗斯之后世界上第三个拥有载人航天技术的国家。在实现了成功发射和返回载人航天器之后，中国的航天事业继续前进。

2005 年 10 月 12 日，航天员费俊龙和聂海胜驾乘“神舟六号”飞船，顺利完成载人航天飞行任务。“神舟六号”是中国第二艘搭载航天员的飞船，也是中国第一艘执行“多人多天”任务的载人飞船。飞船进行了中国载人航天工程的首次“多人多天”飞行试验，完成了中国真正意义上有人参与的空间科学实验。至此，我国载人航天发展任务的第一步取得圆满成功①。

（二）飞行器对接

2005 年，中央批准实施载人航天工程第二步第一阶段研制建设。2008 年 9 月 25 日，航天员翟志刚、刘伯明、景海鹏驾乘“神舟七号”飞船开展我国第三次载人航天飞行任务，圆满完成了我国首次空间出舱活动，并突破了出舱活动技术。

2011 年 9 月和 11 月，我国分别发射“天宫一号”目标飞行器和“神舟八号”飞船。“神舟八号”相比之前的飞船进行了较大的改进，虽然没有搭载真人，却完成了与“天宫一号”目标飞行器的首次自动交会对接试验。对接组合体在太空运行 12 天后，“神舟八号”飞船脱离“天宫一号”，并再次完成对接试验。两次对接试验的圆满完成标志着我国成功突破和掌握了空间自动交会对接及组合体运行等一系列关键技术。

2012 年 6 月 16 日，航天员景海鹏、刘旺、刘洋驾乘“神舟九号”飞船飞往太空，执行我国首次载人交会对接任务。6 月 24 日，“神舟九号”和“天宫一号”目标飞行器顺利对接，我国首次空间手控交会对接试验成功，这也是中国首次在太空尝试人工控制飞行器运动姿态。至此，我国成功突破和掌握了航天员手控交会对接技术，验证了组合体驻留技术，全面实现了交会对接任务目标。

2013 年 6 月 11 日，航天员聂海胜、张晓光和王亚平驾乘“神舟十号”飞船前往太空。在轨飞行 12 天后，“神舟十号”又一次载着三名航天员与“天宫一号”相会，并顺利执行了人员和物资往返运输任务、航天器在轨维修等实验和科普教育活动任务、组合体航天员生活保障能力考核任务，

---

① 罗庆朗：《我国载人航天发展与预算政策研究》，财政部财政科学研究所博士论文 2013 年，第 7—9 页。

以及执行飞行任务的功能、性能和系统间协调性考核任务等。本次飞行中，我国也首次开展了中国航天员太空授课活动。

2016 年 10 月 17 日，航天员景海鹏、陈冬驾乘“神舟十一号”飞船升空，在太空中驻留长达 33 天。本次飞行也是持续时间最长的一次载人飞行任务，飞船入轨后经过两天独立飞行，完成与“天宫二号”空间实验室的自动对接。2017 年 4 月 22 日，我国第一艘货运飞船“天舟一号”与“天宫二号”空间实验室完成首次“太空加油”。至此，我国载人航天发展的第二步任务也取得圆满结果。①

（三）空间站建设

随着载人航天工程开启第三步转入空间站阶段，“太空家园”建造大幕开启。2010 年 9 月 25 日，中央政治局常委会议批准《载人空间站工程实施方案》，计划以空间实验室为起步和衔接，在 2020 年前后建成和运营近地载人空间站，突破和掌握近地空间长期载人飞行技术，使我国具备长期开展近地空间有人参与科学技术试验的能力，成为能够综合开发利用太空资源的国家。由此，我国载人空间站工程正式启动实施。

中国空间站以天和核心舱、问天实验舱、梦天实验舱三舱为基本构型。天和核心舱是空间站发射入轨的首个舱段，也是目前我国自主研制的规模最大、系统最复杂的航天器，起飞质量 22.5 吨。2021 年 4 月 29 日，中国空间站天和核心舱在我国文昌航天发射场发射升空，准确进入预定轨道，任务取得成功。本次发射任务的成功，标志着中国空间站在轨组装建造全面展开，为后续关键技术验证和空间站组装建造顺利实施奠定了坚实基础。

随后，空间站工程各项研制建设工作全面推进，“神舟十二号”航天员代表中国首次进入自己的空间站；“神舟十三号”航天员首次完成长达半年之久的太空飞行任务；“天舟四号”货运飞船“粮草先行”；“神舟十四号”航天员见证空间站三舱合拢；“问天”“梦天”入列，中国空间站“T”字基本构型成型。

2022 年 11 月 30 日，“神舟十五号”航天员与“神舟十四号”航天员乘组在空间站胜利会师。不久后，空间站正式开启长期有人驻留模式。

---

① 罗庆朗：《我国载人航天发展与预算政策研究》，财政部财政科学研究所博士论文 2013 年，第 7—9 页。

2023 年 5 月 30 日，搭载“神舟十六号”载人飞船的长征二号 F 遥十六运载火箭在酒泉卫星发射中心成功发射，“神舟十六号”载人飞船与空间站组合体完成自主快速交会对接，空间站应用与发展阶段首次载人发射任务取得圆满成功。①

（四）发展载人航天的重大意义

中国载人航天工程 30 多年的建设发展，是建设创新型国家和科技强国的重要内容，是实现中国梦、航天梦的具体实践。首次载人航天试验，实现了成功发射、精确测控、正常运行、安全返回的任务目标。太空出舱、交会对接、在轨补加等多项核心技术实现零的突破，使得我国成为世界上第三个独立掌握载人天地往返技术、空间出舱技术以及交会对接技术的国家，并为空间站建造和运营积累了重要经验，推动着我国从航天大国迈向航天强国②。

进入新时代，我国发展了自主建造、独立运行的“天宫”空间站，在开展宇宙探索、建设航天强国的征程上增添了又一座彪炳史册的里程碑。30 多年里，中国载人航天工程突破了 4000 多项技术手段，推动航天产业跨领域多维度发展，辐射带动原材料、微电子、机械制造、化工、冶金、能源、通信等领域快速发展。载人航天工程的实践，在展现我国综合国力、服务国家战略、推动科技创新、促进经济社会发展等方面发挥了重要作用③。

四、钻井工程

石油作为关键能源与战略资源，对于国家的经济稳定、民众福祉以及国防安全具有深远的影响。钻井工程作为石油工业的核心环节，不仅是寻找与开发油气资源的关键技术手段，还在很大程度上决定了油气勘探开发

① 罗庆朗：《我国载人航天发展与预算政策研究》，财政部财政科学研究所博士论文 2013 年，第 7—9 页。

② 蔡文玲：《〈人民日报〉中国航天员媒介形象建构研究（1998—2019）》，南京师范大学硕士论文 2021 年，第 2 页。

③ 余建斌、邓孟、李源：《三十载逐梦寰宇　看今朝邀游苍穹》，《人民日报》2023 年 2 月 27 日。

的成功与否①。自新中国成立以来的70多年里，中国的钻井工程在多代钻井工作者的不懈努力与持续研发之下，始终坚持改革创新，在钻井工程的规模、技术以及装备方面，取得了世界瞩目的成就，引领了石油行业的持续发展，并有力地推动了国民经济的快速与健康增长。

（一）钻井工业基础

新中国成立之初，我国的石油钻井工业几乎处于空白状态，没有任何基础。在1949年，我国仅拥有3台钻机，并且只完成了9口井的钻井作业，总进尺不足5000米。然而，经过艰苦卓绝的努力，我国的石油钻井工业得以逐渐发展。1952年，我国钻机数量达到50余台，完井数达到54口，总进尺突破5万米。为了满足当时我国首个石油基地玉门油田的钻井工作需求，中央政府决定扩大石油钻井队伍。为此，中央军委批准将中国人民解放军第19军第57师改编为石油师，并调配4000人前往玉门，全力开展钻井工作。1953年，中华人民共和国石油部成立了石油学院，旨在为国家培养石油工程领域的技术人才。该学院毕业生积极响应国家号召，投身于钻井现场工作实习，通过实践培养出了一批具备吃苦耐劳精神、经验丰富的技术骨干。随着时间的推移，我国钻井工程技术队伍不断壮大，为国家的石油工业发展作出了重要贡献。

“一五”期间，我国通过自主创业和向国外学习等途径，实现了钻井规模和工作量的快速发展。每年完井数量均超过百口，展现出强劲的增长势头。1957年，我国钻井行业更是取得了显著成就，当年完井数量达到582口，总进尺达到57.96×10^4米，钻井队伍数量也突破了200支。随着一系列重大石油会战的展开，如玉门鸭儿峡钻井会战、川中石油会战以及大庆石油会战，我国石油钻井工作量取得了进一步的突破。在1958年、1959年和1960年这3年间，我国完成了近1万口井的完井工作，特别是在玉门鸭儿峡的钻井会战中，钻井速度实现了翻倍提升。此外，还成功建成了生产能力高达40×104吨的油田，这一产量占据了玉门油田原油总产量的1/4。

“二五”期间，我国成功完成了1.1万余口油井的建设，总进尺超过760×10^4米。随着华北石油会战的启动以及国家“三五”规划、“四五”

① 张治锋：《关于石油钻井工程技术的探讨》，《中国石油和化工标准与质量》2012年第5期，第66—67页。

规划的有序推进，钻井工作量逐渐增加，并且成功开发了国内第二大油田——胜利油田。1963—1975 年，我国共完井 26135 口，总进尺达到了 3621×10^4 米。①

（二）钻井技术自主创新

自 1976 年起，我国的钻井技术经历了从学习欧美国家经验到自主创新的转变。在技术引进、合作交流与装备研发的基础上，“五五”期间，国家制定了一项以喷射钻井技术为重点的攻关战略。通过这一战略的实施，我国的钻井技术得到了显著提升，为后来的技术发展奠定了坚实基础。

“六五”期间，我国成功自主研发了适用于 4500 米以内钻井的钻机，并掌握了深度在 4000 米以内的钻井技术。在技术应用方面，我国已钻探了两口 7000 米以上的超深井，进一步扩大了钻井领域的覆盖范围，并逐步向海上领域拓展。此外，我国还对定向井技术进行了初步探索，并对丛式井技术进行了首次攻关。②

“七五”期间，我国针对低压、低渗透油田、稠油油田、新区开发井以及全国所有具备条件的区块，实施了定向井和丛式井的一体化开发策略。同时，在复杂断块油气田和碳酸盐岩裂缝性油气田进行了多目标井和大斜度定向井的研究与攻关。1990 年，我国共钻井 8590 口，完成进尺 1457.4×10^4 米，平均机械转速相比“六五”期间提升了 36%。这一成果的取得，充分体现了我国在石油勘探开发领域的专业能力和技术水平。

“八五”期间，我国大部分油田已进入开发后期，面临着后方储备严重不足的问题。同时，许多已探明油田由于地质条件复杂，无法采用常规技术手段进行开采。因此，必须用水平井钻完井技术增加钻通层数、增加泄油面积、增加单井产量。在此背景下，我国科研人员经过艰苦攻关，最终形成了一整套水平井钻完井技术。至 1996 年底，该技术已应用在全国 13 个油田的 6 种以上不同类型的油气藏，共钻成科学实验井和推广水平井 92 口。当时，我国的石油钻井工程在钻井工作量、经济技术指标以及钻井技术水平等方面取得了显著成就，远远超过了过去的水平。我国水平井技

① 孙振纯、汪海阁、崔龙连：《石油钻井催人奋进——中国钻井 60 年缩影》，《中国工程科学》2010 年第 5 期，第 91—96 页。

② 郭清、孙海芳：《中国石油钻井科技攻关三十年回顾与展望（一）》，《钻采工艺》2014 年第 6 期，第 1—4 页、第 137 页。

术的发展历程，从“八五”规划前的空白阶段，逐步发展到了20世纪90年代的国际先进水平，成功跻身世界先进行列。

（三）钻井技术提升

在“九五”期间，我国石油工业的核心战略是“稳定东部，发展西部”。为了实现这一目标，我国科研团队采取了跨学科合作的方式，运用了当时尖端的侧钻水平井技术，对东部老油田进行剩余油开采。通过钻探41口侧钻水平井成功提高了这些油田的原油采收率，其产量较周围常规垂直井高出2—10倍，有力地支撑了我国石油工业的稳定发展[①]。

“十五”期间，我国突破气体钻井技术，为提高钻速、发现和保护储层和减少井下事故起到了革命性的推动作用，并且成功将气体钻井技术应用于川渝、吐哈地区现场试验井中。我国还将分支井技术成功应用，开辟了提高采收率新途径。此外，我国应用自主技术完成我国陆上第一口套管钻井，填补了国内在该领域的空白。

“十一五”期间，我国欠平衡技术、提速技术和水平井技术得以集成配套，使得各单项技术特色在单一井上同时显现，达到提速、提效和降低综合成本的目的。水平井年钻井数量飞速提升，从“十一五”初期的200口，发展到“十一五”末期的千口，并实现欠平衡水平井、气体水平井、天然气水平井等多项指标零的突破。

“十二五”期间，我国石油深井、超深井优快钻完井配套技术不断完善，有效支撑了塔里木库车山前、川渝气区安岳气田等重点地区油气规模增储和快速生产，并成功研发8000米钻机和9000米四单根一立柱钻机，为超深井钻井提速提效再添新利器。2014—2015年，我国钻探了7000米以上超深井23口，平均钻井周期315天，钻井周期得以大幅缩短。

“十三五”期间，我国在深井、超深井油气进行持续攻关，突破了深层及超深层钻完井、长水平井体积压裂等核心勘探开发技术，有力保障了油气勘探的持续发展。2020年，中国石油共完钻8000米以上超深井12口，其中塔里木油田轮探1井井深8882米，是亚洲第一深井。此外，我国还突破了页岩油气水平井压裂提产技术，并探明3个页岩油气规模储量区[②]。

---

① 郭清、孙海芳：《中国石油钻井科技攻关三十年回顾与展望（四）》，《钻采工艺》2016年第2期，第1—5页、第143页。

② 高灿：《为油气稳产增产提供强劲动能》，《中国石油报》2021年6月25日。

随着“十四五”的到来，未来我国石油钻井技术将不断发展突破，并向自动化、智能化方向发展。中国石油钻井工程技术研究院汪海阁表示，未来我国钻完井技术装备将实现超前探测、精准制导、闭环调控和智能决策，大幅提高深层超深层勘探发现和储层钻遇率，提高钻井成功率和钻遇率，实现安全高效经济钻完井[①]。

（四）发展钻井工程的重大意义

70 多年以来，我国钻井工程始终紧跟时代步伐，保持持续发展态势。经过 70 多年的不懈努力，我国钻井工程在技术手段、装备设施以及油气勘探和开采等方面取得了举世瞩目的成就。这些辉煌的成就为我国能源事业的发展注入了强大的动力，为国家能源安全和民生经济的稳健发展提供了坚实的支撑，使得我国在应对能源安全挑战时更加从容不迫，有力地保障了国家经济的持续健康发展[②]。

同时，我国在钻井关键核心技术及配套设施方面取得的突破，不仅推动了众多行业领域和高新技术的发展，还为国家重大科技基础设施的建设提供了有力支持。[③] 这些突破充分展示了我国科技创新的驱动力量，为新中国科技能力的全方位建设作出了不可替代的贡献。

五、大飞机

飞机制造业是国家重点发展产业，具有国家战略地位，是国民经济发展的重要支柱。大飞机作为该产业的重要组成部分，其起飞重量超过 100 吨，对于提升国家科技实力和保障国家安全具有重大战略意义。自新中国成立以来，我国一直致力于自主研发国产大飞机，经过多次探索和实践，成功研制出运 - 20、C919 和 AG600 等重要机型，实现了我国大飞机从无到有的历史性跨越，并开启了我国航空产业从弱到强的新征程。

（一）大飞机研制计划的曲折发展

新中国刚成立时，国内飞机制造业几乎一片空白。在学习苏联的经

---

① 董宣：《让“地下太阳”冉冉升起》，《中国石油报》2023 年 5 月 6 日。

② 张治锋：《关于石油钻井工程技术的探讨》，《中国石油和化工标准与质量》2012 年第 5 期，第 66—67 页。

③ 孙振纯、汪海阁、崔龙连：《石油钻井催人奋进——中国钻井 60 年缩影》，《中国工程科学》2010 年第 5 期，第 91—96 页。

验、技术基础上，中国的航空工业从仿制起步，逐渐开始自主设计、制造多类军用和民用航空器。1960 年 7 月中苏关系破裂后，全国兴起了轰轰烈烈的国产化运动，经过多年的发展，终于建立起了基础的包括航空工业在内的工业体系。但中国航空工业起步较晚，大飞机的设计、生产十分落后，大型飞机发展主要依赖于进口。

1970 年，中国国家主管部门向上海飞机制造厂下达运 –10 研制任务，1973 年，国务院、中央军委联合发布《国发〔1973〕77 号》文件，明确研制首批运 –10 客机。

1970 年，运 –10 客机项目开始启动研制，经过 10 年的艰辛探索，于 1980 年 9 月 6 日首飞。1985 年，我国首次按 FAR –25 要求对运 –10 客机进行试飞试验，其最远航程达到 8300 千米，最大时速达到 974 千米，最高升限达到 1.2 万米，成为当时起飞重量最大且飞得最远、最快、最高的国产客机。从此，中国成为继美国、苏联、英国、法国之后世界上第五个能独立研制 100 吨级以上大型客机的国家。然而在 1986 年，由于各种复杂的原因，运 –10 停止试飞。①

随着“863 计划”的提出，1986 年 7 月 30 日，胡溪涛、沈元、张阿舟、季文美四人联名向邓小平上书《千方百计尽早提供和使用国产干线飞机》文件，说明了尽早发展干线飞机（主要为大型客机）的必要性和迫切性。

1986 年 11 月，国家科委就此召开研制干线飞机论证会，提出了《发展干线飞机振兴航空工业》的报告并上报国务院。同年 12 月 4 日，国务院召集第 125 次常务会议，最终决定研制干线飞机，并参考原运 –10 研制单位上海飞机设计研究所提交的运 –16 方案进行研制。1988 年 10 月 30 日，国务院对研制干线飞机项目书作出批复，要求争取在 1996 年取得我国适航证，以投入国内航线使用。

1989 年，航空工业部组织专家对干线飞机的总体设计研发方案进行论证和招标，最终确定干线飞机研制地为上海。我国大型客机研发再次被提上议程，国家召开多次会议，并确定了大飞机“三步走”战略：首先由中美两国联合制造组装 MD –82/90 飞机，其中麦道公司提供技术支持；其次

① 刘炳峰：《中国“大飞机”的艰难起飞》，《党史纵横》2007 年第 12 期，第 41—42 页。

通过中外合作研制100座级飞机；最后自行研制干线飞机[①]。

按照计划，1985年3月到1994年10月，中国共组装了35架MD－82。1992年3月起，中国和麦道开始合作生产MD－90。然而到了1997年8月，麦道被波音兼并后宣布停止生产MD－90，导致中国飞机制造业蒙受了巨大的经济损失。1996年，为了争夺市场，空中客车亚洲公司、新加坡科技与中国航空工业总公司签署协议，计划联合生产100座级飞机AE－100。但因种种原因，在1998年空中客车正式宣布AE－100合同中止。至此，中国民机工业人才队伍也遭受重创[②]。

（二）干线飞机研制

2000年2月，国务院召开专题会议，听取国防科工委关于民用飞机发展思路的汇报，确定以发展支线飞机为重点，要求在30—70座之间选定座级规模。发展支线飞机也被列为“十五”期间的十二大高技术工程之一。2002年6月14日，国家发展计划委员会正式批准新支线飞机项目立项。自主研发生产新型50—70座级的支线飞机被视为中国大飞机之梦的替代品。

2007年，我国首架拥有完全自主知识产权的新型涡扇支线飞机ARJ21－700在上海飞机制造厂总装下线。2008年11月28日，ARJ21－700飞机在上海成功实现首飞。这是我国航空史上具有里程碑意义的飞行，标志着中国飞机正式飞入了世界新型民用客机的行列。

（三）大飞机研制

2006年，经有关各方反复研究论证后，温家宝在第十届全国人大四次会议上宣布：中国将在“十一五”期间启动大型飞机的研制项目。随后，国务院发布《国家中长期科学和技术发展规划纲要（2006—2020年）》。大型飞机重大专项被确定为16个重大科技专项之一。2007年2月26日，国务院正式批准大飞机国家重大专项立项实施。

2009年1月6日，中国商飞正式发布首个单通道常规布局150座级大型客机代号COMAC C919（简称“C919”）。C919是我国按照国际民航规章自行研制、具有自主知识产权的飞机，共有158—168个座位，航程高达

① 陈伟宁：《中国大型客机的前世今生》，《大飞机》2015年第5期，第38—43页。

② 曹海东：《大飞机中国造决策始末》，《南方周末》2006年4月13日。

4075—5555 千米。经 7 年设计研发，C919 终于总装下线，使得我国跻身成为世界上少数掌握研发制造大型客机能力的国家①。

2016 年，中国商飞公司与俄罗斯联合航空制造公司签署了项目合资合同，将在未来联合开发 C929 大型远程宽体客机，其基本型 CR929－600 是 1.2 万千米航程、280 座级，与空中客车 A330、空中客车 A340 和波音 777、波音 787 等属于同级别的机型。根据研制经验，从项目启动到实现首飞，预计需要 7 年左右时间，到实现产品交付预计需要 10 年左右时间②。

在军用运输机方面，1997 年，西飞公司便向军方提出研制大型军用运输机的方案。2000 年，以色列迫于美国压力终止与中国在预警机方面的合作后，党中央下决心搞出预警机，并命令西飞研制一款能作为大型预警机平台的大型运输机，要求要以伊尔－76MD 为蓝本，在技术上比其先进。西飞的技术储备这时候发挥了关键作用，在很短的时间内就拿出了总体设计方案，也就是广为人知的运－20。

2013 年 1 月 26 日，我国自主研发的新一代大型军用运输机运－20 成功首飞。2016 年 7 月 6 日，空军运－20 飞机授装接装仪式举行，中国自主研制的运－20 飞机正式列装空军航空兵部队，我国在空军战略投送能力上取得了跨越性成就。

除了 C919 和运－20 的研制以外，2009 年 9 月 5 日，中国航空工业集团公司正式对外宣布，启动大型灭火、水上救援水陆两栖飞机“鲲龙－600”（AG600）研制项目。2016 年 7 月 23 日，AG600 总装下线。2017 年 12 月 24 日，AG600 成功首飞，成为继运－20、C919 之后，中国大飞机家族又一名重量级选手。③

（四）发展大飞机的重大意义

大飞机是高端装备制造业的代表。我国 C919、运－20 以及 AG600 大飞机的研制，成功打破了我国历史上大飞机自主研发设计的零记录。研发过程中，我国组建并锻炼了一支经验丰富的技术队伍，为后来航空事业的远大发

---

① 陈伟宁：《中国大型客机的前世今生》，《大飞机》2015 年第 5 期，第 38—43 页。

② 《中国航空报》编辑部：《中国飞机谱系图（1951—2019）》，《中国航空报》2019 年 9 月 30 日。

③ 曹海东：《大飞机中国造决策始末》，《南方周末》2006 年 4 月 13 日。

展奠定了坚实的基础[①]。军用大飞机的发展，是建立建设我国强大的空运能力、在必要时能够快速集中兵力、应对突发事件的重要保障。而随着未来航空客运需求量的不断增加，民用大飞机发展能更好地满足经济社会发展和人民出行的需要，也必将成为一个新的潜力巨大的经济增长点。[②]

六、深海探测

深海包括海床、底土及上覆水体，是一个连接世界各大陆、具有复杂法律属性的巨大空间。深海拥有丰富的油气、矿产、生物、化学及空间等资源，是地球上唯一未被人类充分开发利用的广阔区域，有着无限的开发潜力。深海探测是指对深海资源、组成、现象和特征等资料数据进行采集、分析及显示等研究工作，是进行深海开发前的重要准备工作。深海资源探测与技术开发已成为满足国家和地区的长期发展的战略需求。20 世纪 70 年代至今，我国紧随发达国家脚步，迅速发展多项深海探测技术。截至目前，我国已建立起深潜、深钻、深网“三深”格局，我国深海科考步入快速发展期。

（一）深海潜水器研发

如今，资源短缺已经成为人类不可忽视的问题，探索和开发海洋资源似乎是解决这一难题最为现实的办法。根据《联合国海洋法公约》的规定，国际海底区域的资源属于全人类。在深海海底开展的科学考察和资源勘探，有助于解决陆地资源短缺问题，服务于全人类的共同利益。深海资源勘探开发依赖于深海技术装备，而后者的发展又决定了前者活动的范围、深度和精确度。

中国大洋协会成立初期，我国在深海探测技术装备领域几乎处于空白状态，核心装备完全依赖进口。在“863 计划”和海底矿产资源逐步发现的推动下，我国在 20 世纪 90 年代开始具备了研发条件。

1994 年，沈阳自动化研究所成功研发了名为“探索者”号的自主无缆

① 刘炳峰：《中国“大飞机”的艰难起飞》，《党史纵横》2007 年第 12 期，第 41—42 页。

② 张鑫、李超伦、李连福：《深海极端环境原位探测技术研究现状与对策》，《中国科学院院刊》2022 年第 7 期，第 932—938 页。

水下机器人[1]。这一科研成果的诞生，标志着我国在水下机器人技术领域取得了重大突破。同年10月，该机器人在中国南海进行了5个航次的海上试验，并在西沙群岛附近成功下潜至1000米水深。

1992年，为研发一款6000米级自主水下机器人CR-01，沈阳自动化研究所与中国船舶工业总公司702研究所、中国科学院声学研究所等单位，以及俄罗斯海洋技术问题研究所进行了深度合作。

“蛟龙”号是我国首台自行设计、自主集成研制的7000米级载人潜水器。2009—2012年，“蛟龙”号接连取得1000米级、3000米级、5000米级和7000米级海试成功，尤其是在2012年6月，“蛟龙”号在马里亚纳海沟创造了下潜7062米的世界同类作业型潜水器最大下潜深度纪录。这一成就标志着我国已经具备了深入探索超过99.8%海域的能力，为我国海洋科学研究和资源开发开辟了更加广阔的空间[2]。

海试成功后，“蛟龙”号于2013—2017年进入试验性应用阶段。在此期间，它完成了152次成功的下潜任务，总计历时超过517天，航程累计达到86000海里以上。其作业范围覆盖了世界七大海区，并深入探索了海山、冷泉、热液、洋中脊、海沟、海盆等典型海底区域，获得了大量的高精度定位调查数据和高质量的地质与生物样品。这些数据无不充分验证了“蛟龙”号的优异技术性能[3]。

在“蛟龙”号载人潜水器成功研制并投入应用的基础上，我国于2014年启动了第二台4500米级载人潜水器的研制工作。经过3年的不懈努力，4500米型的深海“勇士”号载人深潜器于2017年正式投入使用，为我国的深海科学研究与应用领域再添利器。

在前期两个载人潜水器研制成功的经验基础上，我们向全海深载人潜水器发起了新的挑战。在“十三五”国家重点研发计划的重点专项支持下，全海深载人潜水器“奋斗者”号的研制工作于2016年正式启动。在研制过程中，科研团队攻克了一系列关键技术难题，包括载人舱球壳的强化、深海环

---

① 刘峰、刘予、宋成兵等：《中国深海大洋事业跨越发展的三十年》，《中国有色金属学报》2021年第10期，第2613—2623页。

② 段盼盼：《海底逐梦——中国深海科考20年》，《中国科技奖励》2019年第9期，第7—10页。

③ 任玉刚、刘保华、丁忠军等：《载人潜水器发展现状及趋势》，《海洋技术学报》2018年第2期，第114—122页。

境适应性、水下定位与通信等，为“奋斗者”号的成功研制奠定了坚实基础。2020 年 11 月 10 日，“奋斗者”号成功下潜至 10909 米，创下我国载人深潜新纪录，充分展示了我国在深海科技领域的实力和创新能力。

除了研制出“海龙二号”缆控潜水器和“潜龙一号”自治潜水器等深海利器，我国还建立了以“蛟龙”“海龙”“潜龙”的“三龙”大型调查装备为代表的世界级深海装备技术体系。这些装备不仅满足了深海大洋高精度的调查和勘探需求，更展现出世界先进的技术水平、稳定性和可靠性。它们如同深海的守护者，引领我们探索未知的深海奥秘，为我国的深海科研事业增添了无限可能①。

（二）海底钻机发展

在 20 世纪 80 年代，我国有计划地开展了多次大规模的海洋矿产资源调查研究，深入中太平洋和东北太平洋，累计调查了超过 200 万平方千米的海域，圈定了约 30 万平方千米的远景矿区，为我国成功申请国际海底矿区奠定了坚实基础。1990 年，中国大洋矿产资源研究开发协会向国务院提交了申请国际海底矿区的请求后获得批准，随后又将大洋多金属结核资源的勘探开发确立为国家长远发展项目，正式拉开了我国系统性进军深海大洋的帷幕。

1991 年，中国大洋矿产资源研究开发协会成为全球第五个深海采矿先驱投资者，在东太平洋克拉里昂－克利伯顿区获得了 15 万平方千米的多金属结核资源开采区，并开展了多金属硫化物和富钴结壳资源研究。至 1998 年底，已完成 50% 区域面积的勘察工作，圈定 7.5 万平方千米的资源矿区。2001 年 5 月，中国大洋矿产资源研究开发协会又与国际海底管理局签订多金属结核矿区《勘探合同》，确定了中国拥有专属勘探权和优先开发权的第一块海底矿区。此后，又获得西南印度洋 1 万平方千米的多金属硫化物勘探合同区以及西北太平洋 3000 平方千米的富钴结壳勘探合同区。

为满足我国对深海富钴结壳勘探区的调查需求，万步炎教授科研团队承担研制我国首台深海浅地层海底钻机项目，并于 2004 年成功研制出我国首台深海浅地层海底钻机，投入使用。海底钻机的研制成功，不仅填补了我国在这一领域的空白，更为我国的深海资源勘探事业奠定了坚实基础。

---

① 刘峰、刘予、宋成兵等：《中国深海大洋事业跨越发展的三十年》，《中国有色金属学报》2021 年第 10 期，第 2613—2623 页。

在2005年的“大洋一号”船环球科学考察中，这台海底钻机大显神威，共下海作业147次，取得了111个岩芯样品，为我国成功申请国际海底矿区作出了突出贡献。

2008年，由“863计划”资助研发的多次取芯富钴结壳潜钻成功研制完成。这款钻机具备独特的一次下水多次取芯功能，并在我国大洋富钴结壳航次调查中得到广泛应用。2010年底，国家“十一五”重点项目“深海底中深孔岩芯钻机”的海上试验再次获得圆满成功。

在2012年，由湖南科技大学、广州海洋地质调查局和中国科学院海洋研究所组成的联合团队，承担了一项国家“十二五”重点项目，即海底60米多用途钻机系统技术开发与应用研究，该项目研发的深海钻机被命名为“海牛号”。经过持续的努力，2015年6月，“海牛号”深海钻机在南海成功进行了海试，标志着国内海洋矿产资源探采装备取得了新的突破。2021年，“海牛Ⅱ号”海底大孔深保压取芯钻机系统，搭载“海洋地质二号”科考船，在南海超过2000米深的海洋底部，成功下钻到231米，并成功获取了可燃冰样品。这一成果刷新了世界深海海底钻机钻探深度的纪录，彰显了我国在深海钻探的实力和进步①。

（三）海底观测网全覆盖

在过去的几十年里，我国在“863计划”和地方科技计划的推动下，对海底观测网关键技术进行了深入研究，并进行了观测网试验系统的实践探索。这些研究和实践为我国海底长期观测网的建设提供了重要的技术储备和经验积累，进一步推动了我国深海探测事业的发展。

“十一五”期间，同济大学等高校承担了一项名为海底长期观测网络试验节点关键技术的项目。该项目旨在研发一种能够在海底长期观测网络中发挥关键作用的科学观测节点。经过艰苦努力，项目团队成功研制出了这一科学观测节点，并在美国蒙特里加速研究系统上进行了长达半年的海试。在海试期间，观测节点经历了各种恶劣环境下的考验，包括海洋水流、压力、生物侵蚀等多个方面。经过不断的优化和完善，观测节点表现出了出色的稳定性和可靠性，为海底长期观测网络的建立奠定了坚实的

---

① 刘峰、刘予、宋成兵等：《中国深海大洋事业跨越发展的三十年》，《中国有色金属学报》2021年第10期，第2613—2623页。

基础①。

“十二五”期间，中国科学院南海海洋研究所、中国科学院声学研究所、中国科学院沈阳自动化研究所联手打造了一项杰出的科技成果——南海海底观测实验示范网。该海底观测示范系统由多个关键部分组成，包括岸基站、海底光电缆、水下节点、观测设备和声学网关等。其中，海底光电缆长达 2 千米，是连接岸基站与水下节点的关键纽带；水下节点则采用了先进的直流 10 千伏技术，保证了观测设备的稳定运行；而声学网关作为系统的核心组件之一，能够实现数据的实时传输和交换。这些组成部分相互协作，共同为海洋科学研究提供了强大的观测能力②。

“十三五”期间，我国已于 2017 年正式启动了一项名为国家海底科学观测网的重要项目。该项目的主要目标是在我国东海和南海的海域建立一个由光电复合缆连接的海底科学观测网络。此观测网将实现从海底至海面的全面、综合且实时的观测，以高分辨率呈现立体观测效果，并且重点关注于生态环境和海洋灾害的立体观测。目前，正在建设中的海底科学观测网除了光缆联网的设备外，还有一系列无线联网的活动观测平台，包括自主水下航行器、水下滑翔机、海底爬行车等③。

（四）开展深海探测的重大意义

21 世纪，深海探测已成为全球关注的焦点，更是我国建设海洋强国的重要方向。经过 50 多年的不懈努力，我国在深海探测领域取得了举世瞩目的成就，研发了深海潜水器、深海钻机等关键技术装备，开启了海底观测网的建设。

其中，深海潜水器在我国深海水体采样、地质样本收集以及生物采集等研究中发挥关键作用。其发展有助于我们深入了解深海环境，为相关研究提供宝贵数据。同时，深海钻机技术的进步为海底资源勘探、海洋地质调查以及海洋科学考察提供了重要的技术支持。这种技术不仅提高了勘探效率，还为海洋科学研究提供了更多有价值的信息。此外，海底观测网的

---

① 张汉泉、陈奇、万步炎等：《海底钻机的国内外研究现状与发展趋势》，《湖南科技大学学报》（自然科学版）2016 年第 1 期，第 1—7 页。

② 李风华、路艳国、王海斌等：《海底观测网的研究进展与发展趋势》，《中国科学院院刊》2019 年第 3 期，第 321—330 页。

③ 汪品先：《探索海洋深处的奥秘》，《中国科技奖励》2020 年第 9 期，第 75—76 页。

建设对于特定水域的长时间、不间断监测具有重要意义。它能够提供多参数、大范围的科学数据，支持军事应用、海洋科学研究、海上石油天然气开发等多个领域的发展。

我国深海技术的突破为我国深海产业和军事建设的发展奠定了坚实的基石，彰显了我国在深海领域的强大实力①。

七、科考船

科考船是用于调查研究海洋水文、地理、气象、生物，进行遥感探测、海底矿物资源探测以及磁力参数和地热流量测量等的船舶，是进行地球自然科学研究的基础设施。自新中国成立以来，中国海洋科学家和工程学者秉承独立自主和创新精神，改造和研发了一系列科考船，大力推进了我国对海洋、极地等区域的探索工作，摸索出从跟跑、并跑到领跑的创新之路。如今，科学考察船已成为我国国家海洋科技能力建设的关键组成部分，以及我国海洋强国战略和共建“一带一路”倡议顺利实施的重要保障。

（一）科考船的自主研发

在新中国成立初期，我国在海洋科考领域的技术水平相对较低，科考船主要依赖于对旧船只进行改造。然而，这一状况在 1957 年得到了显著改变，我国第一艘专业海洋科考船“金星”号正式投入使用。这艘科考船是由远洋救生拖轮“生产三号”改装而成，它的启用标志着我国海洋研究工作进入了一个崭新的阶段。以“金星”号为主力船只，我国在 1958—1960 年开展了首次大规模的全国海洋综合调查，探索了我国周边的海洋资源。

自 20 世纪 60 年代起，我国开始自主设计和建造科考船。1965 年，山东海洋学院成功建造了名为“东方红”号的海洋科考实习船，是我国首艘 2500 吨级的海洋实习调查船。“东方红”号在服役期间先后执行了 09－603 工程、7402 工程渤海海峡磁场总强度测量、首次东海大陆架调查、中美渤海中南部及黄河口海域沉积动力学合作考察，以及中法、中日合作调查等任务。

1967 年起，我国精心打造了“向阳红”系列海洋调查船。这些调查船

① 张汉泉、陈奇、万步炎等：《海底钻机的国内外研究现状与发展趋势》，《湖南科技大学学报》（自然科学版）2016 年第 1 期，第 1—7 页。

装备精良，具备全方位的海洋水文、气象、物理化学、地质地貌、生物等科研能力，为国家的国防与经济建设提供了宝贵的海洋科学资料。其中，“向阳红 09”号科考船是国内首次配备万米测深仪的船只，其先进性无与伦比。它不仅装载了当时国内最尖端的气象设备、通信设备、导航设备，还配备了全面的海洋科学调查设备，成为海洋科学研究的得力助手。而“向阳红 10”号科考船更是我国海洋科研史上的璀璨明珠。作为我国自行设计制造的第一艘万吨级远洋科学考察船，它不仅为海洋科学研究与资源开发提供了强大支持，还曾参与我国首次发射运载火箭、同步通信卫星等重大科研试验任务，为国家的发展立下了赫赫战功。

自此，我国相继打造了“远望”“科学”“实验”“探索”“曙光”“奋斗”以及“中国海监”等多艘科考船。这些科考船采用了尖端的海洋探测设备，在性能、布局以及实验室与专业设备的整合等方面，相较于早期由旧船改造的调查船，实现了质的飞跃。它们可被视为我国自主设计并建造的第一代海洋调查船。这一代的科考船，不仅承担了我国渤海、黄海、东海及南海等近海区域的海洋调查与专项研究工作，更为我国海洋科学技术事业的发展奠定了坚实基础[①]。

（二）科考船发展

在 20 世纪 90 年代到 2012 年这一时期，我国科考船的数量有所减少。除了我国自主研发的“东方红 2”号、“远望 3”号和“远望 4”号等，仅剩下从国外采购并经过改装的“大洋一号”和“雪龙”号。

1992 年，国家教育委员会将“东方红 2”号综合科学考察实习船列为重点建设项目。经过 3 年的精心建设，该船于 1995 年底交付给青岛海洋大学，并于 1996 年 1 月正式投入使用。在服役期间，“东方红 2”号船在科学考察工作中取得了显著的成绩，填补了多项海洋科研领域的空白，包括首次在西北太平洋进行海洋调查、在马里亚纳海沟进行全海深 CTD 测量并成功获取了珍贵的万米海水样品。此外，该船还首次在西北太平洋 4500 米深海成功采集海底沉积物样品，并创下了 323 天的年度海上作业天数历史最高纪录。这些成就不仅展现了“东方红 2”号船的卓越性能，同时也证明了其达到甚至超过了国际发达国家科考船的运作水平。

---

① 王凡：《挺进深海的功臣：“科学号”科考船》，《军事文摘》2023 年第 2 期，第 44—47 页。

1993 年，我国从乌克兰赫尔松船厂购入一艘维塔斯·白令级破冰船，并改造成为“雪龙”号极地考察船，成为当时唯一专门从事极地科学考察的破冰船。1994 年 10 月，“雪龙”号首次执行南极科考和物资补给运输任务，此后多次赴南极和北极执行任务，足迹遍布五大洋，创下了中国航海史上多项新纪录。

1994 年，基于中国大洋矿产资源调查的迫切需求，中国大洋矿产资源研究开发协会从俄罗斯远东海洋地质调查局购买了一艘调查船，并进行初步改装，将其命名为“大洋一号”。自 1995 年起，“大洋一号”便承担了我国大洋矿产资源研究开发专项的多项远洋调查航次及大陆架勘查航次任务①。

1995 年底，“远望 3”号航天远洋测控船投入使用，“远望 3”号船是中国自主设计和建造的第二代综合性远洋航天测控船，能完成对火箭、卫星、飞船等航天器的海上跟踪测控任务。20 多年来，“远望 3”号远涉重洋 50 余次，圆满完成了以“神舟”“嫦娥”“北斗”为代表的 90 余次海上测控任务，测控成功率达 100%。1998 年 8 月，原“向阳红 10”号改建成为“远望 4”号航天远洋测控船，并在短短的几年时间里，完成了我国载人宇宙飞船和“嫦娥一号”绕月卫星的测控任务。

虽然我国这一阶段新建的科考船数量有限，未能完全满足中国海洋科学迅速发展的实际需求，但这些科考船的发展，无疑为查清中国海、进军三大洋、登上南极洲的目标提供了坚实的装备基础。②

2010 年以来，中国科考船事业进入了一个迅猛发展的阶段，不仅在数量上取得了显著增长，而且在质量上也取得了重大突破。在这一时期，中国成功建造了一大批具有世界先进水平的科考船。据可靠数据显示，2010—2021 年，中国新建海洋科考船的数量达到了 30 余艘。其中，于 2010 年建成首航的“南锋”号是我国第一艘自行设计、自行建造、拥有自主知识产权的综合性海洋渔业资源与环境科学调查的科考船。依托“南锋”号，科学家系统研究了大量经济鱼类生物学及生活史，首次发现并验

① 陈荣发：《中国在大洋深处探宝》，《科学 24 小时》2004 年第 Z1 期，第 4—7 页。

② 王凡：《挺进深海的功臣：“科学号”科考船》，《军事文摘》2023 年第 2 期，第 44—47 页。

证了外海蕴藏巨大的中层鱼资源，其有关成果得到相关领导的充分肯定，获得延续、增资、扩项、升级的有力支持。

于2016年正式入列的2.5万吨级“远望7”号是我国最新一代航天远洋测量船，由船舶通用平台和航天测控通信设备两大部分组成，集当今船舶建造、航天测控、航海气象、船舶动力等领域的最新技术于一身。“远望7”号船先后13次远赴太平洋、印度洋，圆满完成以“天宫二号”“嫦娥四号”和“北斗”系列以及首次固体火箭海上发射为代表的21次海上测控任务。

于2019年开工建造的“中山大学”号海洋综合科考实习船是我国排水量最大、综合科考性能最强、创新设计亮点最多的科考船，兼具探测、取样、实验等多项科研功能，可实现科考数据系统集成、现场印证及与岸基的数据传输与处理，满足低空大气、海面、水体、海底及深海极端环境等科考需求。

于2019年正式交付使用的“雪龙2”号极地科考破冰船，是全球首艘采用船艏、船艉双向破冰技术的破冰船。“雪龙2”号具备在1.5米厚冰环境中连续破冰航行的能力。自投入使用以来，该船有效填补了我国在极地科考重大装备领域的空白，为我国极地科考事业的发展提供了强有力的支持。依托“雪龙2”号科学考察船，中国已经完成了多次深入北冰洋的科学考察任务①，考察工作涵盖了大气、海冰、海洋生态系统和海底地质环境等多个领域，并且在生物种群、资源调查以及污染物监测等方面取得了重要的工作进展②。

（三）发展科考船的重大意义

作为海洋探测与研究的重要手段，科考船承担着运载科研人员深入现场、运用专业仪器设备直接观测海洋、采集样本和研究海洋的重要任务。它为海洋气象、地球物理、地质勘探等诸多学科提供了宝贵的实地研究机会。中国在科考船的改造与建造方面的努力历经70余年，成果显著。随着时间的推进，中国海洋科考船的规模不断扩大，从百吨级跃升至数万吨级，其探测能力也从近海拓展至深海大洋和南北两极。而其调查内容逐渐

---

① 《中国外汇》编辑部：《首艘“中国造”极地破冰船“雪龙2”号下水》，《中国外汇》2018年第18期，第6—7页。

② 王凡：《“科学”号，十年科考在深海》，《光明日报》2022年10月20日。

转向多学科、多功能和多技术手段的综合考察，反映了中国在海洋科研领域的全面发展。科考船不仅在中国的海洋科考工作、航天远洋测控以及极地探索中起到了举足轻重的作用，更是推动了中国成为海洋强国和科技强国的伟大进程，为国家海洋事业的发展提供了坚实的支撑。[①]

八、集成电路

在当今全球经济发展的大背景下，信息化已成为不可逆转的趋势，同时也是我国产业优化升级和实现工业化现代化的重要途径。其中，以集成电路为代表的微电子技术，作为信息技术的核心和信息产业的基础，扮演着至关重要的角色。集成电路，是将电路所需元件和布线集成在一小块或几小块半导体晶片或介质基片上，从而实现电子元件的微小型化和智能化。这种技术不仅广泛应用于工、民用电子设备如收录机、电视机、计算机等，同时在军事、通信、遥控等领域也发挥着不可或缺的作用。过去几十年，中国在全球集成电路产业中展现出惊人的发展速度，成为此领域进步最快的国家之一。在国家政策扶持和企业的不断创新下，我国目前已构建起一套成熟且完备的集成电路与芯片产业链，确保了市场规模稳居全球首位。

（一）集成电路初步探索

在新中国成立初期，我国的电子工业基础十分薄弱。为了满足国家发展的需要，以及应对抗美援朝战争的挑战，我国政府于1950年成立了电信工业管理局。该机构承担着推动我国电子工业发展的重要使命，并在北京着手筹建北京电子管厂，即现今的京东方科技集团。在技术援助方面，民主德国提供了宝贵的支持与指导，为我国电子工业的起步与发展起到了关键的推动作用。

除北京电子管厂外，北京还集聚了众多重要的电子工业企业。例如，规模庞大的北京电机总厂、华北无线电联合器材厂（下辖706、707、718、751、797、798厂）、北京有线电厂（738厂）以及华北光电技术研究所等。这些单位在推动我国电子工业发展的进程中扮演了举足轻重的角色，为我国电子工业的崛起奠定了坚实基础。

---

① 杨玉良主编：《中国科技之路 · 总览卷 · 科技强国》，科学出版社2023年版，第46—138页。

1956 年，国家发出了向科学进军的号召，并由国务院制定了《十二年科技规划》。为了实现电子工业的优先发展目标，教育部集结了全国五所顶尖大学的科研力量，并决定在北京大学设置半导体专业，致力于培养相关领域的专业人才。随后，在 1958 年，上海地区成立了华东计算技术研究所，并相继建设了包括上海元件五厂、上海电子管厂和上海无线电十四厂等科研单位和企业。

1960 年，中国科学院正式成立半导体研究所，同期组建河北半导体研究所（现为中电集团第 13 所），以开展工业技术攻关工作。1962 年，中国科学院半导体研究所进一步承担起组建全国半导体测试中心的任务。到了 1963 年，中央政府设立了第四机械工业部，负责全面领导和管理全国的电子工业发展。该部门的成立，使我国电子工业的发展得到了更为集中和专业化的领导与管理。

在 1965 年，河北半导体研究所成功鉴定了第一批国内研制的晶体管和数字电路。1968 年，北京成立了国营东光电工厂（878 厂），而上海则成立了无线电十九厂。经过两年的建设，这两家工厂分别于 1970 年建成投产，在中国集成电路产业中占据了举足轻重的地位。北京 878 厂专注于生产 TTU 电路、CMOS 钟表电路和 A/D 转换电路。与此同时，上海无线电十九厂则专注于生产 TTL、HTL 数字集成电路，成为中国最早的专业生产双极型数字集成电路的工厂，为我国集成电路产业的发展作出了重要贡献。

1968 年，国防科工委于四川成立了固体电路研究所（现为中电集团第 24 所），是我国唯一的模拟集成电路研究所。同年，上海无线电十四厂率先研制成功 PMOS（P 型金属氧化物半导体）电路，这一突破为中国 MOS 集成电路的发展揭开了序幕。

1972 年，中国在四川固体电路研究所成功制造出第一块 PMOS 型 LSI 电路。随后，上海无线电十四厂和北京 878 厂相继研发出 NMOS 电路，并进一步研发出 CMOS 电路。至 1990 年底，上海无线电十四厂的累计产量已达到 3340 万块。同年美国总统尼克松访华之后，中国开始从欧美大量引进技术。鉴于集成电路产品的丰厚利润，全国范围内有 40 多家集成电路工厂相继建成投产。

1973 年 8 月 26 日，在北京大学、北京有线电厂以及燃料化学工业部等单位的共同努力下，我国第一台每秒运算速度达到 100 万次的集成电路电子计算机 150 机研制成功。这台计算机的诞生，标志着中国集成电路的发展迈出了坚实的一步[①]。

（二）集成电路技术在曲折中发展

集成电路的发展和晶圆以及芯片息息相关。其中，晶圆是集成电路的载体，芯片是集成电路技术的体现。1973 年，随着中美关系的缓和以及欧美石油危机的出现，中国决定从欧美国家引进 7 条 3 英寸晶圆生产线。然而，由于欧美技术封锁和国内政治变动的影响，这一计划拖延了 7 年。最终，中国只引进了 3 条已经较为落后的 3 英寸晶圆生产线。其中，北京 878 厂的 3 英寸晶圆生产线在 1980 年才建成，比台湾地区晚了 3 年，比韩国则晚了 2 年。

1975 年，中国成功完成了 DRAM（动态随机存取存储器）核心技术的自主研发工作。随后，北京大学物理系半导体研究小组又在我国首批三种类型的（硅栅 NMOS、硅栅 PMOS、铝栅 NMOS）1K 动态随机存取存储器设计方面取得了重要进展。尽管这比美国英特尔公司研制的 C1103 晚了 5 年，但相比于韩国，我国在技术方面领先了四五年。

1978 年 10 月，中国科学院半导体研究所成功研制出了 4K 动态随机存取存储器，并于次年在中国科学院 109 厂实现了批量生产，相比美国的研究成果晚了 6 年。在 1981 年，中国科学院半导体研究所再次成功研制出了 16K 动态随机存取存储器，相比韩国的研究成果晚了 2 年。

1980 年因投资不足，我国电子企业陷入亏损困境。当时，北京电子管厂原本计划开始的液晶项目，因资金缺乏而不得不中止。许多我国半导体器件行业的领军企业也因资金问题面临破产和倒闭。

1982 年，国务院成立电子计算机和大规模集成电路领导小组，精心制定了中国集成电路发展规划，强调在“六五”期间对半导体工业进行技术改造与升级。1984—1990 年，众多国企和高等学府积极响应号召，先后从海外引进了 33 条已被淘汰的晶圆生产线。按照每条生产线的引进成本 300 万—600 万美元计算，中国在这一时期的投入总额达到了约 1.5 亿美元。遗憾的是，这 33 条引进的晶圆生产线中，多数未能发挥出预期的商业价值。

针对散、乱、差问题，为了加强集成电路产业的发展，1986 年，电子

① 曹永胜：《中国的“芯”路历程——中国集成电路发展历程回顾》，《中国军转民》2019 年第 6 期，第 73—78 页。

工业部在厦门举办了集成电路战略研讨会。在此次会议上，提出了“531战略”，即重点发展5微米技术，积极研发3微米技术，并集中力量攻关1微米技术。为了实施这一战略，确定了南北两个微电子基地，南方基地集中在江浙沪地区，北方基地则集中在北京。

1988—1995年，得益于政策的扶持，中国成功培育出五家规模庞大的国有半导体企业。这五家企业分别是：江苏无锡华晶电子（由无锡742厂与永川半导体研究所合并而成）、浙江绍兴华越微电子（于1988年建立中国首座4英寸晶圆厂）、上海贝岭微电子、上海飞利浦半导体（于1991年建成中国首座5英寸晶圆厂）以及北京首钢NEC（于1995年建成中国首座6英寸晶圆厂）。

1990年8月，国务院作出重要决策，即启动集成电路专项工程（简称“908工程”），该工程总投资高达20亿元。在这20亿元的投资中，15亿元被拨付给无锡华晶电子，用于建设月产能1.2万片的6英寸晶圆厂。然而由于审批体系拖延，“908工程”在经费审批上花费了2年时间，此外，从美国AT&T（朗讯）引进0.9微米制程又耗费了3年，导致整体项目拖延了5年，再加上建厂所需的3年时间，无锡华晶电子在1998年投产时已落后于技术前沿，月产能仅6000片。此外，华晶还因此承担了沉重的利息支出压力，最终不得不换人接手经营。

和无锡华晶电子厂类似，自20世纪80年代中后期以来，国内许多集成电路企业陆续出现亏损，到了20世纪90年代许多企业甚至不得不面临倒闭。在此背景下，此时的中国集成电路工业逐渐转变为以三资企业为主导的格局，微电子科技水平与国外的差距巨大①。

（三）集成电路技术发展

21世纪伊始，我国集成电路工业逐渐恢复生机。为了促进集成电路产业的稳健发展，提升国内企业在该领域的实力与影响力，国家进一步强化了对集成电路产业的扶持措施。为此，国务院相继发布了《关于印发鼓励软件产业和集成电路产业发展若干政策的通知》和《关于印发进一步鼓励软件产业和集成电路产业发展若干政策的通知》。国内集成电路产业的发展环境逐渐得到了优化。2000年，中芯国际集成电路制造（上海）有限公

---

① 曹永胜：《中国的“芯”路历程——中国集成电路发展历程回顾》，《中国军转民》2019年第6期，第73—78页。

司成立。

为应对欧美国家的技术封锁，我国政府决定自行研发芯片，以此提升我国的芯片自给能力。2001 年，中国科学院计算技术研究所的科技团队肩负起这一重任，开始了自主研发的征程。经过中国科学院计算技术研究所科技团队日以继夜的努力，2002 年，我国首款自行设计、拥有自主知识产权的批量投产通用 CPU 芯片"龙芯 1 号"研制成功。自 2001 年至今，"龙芯"系列处理器不断发展壮大，相继推出了"龙芯 1 号""龙芯 2 号"和"龙芯 3 号"三个处理器系列，并在党政军办公、工业控制、军事以及航天等关键领域得到了广泛应用，为我国的信息化建设作出了重要贡献①。

2006 年，海力士意法半导体公司成功完成了其在无锡的 8 英寸和 12 英寸超大规模集成电路项目一期工程并正式投产使用，成为了当时国内电子信息产业最大的投资项目。2007 年，中芯国际与 IBM 公司签订 45 纳米低功耗和高性能芯片技术许可协议。2008 年，中芯国际第一批 45 纳米产品已成功通过良率测试②。

"十二五"期间，中国政府对集成电路产业的扶持力度持续加大，政策措施不断强化。为了推动该产业的发展，政府设立了电子信息板块国家科技重大专项，并制定了《电子信息制造业"十二五"发展规划》和《集成电路产业"十二五"发展规划》等重要指导文件。这是改革开放以来，我国电子信息行业吸引的最大外商投资项目。该项目主要生产应用于智能手机、平板电脑等便携式设备的闪存芯片，对于提升我国集成电路产业的国际竞争力具有重要意义。

2015 年，中芯国际宣称，其 28 纳米工艺制程的骁龙 410 处理器已在智能手机领域成功实现应用。此举标志着我们国家在先进手机芯片制造技术方面取得了重大突破，正式开启了这一领域在中国的新纪元。2018 年，中芯国际再次取得重要进展，成功研发出 14 纳米工艺制程的芯片。2018 年，紫光集团长江存储成功实现了 32 层 3D NAND 存储芯片的量产，随后，该集团又宣布 64 层 256Gb TLC 3D NAND 芯片的量产以及 128 层 TLC/QLC

① 王春馨：《开放引进与自主研发：中国芯片业的发展历程》，天津大学博士论文 2023 年，第 18—20 页。

② 杨瑞法：《无锡市长详解百亿美元芯片投资》，《21 世纪经济报道》2006 年 10 月 23 日。

两款产品的成功研发。

与此同时，国内已有多家企业在集成电路领域崭露头角，如中芯国际、紫光集团长江存储、长鑫存储、华为海思、长电科技、中兴微电等。这些企业在集成电路工艺、芯片研发等方面取得了许多突破性成就，为中国集成电路产业的蓬勃发展奠定了坚实基础。①

（四）发展集成电路的重大意义

作为信息技术产业的核心，集成电路已深度融入我国国民生活的各个方面，不仅是支撑我国国民经济、综合国力、人民生活品质及信息安全的重要基础性、战略性产业，更创造了巨大的经济与科技价值，为我国经济的发展注入了强大的动力。同时，集成电路在推动相关领域的技术进步和创新方面也具有重要意义，其在物联网、云计算、5G 通信等领域的应用，有效促进了这些领域的创新和发展，推动了电子工业的进步，改变了人们的生活方式。

更为重要的是，集成电路在保障国家信息安全方面发挥着不可替代的作用。通过自主可控的集成电路设计、制造和封装测试，可以确保国家关键信息基础设施的安全，防止外部势力对国家安全造成威胁②。此外，集成电路还可以用于加密通信、身份识别等领域，进一步增强国家信息安全的防护能力。③

九、量子通信

量子技术被视为 21 世纪引领全球变革的关键技术之一。作为一种新型的通信方式，量子通信利用量子叠加态与纠缠效应进行信息传递，其原理确保了量子通信无法被窃听或通过计算破解，从而提供绝对的安全保障，成为迄今为止唯一被严格证明为无条件安全的通信方式④。量子通信技术

---

① 杨玉良主编：《中国科技之路 · 总览卷 · 科技强国》，科学出版社 2023 年版，第 183—220 页。

② 张晓峰、任小雨、吴珊等：《“十三五”规划现“三新”虚拟现实等六大领域位居前沿》，《证券日报》2016 年 3 月 19 日。

③ 王春馨：《开放引进与自主研发：中国芯片业的发展历程》，天津大学博士论文 2023 年，第 18—20 页。

④ 郭岱乔：《从量子卫星的发射谈对物理学发展的思考》，《中小企业管理与科技》2016 年第 10 期，第 100—101 页。

发展成熟后，将广泛应用于军事保密通信以及政府机关、军工企业、金融、科研院所等对高度保密通信有需求的场合。自 20 世纪 80 年代以来，我国在量子通信领域的研究已取得众多突破性成果，无论在理论研究还是产业化应用方面，均处于全球领先地位①。

（一）量子通信技术发展

20 世纪 80 年代，我国开启量子光学基础研究，到 20 世纪 90 年代初成功迈入量子信息领域。1995 年，中国科学院物理所吴令安团队首次完成量子密钥分发实验，奠定了我国量子通信研究的基础。

2001 年，中国科学技术大学郭光灿团队申请到了首个国家科技部 973 项目“量子通信与量子通信技术”，来自国内十多个重要研究所和知名大学的 50 余位科学家协作参加该项目的研究，成为了后来国内量子信息科研力量的重要班底。2005 年，清华大学的王向斌与加拿大多伦多大学的罗开广、马雄峰和陈凯等专家共同提出了一个基于诱骗态的量子密钥分发实验方案。这一方案在理论上将安全通信的距离大幅提升至 100 千米以上。同年，郭光灿团队在北京与天津之间，成功地在 125 千米的商用光纤中进行了量子密码实验，实现了量子密钥分发的演示性实验。

2006 年，中国科学技术大学潘建伟团队成功地在全球范围内首次利用诱骗态方案，实现了安全距离超过 100 千米的光纤量子密钥分发实验。这一重大突破，打开了量子通信技术应用的大门，使其从实验室演示走向实用化和产业化。同年，量子通信被正式列入《国家中长期科学和技术发展规划纲要（2006—2020 年）》，进一步确立了其在国家科技发展战略中的重要地位②。

2007 年起，中国科学技术大学与清华大学联合研究小组在北京八达岭至河北怀来之间铺设了一条长达 16 千米的自由空间量子信道。在深入研究过程中，该小组取得了一系列关键技术的重大突破。2009 年，他们成功实现了 16 千米的量子态隐形传输，也是当时世界上最远的传输距离，从而证

① 李林洋、卢晓波、潘岳：《量子通信的发展概况》，《工业设计》2011 年第 4 期，第 141—142 页。

② 彭承志、潘建伟：《开路先锋“墨子号”》，《科学 24 小时》2017 年第 10 期，第 4—7 页。

实了量子态隐形传输穿越大气层的可能性①。

在 2008 年底，潘建伟团队研发出一种基于诱骗态的光纤量子通信原型系统，并在安徽省合肥市成功构建了全球首个包含 3 个节点的链状光量子电话网络。值得一提的是，潘建伟团队是国际上仅有的两个成功实现绝对安全量子通信网络的团队之一，另一团队则是由欧洲各国专家联合组成②。

我国量子通信技术的发展战略主要分为三个阶段：首先，通过光纤构建城市区域网络，实现城域量子通信；其次，通过量子中继器技术，建立城市间量子通信网络，实现城际量子通信；最后，借助卫星中转技术，构建覆盖全球的广域量子通信网络。

自 2009 年以来，量子通信技术在实践应用方面取得了重大突破。随着量子政务网试验项目在安徽省芜湖市展开，全通型量子通信网试验项目在安徽省合肥市展开，城域网的基础技术可行性得以验证。

2011 年 5 月，中国科学院王建宇团队成功研发出兼容经典激光通信的星地量子通信系统，实现了星地之间的量子通信与经典激光通信同步进行。2014 年，山东省引进国际一流量子通信研发团队，在济南市建设量子保密通信试验网，开创国内量子通信的先河。同时，中国科学技术大学的研究团队将远程量子密钥分发系统的安全距离扩展至 200 千米，并将成码率提高了 3 个数量级，创下新的世界纪录。2015 年，中国科学技术大学陈增兵团队提出了可在百公里量级分发后，选择光子纠缠态并实现多方量子通信的方案。这一方案的提出，标志着实用化、远距离多方量子通信的重要突破③。

2016 年 3 月，《中华人民共和国国民经济和社会发展第十三个五年规划纲要》发布，其中量子通信和天地一体化信息网络成为十大重点推进项目，将极大推动量子通信在军用、民用两大领域的大规模建设和应用④。8

① 狄宋珍、闫树威、田大新：《指挥与控制装备技术发展趋势》，《火力与指挥控制》2016 年第 3 期，第 183—185 页。

② 李林洋、卢晓波、潘岳：《量子通信的发展概况》，《工业设计》2011 年第 4 期，第 142—143 页。

③ 狄宋珍、闫树威、田大新：《指挥与控制装备技术发展趋势》，《火力与指挥控制》2016 年第 3 期，第 183—185 页。

④ 张晓峰、任小雨、吴珊等：《“十三五”规划现“三新”虚拟现实等六大领域立居前沿》，《证券日报》2016 年 3 月 19 日。

月，我国独立研发的全球首个量子科学实验卫星“墨子号”顺利发射，此次量子卫星的成功发射标志着我国量子通信技术发展进入第三阶段，并肩负着探索星地量子通信可能性的重要使命。这将是人类首次实现卫星与地面之间的量子通信连接。

（二）量子通信技术应用

2017 年 9 月，京沪干线项目开通，项目组成功突破了一系列关键技术，包括高速量子密钥分发、高速高效率单光子探测、可信中继传输和大规模量子网络管控监控等，从而成功实现了首次洲际量子通信[①]。

2018 年 9 月，中国科学技术大学郭光灿团队首次利用四维纠缠态实现了量子密集编码，其信道容量达到了 2.09，这一成果是当前国际上的最高水平[②]。2022 年，北京量子信息科学研究院、清华大学龙桂鲁团队与清华大学陆建华团队联手研发了一种新型的量子直接通信系统。该系统采用相位量子态与时间戳量子态的混合编码方式，成功实现了 100 千米的量子直接通信，也是目前世界上量子直接通信的最长距离[③]。

北京量子信息科学研究院袁之良团队与南京大学物理学院的尹华磊副教授携手，在量子密钥分发的实验中取得了前所未有的进展，首次实现了打破安全码率距离界限的异步测量设备无关量子密钥分发技术，成功实现 508 千米光纤量子通信。这一成就刷新了城际密钥率和双光子干涉距离的纪录，使得城际间的实时量子通话成为可能[④]。

同时，量子通信在医疗领域首次应用。2023 年 2 月 14 日，全国首例量子远程手术在山东威海、青岛两地顺利实施，跨越 260 千米的手术，历时 50 分钟便顺利完成，网络平均时延 8 毫秒，患者出血量仅为 20 毫升，且术中无周围脏器损伤等并发症。这场量子手术的成功，意味着量子加密通信将开启远程手术新时代。未来，量子通信技术还将在更多行业领域发

---

① 许琦敏：《“京沪干线”构建量子保密通信网络雏形》，《文汇报》2021 年 1 月 7 日。

② 周晓辉、关闯、徐东辉：《安徽建设“一室一中心”打造创新基地“先锋队”》，《安徽科技》2018 年 11 月 20 日。

③ 史诗：《我们离“量子直接通信电话”还有多远》，《科技日报》2023 年 5 月 23 日。

④ 刘苏雅：《北京量子院刷新城际量子密钥率纪录》，《北京日报》2023 年 6 月 22 日。

挥作用。

（三）发展量子通信的重大意义

在政务与国防领域，量子通信的广泛应用将有力地保障国家机密的安全传输。政府和国防部门可以利用量子通信技术，实现关键信息的加密传输，防止敌对势力窃取机密情报，从而维护国家的安全和利益。在战争状态下还能提高作战效率和指挥能力。在金融和商业领域，可以利用量子通信技术实现金融交易信息的加密传输，确保资金流动和交易数据的机密性，防范金融诈骗和黑客攻击。通过量子通信技术，企业也可以保护商业机密和客户信息不被泄露，提高自身的竞争力。同时，量子通信也为跨国企业提供了安全可靠的数据传输方式，促进了全球贸易的发展。

除了以上领域，军事通信、科研数据传输、物联网安全等方面也将受益于量子通信技术的发展。随着量子通信技术的不断成熟和普及，它将成为未来信息安全领域的重要支柱①。

十、其他关键工程

中国要实现繁荣复兴，就必须坚定不移地大力发展科学技术，并努力成为全球的科学重心和创新的领军之地。新中国成立以来的 70 多年里，各届领导人从党和国家事业发展全局的战略高度，准确把握科技创新与发展大势，深刻分析不同阶段我国科技发展面临的形势与任务，对实现建设世界科技强国的目标作出重点部署，为我国整体科技水平从跟跑向并行、领跑的战略性转变注入强大动力。

除了前面介绍的主要工程外，我国还部署了多项重大科技安全关键工程：三大加速器即北京正负电子对撞机、兰州重离子加速器以及合肥国家同步辐射实验室的建成，使得我国在国际高能物理领域研究上占有一席之地；“风云”气象系列卫星的部署，大力支持了我国的天气预报和气象研究工作；“天河一号”“天河二号”“神威·太湖之光”等中国超级计算机崭露头角，使得中国超算水平跻身世界前列；歼－10、歼－20 等先进战斗机的研发，将在态势感知、信息对抗、协同作战等方面发挥重大作用；系列转变温度 50K 以上铁基高温超导体的发现，将引领未来超高速计算机、

① 彭承志、潘建伟：《开路先锋“墨子号”》，《科学 24 小时》2017 年第 10 期，第 4—7 页。

全球化电力供应和数据传输取得进一步突破；“嫦娥”系列卫星等的发射，为后续载人登月探测、建立月球前哨站的选址提供了大量数据资料；500米口径球面射电望远镜的建设使用，将在中国深空探测领域发挥重要用途；基于光子和超导体系的量子计算机方面取得重大突破；军用无人机、自动驾驶汽车、家政服务机器人等人工智能产品步入现实，将显著加强中国的军事实力，改善人们的生活水平。

这些重大科技工程始终围绕着不同时代的国家战略需求而部署。在实施过程中，这些项目不仅大力提升了我国的科学技术水平，还极大地推动了经济发展和社会进步，在长远、有力地保障我国国家安全和科技安全上发挥了重要作用①。

① 杨玉良主编：《中国科技之路・总览卷・科技强国》，科学出版社2023年版，第285—367页。